KB154858

FOOD
CHEMISTRY
식품화학

FOOD CHEMISTRY
식품화학

신말식 · 최은옥 · 이경애 · 권미라 · 김범식 지음

교문사

머리말

최근 급속한 경제발전과 식생활 패턴의 변화로 고혈압, 당뇨, 고지혈증 등의 만성질환이 증가하면서 안전하고 건강한 식품 섭취에 대한 소비자들의 관심이 쏠리고 있다. 또한, 1인 가구의 증가로 빠르고 간편한 가정간편식(HMR)의 소비도 계속 확대되고 있다. 식품산업에도 소비자 중심의 새롭고 다양한 프리미엄 식품 개발에 대한 요구가 높아지고 가치 소비, 간편함, 레디밀(ready meal), 멀티푸드 등 식품 트렌드가 확산되면서 시장이 빠르게 성장함에 따라 식품에 대한 과학적 지식과 전문적 교육을 통한 올바른 이해가 필수적으로 요구되고 있다.

식품화학은 식품의 생산, 가공, 유통과 새로운 식품의 개발을 위한 가장 기초가 되는 분야로 식품영양 관련 전공자들에게 핵심이 되는 교육과정이라 할 수 있다. 세부적으로는 식품성분의 종류, 화학구조, 반응성, 기능성 등에 대한 기초 이론을 통하여 이화학적 성질과 조리, 가공 저장 중에 일어나는 다양한 이화학적 변화와 품질 관리에 대한 지식을 다룬다.

이 책은 한 학기 동안 교재로 사용하기에 적합하도록 구성하였다. 먼저 식품의 주성분인 수분, 탄수화물, 지방질, 단백질, 비타민, 무기질의 물리·화학적 특성을 다루었고, 식품효소와 식품의 분산계를 포함시켜 식품화학을 식품가공에 응용할 수 있도록 하였으며, 색소와 향미 등의 식품의 감각적 요인들을 설명하였다. 또한, 식품안전성과 관련이 있는 식품의 위해물질과 식품첨가물을 살펴보았다.

이 책은 식품영양학 및 식품공학 전공자와 영양사, 위생사, 식품기사 관련 자격증을 준비하는 학생과 일반인들이 식품화학을 편하게 접하여 쉽게 이해할 수 있도록 집필하였다. 실생활에서 볼 수 있는 식품에 대한 사례 및 사진, 식품성분 및 그 변화에 대한 다양한 그림을 함께 제시하여 이해도를 높이고, 최근의 식품공전 및 식품첨가물공전의 개정에 맞추어 용어를 통일하여 실무를 돕고자 하였다. 또한, 식품영양학 관련 전공자에게는 향후 영양학 및 식품가공학 등의 전공과목을 이수하는 데 좋은 지침서가 될 수 있으리라 기대한다.

다양한 연구와 강의 경력을 가진 저자들이 심혈을 기울여 집필했지만 여러모로 부족함이 많다. 앞으로 계속 새로운 지식과 정보를 수록하여 식품 관련 전공자와 관심을 갖고 있는 독자들에게 유익한 교재가 되도록 지속적으로 노력할 것을 약속한다.

마지막으로, 이 책이 출판되기까지 격려와 조언 그리고 많은 자료 인용을 허락해 주신 선후배 및 동료 교수님들과 바쁜 일정에도 이 책을 출판하도록 도움을 주신 교문사 임직원 여러분께 감사의 말씀을 드린다.

2019년 8월
저자 일동

차례

수분

수분

물은 고체, 액체, 기체의 세 가지 상태로 존재하며 식품의 외관, 향미, 텍스처 등에 영향을 주는 주요 구성성분이다. 물은 다양한 물질을 녹이거나 분산시키는 용매 또는 분산매, 반응물, 반응매개체로 작용하고 효소작용, 미생물 생육에 관여하여 식품의 가공, 저장, 조리 과정에서 일어나는 여러 변화에 영향을 준다.

1. 물 분자의 구조

물 분자는 수소 원자 2개와 산소 원자 1개로 이루어져 있으며 산소 원자의 바깥쪽 전자 궤도에 있는 6개 전자 중 2개는 각각 수소 원자의 전자와 짝을 이루어 공유결합하고 있다. 물 분자는 산소 원자를 중심으로 산소 원자의 비공유 전자쌍 2개와 수소 원자 2개를 정점으로 하는 정사면체 구조이며, 비공유 전자쌍 간의 반발로 인해 물 분자의 결합각은 정사면체의 결합각보다 작은 104.5°이다 그림1-1 .

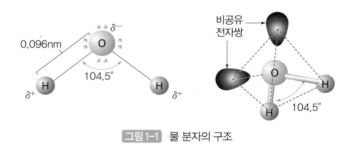

그림1-1 물 분자의 구조

산소 원자는 수소 원자보다 전기음성도가 커서 공유결합된 전자 분포가 산소 원자 쪽으로 치우쳐 있기 때문에 산소 원자는 부분 음전하(δ^-)를 띠는 반면, 수소 원자는 부분 양전하(δ^+)를 띠게 된다. 물 분자의 전자 밀도가 비대칭적으로 분포하기 때문에 물 분자는 큰 값의 쌍극자 모멘트(1.84D)를 갖고 극성을 나타낸다. 하나의 물 분자의 산소 원자

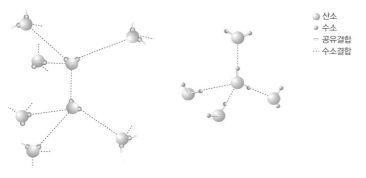

그림1-2 수소결합을 통한 물 분자의 3차원적 회합

자료 : Fennema's Food Chemistry 4th ed., S. Damodara et al., CRC press

(δ^-)는 이웃한 물 분자의 수소 원자(δ^+)를 끌어당기는 정전기적 인력이 작용하게 되어 물 분자는 수소결합을 통해 회합할 수 있다. 그림1-2 에서와 같이 물 분자 중 산소 원자의 비공유 전자쌍 2개와 수소 원자 2개는 4개의 다른 물 분자와 수소결합을 통해 3차원적 회합을 할 수 있게 된다.

공유결합과 수소결합

- 공유결합 : 2개의 원자가 각각 전자를 내놓아 전자쌍을 만들고 이 전자쌍을 함께 공유함으로서 결합되어 있다.
- 수소결합 : 질소(N), 산소(O), 플루오린(F)과 같이 전기음성도(공유 전자쌍을 잡아당기는 힘)가 큰 원자와 수소(H)를 갖는 분자와 이웃한 다른 분자의 수소 원자 사이에서 형성되는 일종의 정전기적 인력이다.

물 분자가 주변의 많은 물 분자와 수소결합을 통해 3차원적으로 회합하므로 물은 분자량이 비슷한 물질인 메탄(CH_4), 암모니아(NH_3), 플루오린화수소(HF)에 비해 비열, 끓는점, 녹는점, 융해열, 기화열, 표면장력 등이 상대적으로 높은 값을 갖는다 표1-1. 암모니아, 플루오린화수소는 주변 분자들과 회합할 수 있지만 2차원적으로 회합하기 때문이다. 수소결합은 공유결합의 1/10 정도인 3~8 kcal/mol의 결합에너지를 갖지만 물 분자 간에 매우 많은 수소결합을 형성하여 비교적 큰 결합에너지를 갖게 되므로 물의 상태가 변화될 때는 많은 양의 에너지가 필요하다.

표1-1 물과 분자량이 유사한 물질의 녹는점, 끓는점, 증발열

화합물	분자식	분자량	녹는점(℃)	끓는점(℃)	증발열(kcal/mol)
물	H_2O	18	0	100	9.7
메탄	CH_4	16	−182	−162	2.2
암모니아	NH_3	17	−78	−33	5.6
플루오린화수소	HF	20	−84	20	7.2

2. 물의 물리적 성질

물은 온도와 압력에 따라 존재 상태가 변하며 얼음과 물(융해곡선), 물과 수증기(증기압력곡선), 얼음과 수증기(승화곡선)가 평형상태로 존재할 수 있다 그림1-3. 삼중점(triple point)은 물의 세 상전이 곡선이 만나는 점으로, 물의 고체(얼음), 액체, 기체(수증기)가 공존한다. 물의 융해(얼음→물), 기화(물→수증기), 승화(얼음→수증기)와 같은 상태 변화에는 열을 흡수하는 반면, 응고(물→얼음), 액화(수증기→물), 승화(수증기→물)와 같은 상태 변화에는 열을 방출한다. 물이 상태 변화할 때 흡수 또는 방출되는 열을 잠열(latent heat)이라고 한다. 잠열은 상태 변화에만 이용되고 온도는 변화시키지 않는다.

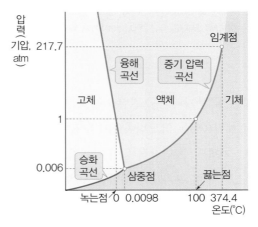

그림1-3 물의 상태도

0℃에서 얼음 1 g이 같은 온도의 물 1 g으로 상태 변화하려면 80 cal의 잠열(융해열)이 필요하다. 융해열은 얼음이 고체 상태를 유지할 수 있도록 얼음 결정 내에 물 분자를 고 정시키고 있던 수소결합의 일부를 끊어주는 데 사용된다. 80 cal/g의 융해열은 0℃ 물 1 g의 온도를 1℃ 높이는데 필요한 열량인 1 cal의 80배에 이르지만 얼음 결정 내에 형 성된 수소결합의 15% 정도만 끊어줄 수 있는 열량이다. 얼음이 녹으면 시원해지는 것 은 상태 변화에 필요한 융해열을 주변의 공기로부터 빼앗기 때문이다. 한편 물은 융해 열이 커서 수분함량이 높은 식품은 어는점에 도달해도 쉽게 얼지 않는다. 물 1 g이 얼음 1 g으로 상태 변화하려면 물의 온도를 1℃ 낮추는 데 필요한 열량의 80배에 해당하는 열량을 방출해야 하기 때문이다.

액체 상태에서 물 분자는 수소결합에 의해 연결되어 있기 때문에 서로 잡아당겨 모여 있어서 쉽게 증발하지 않고 액체로 남아있을 수 있다. 액체 상태에서 물의 밀도는 촘촘 하게 채워져 있음(close packing)을 가정한 밀도의 60% 정도이므로 물을 벌어진 액체 (open liquid)라고 한다.

0℃에서 물이 얼음으로 결정화하면 빈 공간이 많은 육각형 결정구조를 형성한다 그림1-4. 얼음 결정이 형성되면 부피는 9% 정도 증가하고 가벼워지므로 밀도가 감소한 다. 얼음 결정 중에서 하나의 물 분자는 이웃하고 있는 4개의 물 분자와 회합하고 있어 물 분자의 배위수(coordination number)는 4이며 물 분자간 거리는 2.76 Å이다. 얼음 에 열을 가하면 융해되어 물이 되고 계속 열을 가하면 물의 온도가 높아지는데 이때 배 위수 증가와 물 분자 간의 거리 증가가 동시에 일어난다. 즉 배위수/분자 간 거리는 0℃

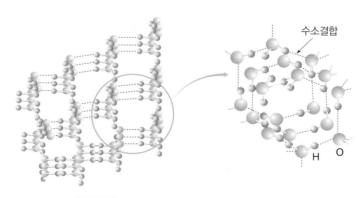

그림1-4 얼음 결정에서 물 분자 간 수소결합 형태

에서 4/2.76 Å, 1.50℃에서 4.9/2.9 Å, 83℃에서 4.9/3.05 Å이다. 배위수가 증가하면 밀도가 높아지고 분자 간 거리가 증가하면 밀도가 낮아진다. 0~3.98℃에서는 배위수 증가 효과가 더 우세하며 3.98℃에서 밀도가 최대가 된다. 3.98℃보다 높은 온도에서는 물 분자 간 거리의 증가 효과가 더 우세하므로 밀도가 낮아진다. 얼음이 물 위에 뜨는 것은 물보다 밀도가 작기 때문이다.

TIP

잠열과 비열

- 잠열(latent heat) : 잠열은 물의 상태변화에 사용되는 열량으로 얼음이 물로 상태 변화에는 융해열 80 cal/g, 물이 수증기로 상태 변화에는 기화열 540 cal/g가 필요하다.
- 비열(specific heat) : 비열은 물질 1 g의 온도를 1℃ 올리는데 필요한 열량이다. 물은 1 g의 온도를 1℃ 올리는데 1 cal의 열량이 필요하므로 물의 비열은 1 cal/g·℃이다. 물의 비열이 큰 것은 물 분자가 수소결합에 의해 강한 인력으로 회합하고 있기 때문이다.

3. 식품 중 물의 형태

식품 중의 물은 자유수(free water)와 결합수(bound water)의 형태로 존재하며 존재 형태에 따라 각기 다른 성질을 나타낸다. 자유수는 결합수와 달리 식품의 구성성분에 강하게 결합되어 있지 않고 모세관을 자유롭게 유동하는 일반적 형태의 물이다. 자유수는 대기압하에서 0℃ 이하에서 얼고 건조나 탈수, 100℃ 이상 가열에 의해 쉽게 제거되며 식품 중의 당류, 염류 등을 용해하는 용매로 작용하는 물이다. 또한 미생물 생육과 효소작용, 화학반응에 이용될 수 있으며 결합수에 비해 표면장력이 크다.

한편 결합수는 식품의 구성성분인 탄수화물, 단백질과 같은 친수성고분자 화합물 내의 여러 극성기와 수소결합에 의해 결합되어 식품 구성성분의 일부를 형성하거나 움직임이 자유롭지 못하고 구속을 받는 물이다. 결합수는 자유수에 비해 수증기압이 낮고 용매로 작용하지 않으며 100℃ 이상 가열해도 제거되지 않는다. −40℃ 이하에서도 얼지 않으며 일반적인 물에 비해 밀도가 커서 큰 압력을 가해도 제거되지 않는 물이 결합수이다. 미생물 생육, 효소작용, 화학반응에 이용되지 못하는 성질이 있다.

4. 수분활성도

식품 중의 물은 식품의 종류에 따라 구성성분과 물 분자와의 회합 강도에 차이가 있어 같은 양의 수분을 함유한 식품이라도 종류에 따라 저장수명에 차이를 보인다. 식품 성분에 강하게 회합되어 있는 물은 약하게 회합되어 있는 물보다 미생물의 생육과 증식, 가수분해반응 등에 이용되기 어렵다. 따라서 수분활성도(Aw)는 수분함량보다 미생물의 생육이나 화학반응에 의한 각종 식품 변패를 예측하는데 더 유용한 지표이다.

수분활성도 물이 식품 성분에 회합되어 있는 강도를 나타낸다. 수분활성도는 임의의 온도에서 식품에 함유된 수분의 수증기압(p)과 순수한 물의 수증기압(p_0)의 비로 나타낸다.

$$Aw = \frac{p}{p_0}$$

식품 중 수분의 수증기압(p)은 용해된 용질의 종류와 양의 영향을 받는다. 즉, 용해된 용질의 몰수에 의해 식품 중 수분의 수증기압이 결정되므로, 물(용매)의 몰수를 M_1, 용질의 몰수를 M_2라고 할 때 수분활성도는 다음과 같다.

$$Aw = \frac{p}{p_0} = \frac{M_1}{M_2 + M_2}$$

공기 중에 식품을 장시간 방치하면 상대습도에 따라 식품은 흡습 또는 탈습(건조)이 일어나 평형에 이르게 되는데 이때의 상대습도를 평형상대습도(equilibrium relative humidity, ERH)라고 한다. 평형상대습도와 수분활성도와의 관계는 다음과 같다.

$$Aw = \frac{p}{p_0} = \frac{ERH}{100}$$

식품 중에 존재하는 물에는 당류, 염류 등 가용성 물질이 용해되어 있어 순수한 물보다 낮은 수증기압을 보이므로 식품의 수분활성도는 1보다 작은 값을 갖는다. 표1-2와 같이 수분활성도는 과일과 채소 0.98~0.99, 건조과일 0.72~0.80, 곡류와 두류 0.60~0.64 정도이다.

표 1-2 식품의 수분함량과 수분활성도

식품명	수분함량(%)	수분활성도	식품명	수분함량(%)	수분활성도
과일	93~96	0.98~0.99	건조과일	18~22	0.72~0.80
채소	90~93	0.98~0.99	꿀	15~18	0.76
주스류	90~93	0.95~0.99	두류	13~16	0.60~0.64
생선류	65~80	0.98~0.99	곡류	13~15	0.60~0.64
육류	70~80	0.96~0.98	젤리	18	0.64~0.69
달걀	72~78	0.99~0.97	국수	12	0.50
식빵	38	0.90~0.95	과자	8~10	0.10

5. 등온흡습곡선과 등온탈습곡선

식품은 상대습도에 따라 흡습 또는 탈습이 일어나 수분함량에 변화가 일어난다. 일정 온도에서 식품을 여러 상대습도로 조절된 밀폐용기에 넣어두면 식품의 수분함량이 용기 내의 상대습도와 평형에 도달하게 되는데, 이때의 수분함량을 평형수분함량이라고 한다. 일정한 온도 조건에서 식품으로 수분이 흡습될 때, 상대습도와 평형수분함량과의 관계를 표시한 곡선을 등온흡습곡선(moisture sorption isotherm)이라고 하며 식품에 따라 차이가 있다 그림 1-5. 한편, 건조가 일어날 때와 같이 식품으로부터 수분이 방출(탈습)될 때 얻어지는 곡선을 등온탈습곡선(moisture desorption isotherm)이라고 한다.

등온흡습곡선은 대부분 식품에서 역 S자 모양이며 기울기가 다른 3개의 영역으로 나뉘는데 각 영역의 물은 각기 다른 특성을 보인다 그림 1-6. I 영역의 물은 주로 반응성이 큰 극성기와 강하게 흡착되어 있는 단분자층(monolayer) 물이다. I 영역의 물은 이동하거나 용매 작용을 하지 못하고 −40℃에서도 얼지 않으며 식품 중 물의 매우 작은 분획을 차지한다. 물 분자가 한 층의 균일한 물 분자막을 형성하여 식품을 덮고 있는 영역을 BET 단분자층(BET monolayer)이라고 하며 이론적으로 물 분자들이 모든 극성기와 결합하여 하나의 물 분자층으로 완전히 덮여 있는 상태이다. II 영역의 물은 물 분자 간 수소결합에 의해 여러 층으로 회합되어 있으며 이 영역의 물을 다분자층(multilayer) 물이

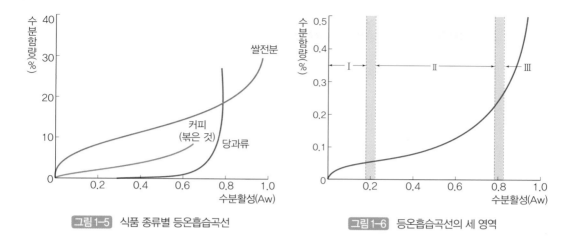

그림1-5 식품 종류별 등온흡습곡선	그림1-6 등온흡습곡선의 세 영역

라고 한다 그림1-7 . II 영역의 물은 수소결합에 의해 단분자층 근처의 물 분자 또는 용질과 회합되어 있으며 −40℃에서 얼지 않고 III 영역의 물보다 이동성이 떨어진다. 수분함량이 높은 식품에서 I 영역과 II 영역의 물은 전체 수분 함량의 5% 이내를 차지한다. III 영역의 물은 식품 성분에 약하게 회합되어 있어 유동성이 크고 용매로 작용하며 낮은 온도에서 동결한다. III 영역의 물은 액체 상태로 존재하기 때문에 미생물 생육과 여러 화학반응을 촉진한다. III 영역의 물은 모세관수(capillary water) 또는 다상수(bulk phase water)라고 하며 식품 중 수분의 대부분(95% 이상)을 차지한다.

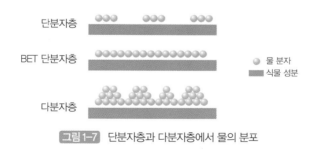

그림1-7 단분자층과 다분자층에서 물의 분포

한편 등온흡습곡선과 등온탈습곡선은 완전히 일치하지 않아 일정한 수분활성에서 탈습 시가 흡습 시보다 더 높은 수분함량을 나타내는데, 이와 같은 현상을 이력현상(히스테리시스, hysteresis)이라고 한다 그림1-8 . 이력현상은 식품의 종류에 따라 다르며 이력현상 정도는 온도가 높아지면 작아지고 저장기간이 길어지면 커진다.

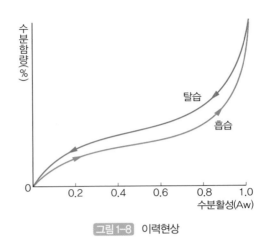

그림1-8 이력현상

6. 수분활성도와 식품의 안정성

식품 중에서 일어나는 미생물 생육, 효소촉매반응, 화학반응 등은 수분활성도와 밀접한 관계가 있어 식품의 품질에 영향을 준다. 미생물의 생육, 효소활성, 유지의 산화, 비효소적 갈변반응, 가수분해반응 등과 수분활성도와의 관계는 **그림1-9** 에 나타냈다.

1) 수분활성도와 미생물 생육

미생물이 생육할 수 있는 최저수분활성도는 종류에 따라 다르다. 대부분 세균은 수분활성도 0.90 이하, 효모는 수분활성도 0.88 이하에서 생육할 수 없다. 건조된 표면에서도 잘 생육하는 곰팡이는 수분활성도 0.7~0.75에서 생육 가능하다. 한편 내건성 곰팡이는 수분활성도 0.65, 내삼투압성 수분활성도 0.60에서도 생육할 수 있다.

2) 수분활성도와 효소반응

아밀레이스, 폴리페놀옥시데이스, 프로테이스와 같은 대부분의 효소는 수분활성도 0.85 이하에서 활성이 감소하고 수분활성도 0.3 부근에서 불활성화된다. 수분활성도가

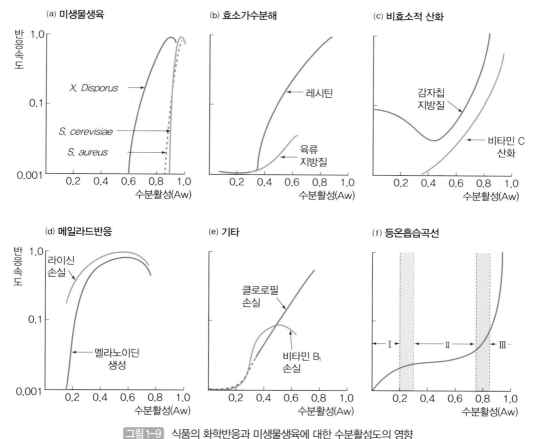

(a) 미생물생육

반응속도

X. Disporus

S. cerevisiae

S. aureus

수분활성(Aw)

(b) 효소가수분해

레시틴

육류
지방질

수분활성(Aw)

(c) 비효소적 산화

감자칩
지방질

비타민 C
산화

수분활성(Aw)

(d) 메일라드반응

반응속도

라이신
손실

멜라노이딘
생성

수분활성(Aw)

(e) 기타

클로로필
손실

비타민 B₁
손실

수분활성(Aw)

(f) 등온흡습곡선

Ⅰ   Ⅱ   Ⅲ

수분활성(Aw)

> **그림 1-9** 식품의 화학반응과 미생물생육에 대한 수분활성도의 영향
>
> 자료 : Fennema's Food Chemistry 4th ed., S. Damodara et al., CRC press

높으면 효소활성이 증가하여 효소작용이 활발해진다. 낮은 수분활성도에서는 기질과 생성물의 이동이 어렵기 때문에 효소반응이 억제되거나 정지된다. 한편 라이페이스는 0.2~0.3 정도의 매우 낮은 수분활성도에서도 활성을 나타낸다.

3) 수분활성도와 유지의 산화

Ⅰ 영역에서 유지의 산화는 수분활성도가 높아지면 산화속도가 증가하여 Ⅰ 영역과 Ⅱ 영역의 경계 부근인 수분활성도 0.2~0.3에서 가장 낮은 산화반응속도를 나타내고 이보다 수분활성도가 높아지면 산화반응속도가 다시 증가한다. 수분활성도 0.2~0.3에서는 물

분자가 유지의 과산화물과 결합하여 분해를 억제하고 산화를 촉진하는 금속 이온을 수화하여 촉매기능을 감소시켜 산화가 일어나지 못하도록 하기 때문에 최소반응속도를 나타내는 것으로 이해되고 있다. II 영역에서 유지의 산화반응속도가 급격히 증가하는 현상을 보이는 것은 수분함량이 많아지면서 거대분자들이 팽윤되어 더 많은 반응 부위들이 노출되기 때문이다.

4) 수분활성도와 비효소적 갈변반응

식품의 비효소적 갈변반응속도는 수분활성도 0.6~0.7에서 최대에 이르지만 이보다 수분활성도가 높아지면 반응물의 희석효과로 인해 반응속도가 감소하게 된다. 한편 수분활성도가 낮아지면 반응물의 이동이 어려워져 반응속도가 낮아지고 수분활성도가 매우 낮은 단분자층 영역에서는 비효소적 갈변반응이 일어나기 어렵다.

CHAPTER 02

탄수화물

탄수화물

탄수화물(carbohydrate)은 탄소와 물로 이루어져 있는 유기물로 실험식은 $C_m(H_2O)_n$이다. 클로로필을 함유한 녹색식물에서 광합성에 의해 만들어지며 단당류, 이당류, 올리고당류 및 다당류로 나눈다. 동물, 식물 및 미생물에 다양한 형태로 존재하며 여러 중요한 기능을 수행하는데, 그 중 에너지 영양소로 생명을 유지하는데 필수적이다. 체내에서는 분해되어 단당류인 글루코스(glucose, 포도당)로 흡수되어 사용되며 탄수화물에는 체내 소화기관에서 소화되지 않는 식이섬유(dietary fiber)도 포함된다.

1. 탄수화물의 정의와 분류

1) 탄수화물의 정의

탄수화물은 탄소 원자에 물 분자가 결합하여 이루어진 물질로, 탄소의 수화물로 생각한 것에서 유래하였다. 탄수화물은 2개 이상의 하이드록시기(hydroxyl group, −OH)를 갖는 알데하이드(aldehyde, −CHO), 케톤(ketone, −C=O), 즉 폴리하이드록시알데하이드(polyhydroxyaldehyde), 폴리하이드록시케톤(polyhydroxyketone)이나 가수분해로 이와 같은 화합물을 만드는 유기물로 정의한다.

2) 탄수화물의 분류

탄수화물은 분자의 크기에 따라 단당류(monosaccharides), 올리고당류(oligo-saccharides), 다당류(polysaccharides)로 나눈다. 당(saccharide)은 라틴어의 'saccharum'에서 유래했으며 단맛과 관련이 있다. 단당류는 가수분해에 의해 더 이상 분해되지 않는 기본 당으로 탄소 수에 따라 펜토스(pentose, 오탄당)와 헥소스(hexose,

육탄당)가 있다. 올리고당류는 대체로 2~10분자의 단당류가 결합되어 있는데, 자연계에는 이당류인 수크로스(sucrose, 설탕, 자당), 말토스(maltose, 맥아당, 엿당), 락토스(lactose, 젖당, 유당), 삼당류인 라피노스(raffinose), 사당류인 스타키오스(stachyose) 등이 있다.

다당류는 같은 종류의 단당류가 수많이 결합된 호모다당류(homopolysaccharide)와 2개 이상의 다른 단당류가 결합된 헤테로다당류(heteropolysaccharide)로 구분한다.

표2-1 자연식품에서 발견되는 주요 탄수화물

단당류	펜토스	자일로스, 아라비노스, 리보스, 데옥시리보스
	헥소스	글루코스, 프럭토스, 갈락토스, 만노스
올리고당류	이당류	수크로스, 말토스, 락토스
	삼당류	라피노스
	사당류	스타키오스
다당류	호모다당류	전분(녹말), 글리코겐, 셀룰로스, 베타글루칸, 이눌린
	헤테로다당류	헤미셀룰로스, 펙틴, 검류

2. 단당류

1) 단당류의 구조와 명명법

단당류는 탄소의 수와 카르보닐(carbony)기의 종류에 따라 분류하는데, 탄소의 수에 따라 탄소가 3개인 트라이오스(triose), 테트로스(tetrose), 펜토스와 헥소스가 포함된다. 카르보닐기의 종류에 따라 알데하이드기가 있는 알도스(aldose)와 케톤기가 있는 케토스(ketose)가 있다. 알도스는 희랍어의 숫자를 나타내는 말에 '오스(ose)'를 붙여 펜토스(pentose), 헥소스(hexose)라고 하며, 케토스는 '울로스(ulose)'를 붙여 펜트울로스(pentulose), 헥스울로스(hexulose)라고 한다.

가장 간단한 단당류로는 탄소가 3개, 하이드록시기가 2개, 카르보닐기가 알데하이드인 알도스로 글리세르알데하이드(glyceraldehyde)와 케토스인 다이하이드록시아세톤

(dihydroxyacetone)이다.

식품에 함유된 단당류인 자일로스(xylose), 아라비노스(arabinose), 리보스(ribose)는 알도펜토스(aldopentose)이고 글루코스, 갈락토스는 알도헥소스(aldohexose)이며 프럭토스는 케토헥소스(ketohexose)이다.

D-글리세르알데하이드   다이하드록시아세톤

D-글리세르알데하이드는 알데하이드 탄소가 1번이며 C-2 위치의 탄소는 4개의 다른 원자단이 붙어 있는 비대칭탄소인 키랄 탄소(chiral carbon)이다. 키랄 탄소의 수에 따라 거울상 이성질체를 갖게 된다.

D-글리세르알데하이드   L-글리세르알데하이드

비대칭탄소가 여러 개 있는 경우 알데하이드나 케톤기에서 가장 멀리 있는 비대칭탄소에 하이드록시기가 오른쪽에 있으면 D-단당류, 왼쪽에 있으면 L-단당류가 되며 2개는 거울상 이성질체가 된다.

그림2-1 은 D-글리세르알데하이드로에서 파생되는 D-계열 단당류의 Fisher 사슬구조식(chain structure)이다. 단당류 분자는 결정 상태에서는 물론, 용액 중에서도 고리구조를 이루고 있다. 이는 C-1의 알데하이드기에서 C=O 결합의 탄소가 부분적으로 양전하를 띠게 되고 하이드록시기 산소 원자의 비공유 전자쌍 공격을 받아 헤미아세탈(hemiacetal)을 형성한다.

D-글루코스는 C-1의 알데하이드와 C-5의 하이드록시가 헤미아세탈 결합으로 6원고리(six membered ring)를 형성하며 프럭토스는 C-2의 케톤기 탄소와 C-5의 하이드록시가 헤미케탈(hemiketal) 결합으로 5원 고리(five membered ring)를 형성한다.

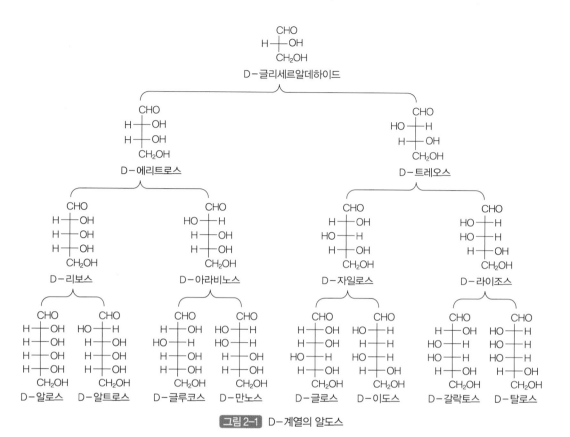

그림 2-1 D-계열의 알도스

단당류의 6원 고리는 피란(pyran), 5원 고리는 퓨란(furan)과 같은 모양이므로 피라노스(pyranose)와 푸라노스(furanose)라 한다.

단당류 분자가 헤미아세탈 고리를 형성하면 C-1은 키랄 탄소 원자가 되기 때문에 탄소 원자의 입체구조(configuration)의 차이에 따라 한 쌍의 이성질체가 생긴다. C-1에 결합된 하이드록시기가 기준 탄소 원자에 결합된 하이드록시기와 같은 아래 방향에 있

글루코스 **프럭토스**

그림 2-2 피라노스인 글루코스와 푸라노스인 프럭토스

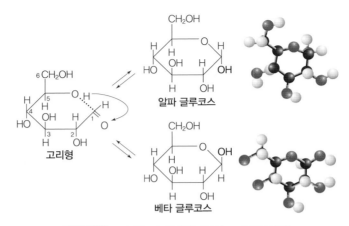

그림 2-3 D-글루코스의 용액에서의 고리 형성 변화

는 이성질체를 α-형(알파), 위의 방향에 결합된 것을 β-형(베타)이라 한다. 이런 당의 이성질체를 아노머(anomer)라 한다.

당류에서 1개의 키랄 탄소 원자의 입체 배치만 다른 광학이성질체를 에피머(epimer)라고 하는데, **그림 2-4**와 같이 D-글루코스의 C-4 배치만 다른 D-갈락토스와 C-2 배치만 다른 만노스는 에피머이다.

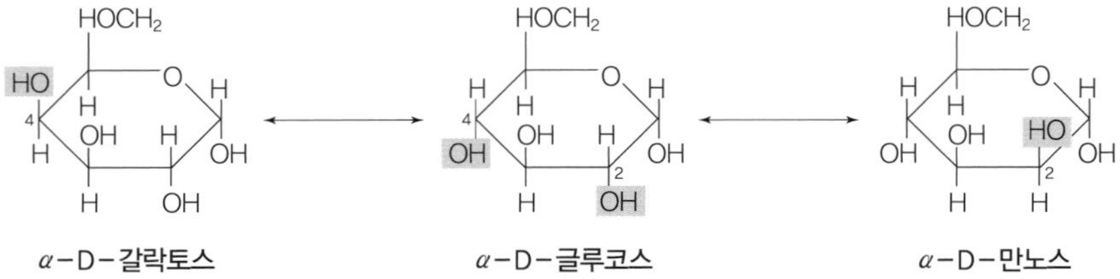

α-D-갈락토스 α-D-글루코스 α-D-만노스

그림 2-4 D-글루코스의 에피머

D-글루코스 분자의 안정한 고리구조는 실제로 탄소 원자의 자연스러운 결합각을 유지할 수 있는 의자형(chair form)으로 구조식을 비교하면 **그림 2-5**와 같다.

28

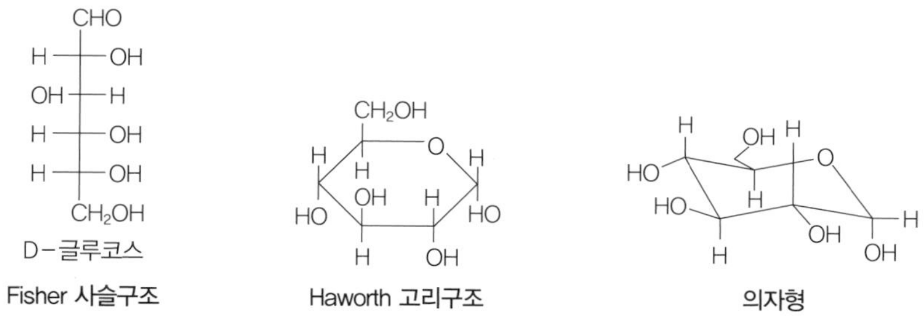

그림 2-5 D-글루코스의 구조식에 따른 형태

Fisher 사슬구조 — D-글루코스

Haworth 고리구조

의자형

2) 단당류의 물리적 성질

(1) 흡습성과 용해성

단당류를 비롯한 모든 탄수화물 분자는 하이드록시기가 많아 물 분자와 수소결합을 잘할 수 있어 친수성(hydrophilicity)이 있다. 당류의 흡습성은 여러 요인에 의해 영향을 받는데 당의 구조, 이성질체, 정제정도에 따라서 달라진다. 표2-2와 같이 프럭토스는 글루코스와 같은 하이드록시기를 갖고 있지만 흡습성이 크며 이당류의 경우 무수물이 수화물보다 흡습성이 낮다. 물에 대한 단당류와 이당류의 용해도는 매우 높지만 같은

표 2-2 습기가 있는 조건에서 당의 흡습률

당류	20℃에서 다양한 RH와 시간에 따른 흡습률(%)		
	60%, 1시간	60%, 9일	100%, 25일
D-글루코스	0.07	0.07	14.5
D-프럭토스	0.28	0.63	73.4
수크로스	0.04	0.03	18.4
말토스, 무수	0.80	7.0	18.4
말토스, 수화물	5.05	5.1	−
락토스, 무수	0.54	1.2	1.4
락토스, 수화물	5.05	5.1	−

자료 : Food Chemistry 2nd ed by Owen R. Fennema, Marcel Dekker, Inc 1985

당류의 경우 아노머에 따라서도 달라진다. 단당류는 에탄올에는 약간 녹지만 유기용매에는 용해되지 않는다.

(2) 변선광

α-D-글루코스를 물에 용해한 후 바로 비선광도(sepcific rotation)를 측정하면 +18.7°이나 시간이 지난 후에는 +52.7°로 바뀌며 β-D-글루코스의 비선광도는 +112.2°에서 +52.7°로 변한다. 이같이 광학활성 물질용액의 선광도가 변하는 현상을 변선광(mutarotation)이라 한다 그림 2-6 .

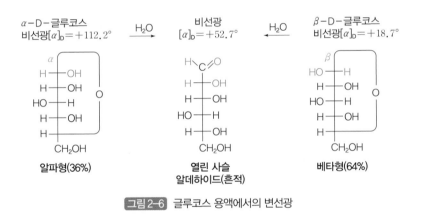

그림 2-6 글루코스 용액에서의 변선광

3) 단당류의 화학적 성질

(1) 환원성

단당류는 헤미아세탈 하이드록시기를 가지고 있어 알칼리용액에서 가열하면 반응성이 큰 엔디올(enediol, OH−C=C−OH) 구조로 변하는데, 이 엔디올은 강한 환원력을 가지고 있어 환원당(reducing sugar)이라 한다. 알데하이드를 갖는 알도스는 쉽게 산화되나 케톤기를 갖고 있는 케토스는 알데하이드로 바뀐 후 산화되므로 모두 환원력을 갖는 환원당이다. 즉 환원력은 헤미아세탈 하이드록시의 유무에 의해 결정된다.

(2) 이성질화

환원당 용액을 가열하거나 강산 또는 강알칼리로 처리하면 환원당은 엔디올로 변한다. 엔올화(enolization)는 산 및 염기의 촉매작용에 의해 이루어지며 산보다는 염기가 더 효과적이다. 당류가 엔올화 반응을 통하여 다른 이성질체로 전환하는 반응을 이성질화 (isomerization) 반응이라 한다 그림 2-7 .

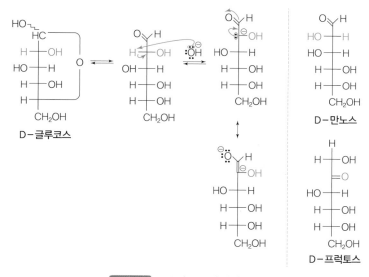

그림 2-7 D-글루코스의 이성질화

(3) 탈수반응

당류 중 펜토스인 자일로스와 헥소스인 프럭토스와 글루코스는 가열처리에 의해 탄소와 탄소 사이의 분해 없이 일어나는 반응으로, 자일로스는 퍼퓨랄, 프럭토스와 글루코스는 5-하이드록시메틸퍼퓨랄(hydroxymethylfurfural, HMF)이 형성된다.

또한, 당에 황산을 첨가하면 탈수반응이 일어나며 같은 물질이 생성된다.

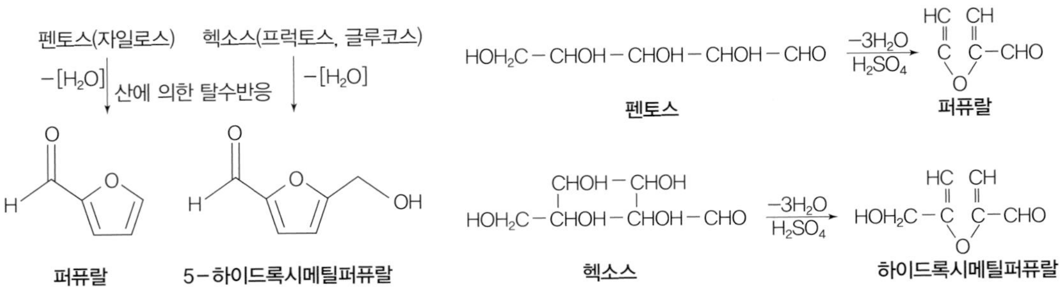

펜토스(자일로스)
헥소스(프럭토스, 글루코스)
−[H2O]
산에 의한 탈수반응
−[H2O]
O
H
O
O
H
O
OH
퍼퓨랄
5−하이드록시메틸퍼퓨랄
HOH2C − CHOH − CHOH − CHOH − CHO
−3H2O
H2SO4
HC CH
C C−CHO
O
펜토스
퍼퓨랄
CHOH − CHOH
HOH2C − CHOH − CHOH − CHO
−3H2O
H2SO4
HC CH
HOH2C − C C−CHO
O
헥소스
하이드록시메틸퍼퓨랄

그림 2-8 당의 탈수반응

(4) 열분해반응

당분자의 탄소간 결합이 분해되는 반응을 동반하는 열분해반응은 매우 다양한 산물을 생성한다. 주로 휘발성 산, 알데하이드, 케톤, 퓨란유도체, 알코올, 방향족 화합물 등이 있다.

4) 당유도체

단당류는 반응성이 큰 카보닐기와 하이드록시기를 갖고 있어 여러 화학반응을 일으키며 이런 반응에 의해 당유도체(sugar derivatives)가 형성된다. 당유도체 중에는 체내에서 특징적인 기능성을 나타내며 식품산업에 활용된다.

(1) 산화

단당류의 6번째 탄소에 결합된 하이드록시기가 산화되어 카복실기(carboxyl group, −COOH)로 변화하면 당 이름의 어미에 우론산(uronic acid)을 붙여 명명한다. D−글루코스가 산화되면 D−글루쿠론산(glucuronic acid)이 생성된다. 알도스의 알데하이드가 산화되어 카복실기로 변하면 이를 알돈산(aldonic acid)이라 한다.

알돈산의 카복실기는 C−5의 하이드록시기와 분자 내 에스터(ester) 결합을 이루어 고리형 화합물인 락톤(lactone)을 생성한다. D−글루코스로부터 얻은 락톤은 D−글루코노 델타 락톤(D-glucono-δ-lactone)이다.

(2) 환원

단당류의 첫 번째 탄소의 카보닐기가 환원되어 하이드록시($-CH_2OH$)로 바뀌면 당알코올(sugar alcohol)이 된다. 당알코올에는 자일로스가 환원된 자일리톨(xylitol), 글루코스가 환원된 솔비톨(sorbitol) 등이 있다. 당알코올은 알디톨(alditol), 폴리하이드록시알코올(polyhydroxy alcohol), 폴리올(polyol)로 부른다. 자일리톨은 수크로스와 유사한 단맛을 가지나 칼로리는 수크로스의 60%로 낮으며 치아를 보호하고 손상된 치아의 표면 복원에 도움을 주는 것으로 알려져 있다.

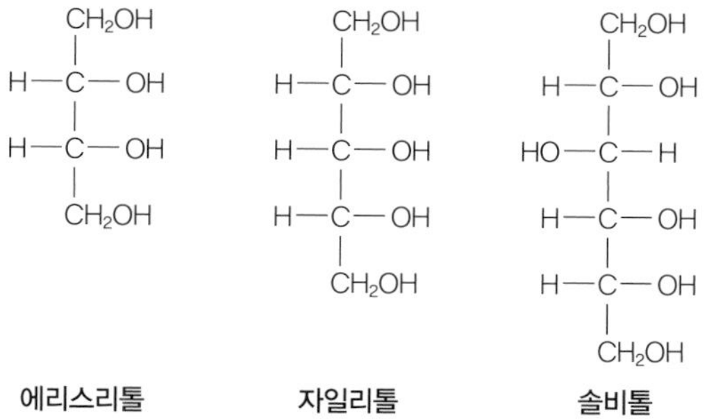

에리스리톨   자일리톨   솔비톨

그림 2-9 당알코올류

(3) 치환

데옥시당(deoxy sugar)은 단당류의 하이드록시기가 수소로 치환된 화합물을 말한다. 자연계에 흔하지 않으며 DNA의 구성당인 2-데옥시-D-리보스(2-deoxy-D-ribose)가 있다. 아미노당(amino sugar)은 단당류의 하이드록시기 1개가 아미노기($-NH_2$)로 치환된 화합물을 의미한다. 글루코사민(D-glucosamine)과 갈락토사민(D-galactosamine)이 포함된다.

배당체(glycoside)는 단당류의 아노머 탄소의 하이드록시기와 비당류의 하이드록시가 축합에 의해 형성된 것으로 식물계에 널리 분포한다. 결합된 물질의 당 부분을 글리

배당체

식물에 존재하는 배당체에는 포도의 안토시아닌(anthocyanin), 감자의 솔라닌(solanine), 매실의 아미그달린(amygdalin), 플라보노이드(flavonoids), 이소플라본(isoflavone) 등이 포함된다.

식품에 함유된 다양한 배당체들

콘(glycone), 비당류 부분을 아글리콘(aglycone)이라 한다.

3. 올리고당류

1) 올리고당류의 분류와 성질

올리고(oligo)는 라틴어로 'a few'를 의미하며 일반적으로 단당류가 2~10개 글리코시드(glycosidic) 결합된 탄수화물을 말한다. 올리고당류는 구성하는 단당류의 수에 따라 이당류, 삼당류, 사당류 등으로 나누고 자연계에 분포된 양은 적으며 다당류를 분해하거나 합성하여 얻는다. 올리고당류는 대체적으로 물에 잘 용해된다.

D-올리고당류를 구성하는 단당류의 α-아노머의 고유 광회전도가 β-아노머보다 크므로 종류에 따라 광회전도가 달라진다.

2) 이당류

이당류는 두 분자의 단당류가 글리코시드 결합으로 물 한 분자를 잃으면서 결합되며 그림 2-10 과 같이 단당류의 종류에 따라 여러 가지 이당류가 있다.

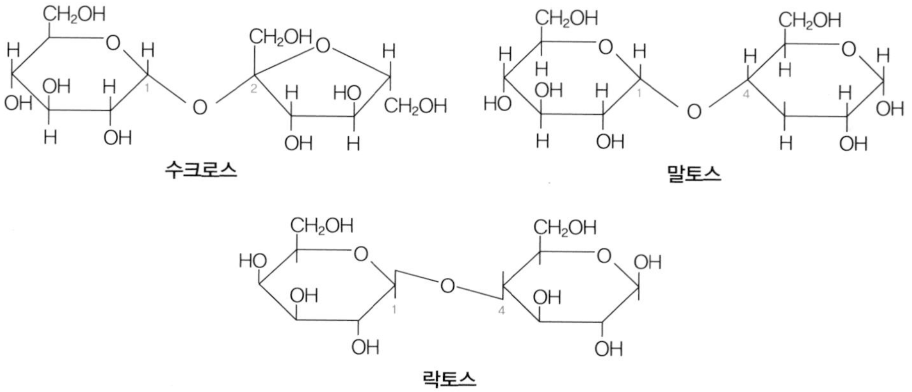

그림 2-10 이당류의 종류

(1) 수크로스

수크로스(sucrose)는 α-D-글루코스의 헤미아세탈 하이드록시기(C-1)와 D-프럭토스의 헤미아세탈 하이드록시기(C-2)가 결합하고 있는 비환원성 이당류이다. 사탕무나 사탕수수에 많이 함유되어 있으며 감미제로 사용된다. 가수분해하면 D-글루코스와 D-프럭토스의 혼합물이 만들어지는데, 이를 전화당(invert sugar)이라 한다.

수크로스의 비선광도는 +66.5°인데 가수분해로 생성된 혼합물의 비선광도는 -20.4°로 우선성의 수크로스가 가수분해하여 좌선성의 산물을 생성하기 때문에 이를 전화(inversion)라 하고 생성된 당 혼합물을 전화당이라 한다. 상대적 감미도를 측정할 때 10% 수크로스 용액이 표준당으로 사용되고 있다.

(2) 락토스

락토스(lactose)는 β-D-갈락토스와 D-글루코스가 1,4 글리코시드 결합을 하고 있는 이당류이다. 포유동물의 젖 중에 함유되어 있는 당으로 엄마 젖에는 7%, 우유에는 4.4-5.2% 함유되어 있다. 환원당이며 물에 대한 용해도가 낮고 사람에 따라 락테이스(lactase)가 없는 경우 소화흡수되지 않고 복부팽만이나 설사를 유발하는데, 이를 유당 불내증(lactose intolerance)이라 한다.

(3) 말토스

말토스(maltose)는 두 분자의 α-D-글루코스의 C-1과 C-4가 1,4 글리코시드 결합에 의해 형성된 이당류이다. 엿기름이나 고구마에 함유된 β-아밀레이스가 호화된 전분에 작용하여 가수분해하면 생성되며 C-1에 환원력을 갖는 환원당이다.

(4) 그 외의 이당류

아이소말토스(isomaltose)는 전분의 가수분해 과정에서 얻는 부산물로 D-글루코스 두 분자가 α-1,6 글리코시드 결합하여 이루어진다.

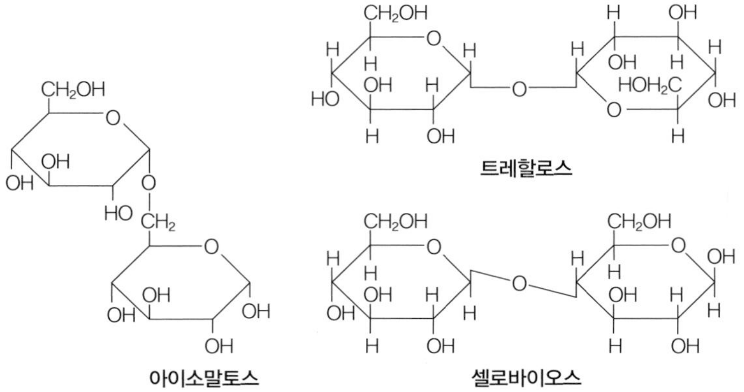

트레할로스

아이소말토스

셀로바이오스

그림 2-11 기타 이당류의 종류

셀로바이오스(cellobiose)는 두 분자의 글루코스가 $\beta-1,4$ 결합하고 있으며 셀룰로오스의 구성 당이다.

트레할로스(trehalose)는 글루코스 두 분자가 $\alpha-1,1$ 글리코시드 결합하고 있으며 비환원당이다.

3) 삼당류 이상의 올리고당류

(1) 라피노스

라피노스(raffinose)는 수크로스에 갈락토스가 $\alpha-1,6$ 결합으로 연결된 구조로 환원성이 없는 삼당류이다.

(2) 스타키오스

스타키오스(stachyose)는 라피노스에 갈락토스가 $\alpha-1,6$ 결합으로 연결된 사당류로 비환원당이다.

(3) 말토올리고당

말토올리고당(maltooligosaccharide)은 글루코스 2~6개가 $\alpha-1,4$ 결합으로 연결된 올리고당으로 중합도에 따라 용해도, 흡습성, 점도 등이 다르다.

(4) 프럭토올리고당

프럭토올리고당(fructooligosaccharide)은 수크로스에 전이효소($\beta-$fructofuranosidase)를 작용시키면 프럭토스가 $\beta-1,2$ 결합으로 연결되는데, 이렇게 다수의 프럭토스를 연결하여 생성된 혼합물을 말한다.

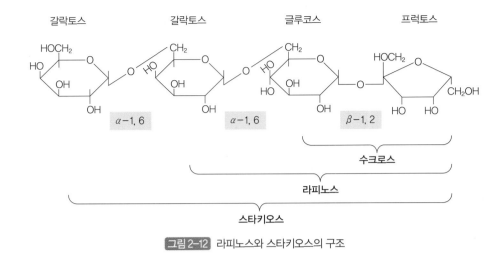

그림 2-12 라피노스와 스타키오스의 구조

4) 갈변반응

(1) 캐러멜화 반응

당이나 당 용액을 높은 온도로 가열하면 특이한 냄새와 갈색색소가 생성된다. 이 반응을 캐러멜화(caramelization)라 한다. 캐러멜화 반응은 탈수반응을 동반한 열분해반응으로 휘발성 저분자 화합물과 갈색의 고분자 색소를 생성한다. 캐러멜 냄새 화합물의 생성은 알칼리조건에서 촉진되며 캐러멜 색소를 얻기 위해서는 묽은 황산으로 처리한 다음 암모니아로 중화하고 아황산염을 가하여 pH 4로 조절하여 가열하면 된다. 갈색색소물질은 3그룹으로 나누는데, 캐라멜란(caramelans, $C_{24}H_{36}O_{18}$), 캐러멜랜(caramelens, $C_{36}H_{50}O_{25}$), 캐라멜린(caramelins, $C_{125}H_{188}O_{80}$)이다. 휘발성 화합물인 다이아세틸(diacetyl), 하이드록시메틸퍼퓨랄, 말톨(maltol), 퓨란(furan) 등이 냄새를 낸다.

(2) 마이야르 반응

카르보닐기를 갖는 환원당이 아미노기를 가진 아미노산이나 단백질과 반응하여 갈색색소를 생성하는 반응을 마이야르 반응(Maillard reaction, 매일라드 반응)이라 한다. 마이야르 반응은 매우 복잡한 반응으로 반응온도, 시간, 반응물의 농도, 수분함량, pH, 반응저해 또는 촉진제 등에 의해 다양한 산물이 생성된다.

환원당의 카르보닐 탄소가 아미노기의 질소원자의 공격으로 글리코실아민(glycosylamine)이 생성되고 아마도리 재배열(Amadori rearrangment)을 거쳐 생성된 아마도리 화합물의 반응에 의해 멜라노이딘(melanoidin) 색소가 형성된다. 스트레커 분해반응(Strecker degradation)은 α-디카보닐 화합물과 아미노산의 상호작용에 의하며 이 반응에 의해 아미노케톤, 탄소수가 1개 줄어든 알데하이드, 탄산가스 등이 생성된다. 아미노 케톤이 서로 반응하여 테트라메틸피라진(tetramethylpyrazine)을 만들고 α-디카보닐 화합물로서 글리옥살(glyoxal)이나 피루브알데하이드(pyruvaldehyde)가 반응하면 피라진(pyranzine) 또는 2,5-디메칠피라진(2,5-dimethylpyrazine)이 생성된다. 이 반응은 단백질에서 자세하게 설명한다(4장 단백질 참조).

4. 다당류

1) 다당류의 구조와 분류

다당류는 다수의 단당류가 글리코시드 결합으로 연결된 고분자 탄수화물이다. 출처에 따라 식물성과 동물성 다당류, 해조 다당류, 미생물 다당류로 나누며, 기능에 따라 저장 다당류와 구조 다당류로 나눈다. 저장 다당류에는 전분과 글리코겐, 구조 다당류에는 셀룰로스, 펙틴, 키틴 등이 속한다. 구성 단당류에 따라 한 종류로 이루어진 호모 다당류, 2개 이상으로 이루어진 헤테로 다당류로 구분한다.

다당류는 구성 단당류의 이름 어미에 '-ose' 대신 '-an'을 붙여 부른다. 즉 다당류는 글리칸(glycan)이며 호모글리칸, 헤테로글리칸이라 한다.

표 2-3 특징에 따른 다당류의 분류

분류기준		다당류	종류
출처		식물성 다당류	전분, 셀룰로스, 펙틴, 이눌린
		동물성 다당류	글리코겐, 키틴
		해조 다당류	카라기난, 아가, 알긴
		미생물 다당류	젤란검, 잔탄검, 덱스트란
기능		저장 다당류	전분, 이눌린, 글리코겐
		구조 다당류	셀룰로스, 펙틴, 키틴
구조	형태	직선형 다당류	아밀로스, 셀룰로스, 젤란, 펙틴
		분지형 다당류	아밀로펙틴, 글리코겐, 잔탄
	구성단위	호모 다당류	전분, β-글루칸 셀룰로스, 글리코겐
		헤테로 다당류	펙틴, 헤미셀룰로스, 잔탄, 이눌린
	전하	중성 다당류	전분, 셀룰로스, 이눌린
		산성 다당류	젤란, 잔탄, 알긴

자료 : 기초가 탄탄한 식품화학, 수학사, 2017

2) 전분

전분(starch)은 녹말이라고도 불리는 저장탄수화물로 수백만 개의 글루코스가 결합된 호모다당류이다. 직선형의 아밀로스와 분지형의 아밀로펙틴으로 구성된 전분입자 (starch granule)로 존재한다. 전분입자는 주로 종자, 뿌리, 덩굴줄기에 저장되어 있으며 쌀, 밀, 옥수수의 곡류, 감자, 고구마, 타피오카의 감자류 팥, 녹두 등의 두류에 들어 있다.

(1) 전분입자

광합성을 통해 만들어진 글루코스로부터 식물세포 내의 아밀로플라스트(amyloplast) 내부에 축적되어 전분입자 형태로 존재한다. 전분입자의 형태는 식물체에 따라 다르며 둥글거나 타원형, 렌즈형, 다면체로 크기도 다를 뿐만 아니라 크기는 넓은 범위에 있다. 일반적으로 전분입자의 형태는 광학현미경(light microscope), 편광현미경(polarizing microscope)이나 주사전자현미경(scanning electron microscope)을 이용하여 관찰한다.

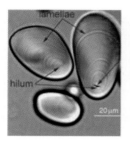
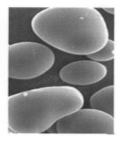

| 광학현미경 | 주사전자현미경 | 편광현미경 |

그림 2-13 현미경을 통해 본 감자 전분입자 형태

전분입자의 글루코스 사슬분자는 결정성 부분과 무정형 부분으로 구분된다. 아밀로펙틴의 클러스터 부분은 결정성 부분과 분지된 부분으로 되어 있으며 분지된 부분과 아밀로스는 무정형 부분으로 알려져 있다.

(2) 전분의 구성

전분입자는 D-글루코스의 α-1,4 결합으로 이루어진 직선형의 아밀로스와 α-1,4 결합의 직선형에 α-1,6 결합으로 분지된 아밀로펙틴으로 구성되어 있다. 일반적으로 보통전분은 아밀로스와 아밀로펙틴 비율이 20~25 : 75~80이지만 찹쌀, 찰옥수수, 찰밀 등 찰전분은 아밀로펙틴으로만 구성되어 있다. 아밀로스 함량이 50~90%인 고아밀로스 옥수수전분이 개발되어 다양한 기능성 소재로 사용되고 있다.

① 아밀로스
아밀로스(amylose)는 D-글루코스들이 α-1,4 결합으로 연결된 직선상의 사슬분자이며 글루코스 잔기의 수인 중합도(degree of polymerization, DP)는 식물의 종류에 따라 차이가 있어 수백에서 수천이다. 아밀로스 분자는 6개의 글루코스 단위로 오른쪽으로 회전하는 α-나선형 구조로 되어 있고 나선구조 내부는 소수성을 띠므로 지방질 등 소수성 물질을 포접하여 포접화합물(inclusion compound)을 형성한다. 아밀로스 함

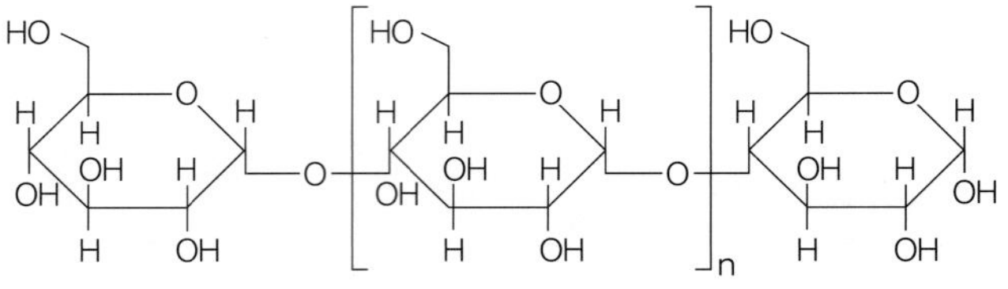

아밀로스

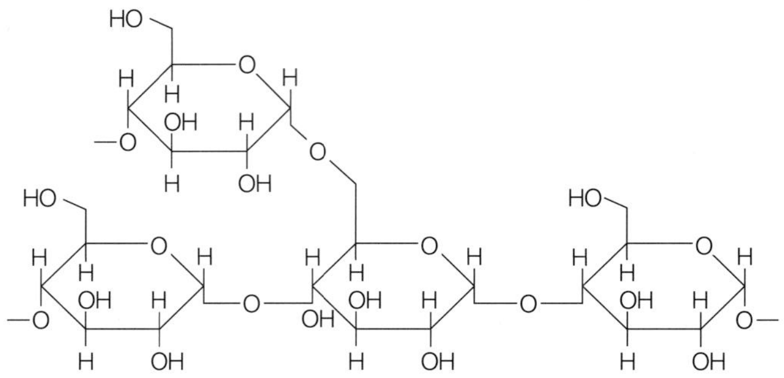

아밀로펙틴

그림 2-14 전분을 구성하는 아밀로스와 아밀로펙틴의 구조

량을 측정할 때 발색되는 요오드는 나선구조 내에 포접되어 긴 사슬의 복합체를 형성하면 짙은 청색을 띠고 645 nm에서 최대 흡광도 나타낸다.

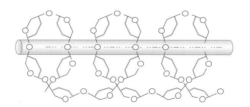

그림 2-15 아밀로스–요오드의 포접화합물 형성

전분을 가열하였을 때 용출된 아밀로스는 냉각되면서 겔 매트릭스(matrix)을 형성하며 노화가 쉽게 진행된다. 노화된 아밀로스는 이중나선형 구조를 형성하기 때문에 가열에 의해 가역적인 반응이 일어나지 않고 155℃ 근처에서 용융된다.

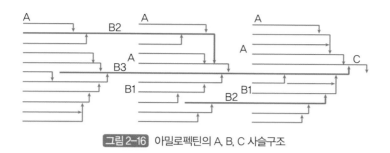

그림 2-16 아밀로펙틴의 A, B, C 사슬구조

② 아밀로펙틴

아밀로펙틴(amylopectin)은 D-글루코스가 α-1,4 결합으로 연결된 사슬분자 중간에 α-1,6 결합을 가지고 있으며 이 부위는 전체 글리코시드 결합의 4-5%를 차지하며 연결된 짧은 사슬 곁가지에 평균 15-30개가 결합된 글루코스 사슬이 존재한다.

아밀로펙틴 분자는 그림 2-16과 같이 환원성 말단(reducing end)을 가진 단 하나의 C-사슬(C-chain)을 가지며 이 사슬에는 B-사슬이, B-사슬에는 A-사슬들이 결합되

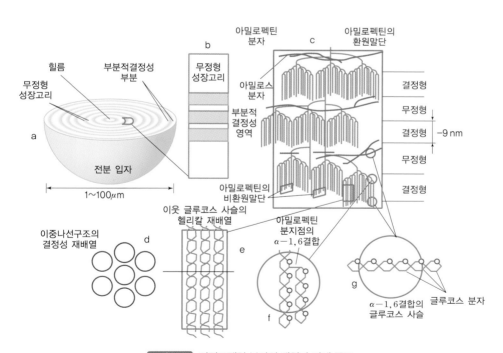

그림 2-17 아밀로펙틴 분자의 배열과 미세 구조

어 클러스터로 나란히 배열하여 결정성 구조를 이룬다.

아밀로펙틴 분자의 중합도는 전분의 급원에 따라 다르지만 아밀로스 중합도보다는 훨씬 크며 그 평균분자량은 10^7-10^9 정도이다.

아밀로펙틴 클러스터에 포함된 가지들은 이중나선구조(double helix)를 이루어 결정성 영역(crystalline region)을 형성한다. X-선을 조사하면 아밀로펙틴의 결정성 영역에 의해 회절양상을 보인다. 아밀로펙틴의 이중나선구조는 물론 바깥 사슬의 중합도가 작으면 요오드를 포접하지 못해 요오드와의 반응에 의해 적자색를 띤다. 또한 가열 후 노화가 천천히 일어나며 가열에 의해 가역적인 변화를 나타낸다.

(3) 전분의 호화

상온에서 전분을 물에 담그면 전분입자는 물을 흡수하여 팽윤하며 이를 다시 건조하면 본래 상태로 돌아가는 가역적 반응이 일어난다. 그러나 전분현탁액을 가열하면 가열조건에 따라 다르나 부분적 결정형 전분이 무정형으로 바뀌는 비가역적 반응이 진행된다. 전분현탁액이 어느 온도에 도달하면 흡수율이 급격히 증가하면서 점도와 투명도가 높아지고 가열온도와 시간이 더 길어지면 전분의 결정성이 붕괴하여 콜로이드 호화액을 형성한다. 전분입자 내부의 무정형영역에 있던 아밀로스가 용출되고 아밀로펙틴은 입자 내에 남아 입자는 납작하게 수축된 형태가 된다.

충분한 물이 있는 전분현탁액이 가열되면 전분입자는 무정형으로 바뀌고 투명해지면서 점도가 증가될 뿐만 아니라 결정성과 복굴절성의 소실 등 물리적 변화가 나타나는데, 이를 전분의 호화(gelatinization)라 한다. 전분의 호화는 전분의 종류, 입자의 크기, 가열조건, pH, 첨가물질 등에 의해 영향을 받으며 넓은 온도 범위에서 나타나므로 호화 온도 범위로 나타낸다.

(4) 전분의 겔화

전분현탁액을 호화온도 이상에서 가열하면 유동성이 있는 전분호화액(paste)이 형성되고 이를 냉각하면 유동성이 없는 겔로 변한다. 전분 겔은 아밀로스를 함유한 전분에서 형성되는데 직선형의 사슬분자가 수소결합으로 연접 부분을 만들고 3차원적 네트워크를 형성하여 물 분자를 그물망 안에 가두면 유동성이 없는 겔이 된다. 아밀로스 함량이 높고 아밀로스의 사슬 길이가 길면 독특한 텍스처의 전분 겔을 형성한다. 여기에는 녹두, 동부, 도토리 전분이 속하며 이 전분으로 제조한 겔인 묵은 우리나라의 고유한 전통 음식이다.

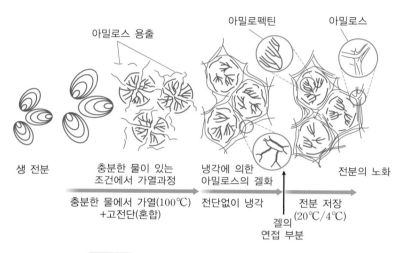

그림 2-18 전분현탁액의 가열과 냉각과정에서의 변화

자료 : Schematic representation adapted from Goesaert et al., 2005

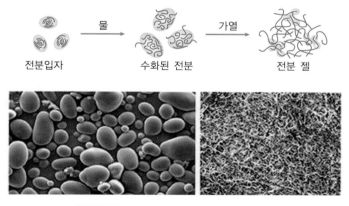

그림 2-19 전분의 겔화 및 겔 구조 (Dutton JA).

(5) 전분의 노화

무정형의 호화된 전분을 그대로 두면 전분분자들이 수소결합을 통하여 새로운 부분적 결정구조를 갖게 된다. 생전분과는 다른 결정형인 회절각도(2θ)=17°에서 피크를 갖는 B형으로 변한다. 이런 변화를 전분의 노화(retrogradation)라고 한다. 노화과정에는 아밀로스와 아밀로펙틴이 각각 또는 상호작용을 하는데 노화속도는 아밀로스가 아밀로펙틴보다 빨라 가열 후 냉각 시에 바로 아밀로스 노화가 일어난다. 전분의 노화에는 전분의 종류, 아밀로스와 아밀로펙틴 함량, 저장온도, 수분함량, 첨가물질 등이 영향을 준다. 온도는 상온보다는 냉장온도에서 노화가 빠르고 호화온도 이상에서는 느리다. 수분함량은 30~60%, 특히 35~45%일 때 노화가 빠르며 20% 이하나 90% 이상에서는 노화가 느리다. 노화된 전분액은 불투명해지고 점도는 낮아지며 효소에 의해 분해가 어렵다.

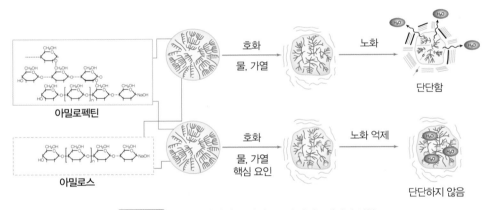

그림 2-20 전분 노화에 따른 아밀로스와 아밀로펙틴의 영향

(6) 전분의 덱스트린화

전분의 덱스트린화(pyrodextrinization, 호정화)는 전분을 160℃ 이상의 건열로 처리하면 글리코시드 결합의 일부가 절단되어 덱스트린이 생성되는 현상이다. 전분 사슬분자가 덱스트린으로 잘라지면 분자량이 작아지고 용해도가 증가하며 점도를 나타낼 뿐만 아니라 효소에 의해 소화율이 높아진다. 건조된 곡류를 열에 볶거나 옥수수를 가압

고열로 퍼핑(puffing)시킬 때 덱스트린화 현상이 나타나며 반응조건을 조절하면 다양한 사슬 길이의 덱스트린을 제조할 수 있다.

(7) 전분의 가수분해

전분은 호화된 상태에서 전분분해효소 존재 하에 가수분해가 된다. α-아밀레이스는 무작위로 α-1,4 결합을 가수분해하며 β-아밀레이스는 비환원말단부터 말토스 단위로 α-1,4 결합을 가수분해하여 β-한계 덱스트린(β-limit dextrin)을 남긴다.
전분의 α-1,4 글리코시드 결합은 산성용액에서 쉽게 가수분해된다. 전분 시럽은 전분을 가수분해하여 만들며 이때의 단맛이나 점도, 환원당 함량 등은 산 가수분해 조건에 영향을 받는다.

(8) 전분의 변성

자연에서 얻는 생전분의 고유 성질은 식품산업에 적용하기 위한 조건에 적합하지 않다. 그래서 전분을 물리적, 화학적 방법으로 처리하여 성질을 바꾸거나 용도에 맞는 성질을 갖도록 하는데, 이를 전분의 변성(modification)이라 하고 이렇게 제조된 전분을 변성전분(modified starch)이라 한다. 변성전분은 제조방법에 따라 구분하는데 물리적 방법에는 수분-열처리(heat-moisture treatment), 어닐링(annealing), 호화전분(pregel, pregelatinization) 등이 있다. 화학적 방법에 의한 변성에는 가수분해에 의한 전환전분(converted starch), 가교결합에 의한 가교결합전분(cross-linked starch), 특정한 기능기가 치환된 안정화전분(stabilized starch), 산화전분(oxidized starch) 등이 속한다. 변성전분은 전분의 점도, 투명성, 냉-해동안정성, 소화율, 텍스처 등을 사용하는 제품에 맞게 개선하는 장점이 있다.

표 2-4 변성전분의 종류와 특성

	변성전분의 종류	변성방법	주요 특성
물리적 변성	호화전분(pregealtinized starch)	전분호화액을 고온에서 건조	용해성, 분산성 증가
	수분열처리전분 (heat-moisture treated starch)	호화가 어려운 수분함량(15~30%)에서 호화온도 이상으로 열처리	분해 억제
	어닐링전분 (annealed starch)	충분한 수분함량 조건에서 호화온도 이하에서 처리	
화학적 변성	산화전분(oxidized starch)	NaOCl 용액으로 가수분해 및 산화	점도 저하, 투명도 증가, 저온 안정성
	아세트산 안정화전분 (acetylated starch)	아세트 안하이드리드와의 에스터 반응 (R-OCOCH$_3$)	호화온도 저하, 투명도 증가, 노화 지연, 냉-해동 안정성
	하이드록시프로필 안정화전분 (hydroxypropylated starch)	프로필렌옥사이드와 에테르반응 (R-OCH$_2$CHCH$_3$OH)	호화온도 저하, 투명도 증가, 노화 지연, 냉-해동 안정성
	가교결합전분 (cross-linked starch)	포스포릴 클로라이드, 소듐 트리메타포스페이트 등에 의해 두 전분의 하이드록시기와 반응하여 가교 결합	호화온도 상승, 팽윤 감소, 내산성, 내전단력, 안정성 증가

3) 비전분다당류

(1) 글리코겐

동물의 저장 탄수화물인 글리코겐(glycogen)은 간과 근육에 매우 낮은 농도로 들어 있다. 글리코겐은 아밀로펙틴보다 분지도가 더 발달한 호모다당류로 D-글루코스가 기본당이며 α-1,4 결합, α-1,6 결합에 의해 이루어진다.

(2) 셀룰로스

셀룰로스는 식물체의 구조를 형성하는 탄수화물로 주로 헤미셀룰로스와 세포벽을 이루고 있는 호모다당류이다. β-1,4 결합에 의해 D-글루코스가 직선상으로 이루어져 있으며 전분보다 결정성이 크다. 셀룰로스는 급원에 따라 다르나 1000~1400개의 글루코스가 연결되어 있다. 셀룰로스 사슬들은 일반적으로 같은 방향으로 질서 있게 나란히 배열하여 이웃하는 사슬과 수소결합을 통하여 회합함으로써 치밀한 섬유상 구조를 만든다. 사슬과 사슬이 규칙적으로 화합하면 부분적으로 결정성구조가 만들어지는데, 이 결정성 구조는 셀룰로스를 물의 침투, 효소작용, 묽은 산이나 알칼리 등에 저항할 수 있게 한다.

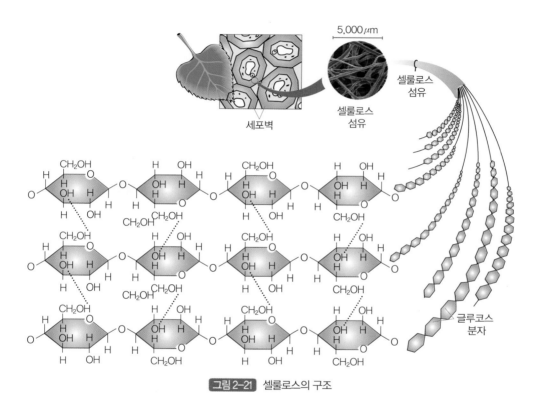

5,000 μm

세포벽

셀룰로스
섬유

셀룰로스
섬유

글루코스
분자

그림 2-21 셀룰로스의 구조

셀룰로스의 $\beta-1,4$ 결합을 분해하는 효소인 셀룰로스 가수분해효소(셀룰레이스, cellulase)는 인체의 소화기관에 존재하지 않아 인체는 셀룰로스가 소화되지 않으나 장의 운동을 자극하고 대장에서 발효되어 식이섬유로서의 생리적 기능을 가진다.

셀룰로스 분자를 여러 가지 형태로 변형하면 천연 셀룰로스와 다른 성질을 갖게 되므로 식품산업에 활용할 수 있다. 셀룰로스를 강알칼리로 처리한 다음 클로로아세트산과 반응시키면 카복시메틸셀룰로스(carboxymethylcellulose, CMC)가 생성된다. CMC는 DS(degree of substitution, 치환도) 0.38~1.4인 것이 제조되는데, 이 중 DS 0.65~0.85

인 것이 보편적으로 이용되며 음전하를 가지고 있어 물에 잘 용해된다. 미세결정 셀룰로스(microcrystalline cellulose, MCC)는 물에 용해되지 않으나 콜로이드 분산액을 이루기 때문에 거품이나 유화액의 안정제, 유지대체제 등으로 활용되고 있다. 메틸셀룰로스(methylcellulose, MC)는 셀룰로스를 강알칼리와 모노클로로메탄과 반응시켜 제조하며 하이드록시프로필메틸셀룰로스(hydroxypropylmethylcellulose, HPMC)는 수용성이면서 겔을 형성할 수 있어 다양한 식품제조에 증점제, 냉해동안정제 등으로 사용되고 있다.

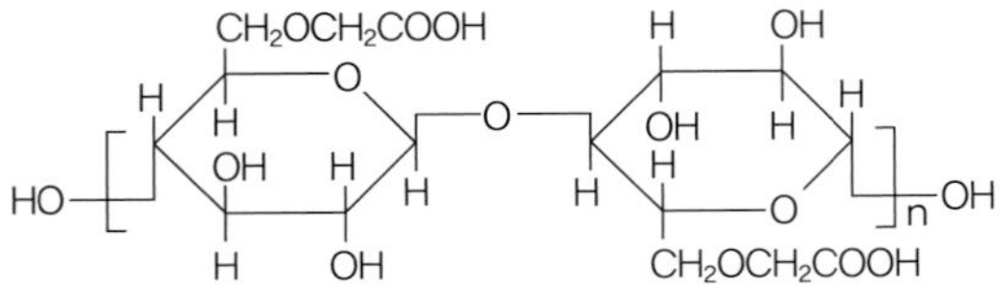

카복시메틸셀룰로스(CMC)

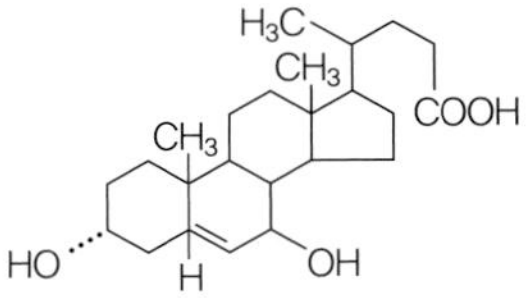

미세결정셀룰로스(MCC)

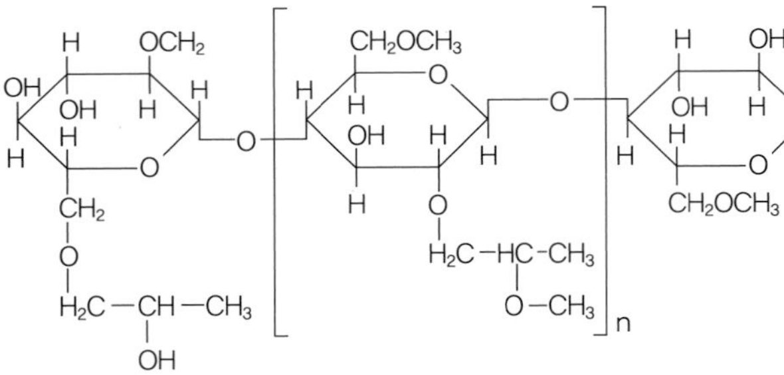

하이드록시프로필메틸셀룰로스(HPMC)

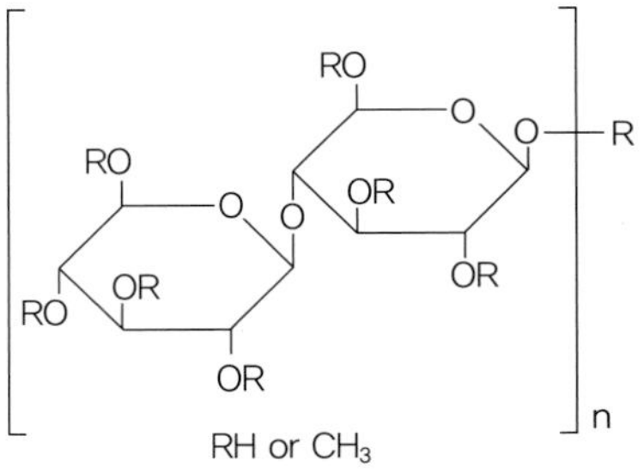

메틸셀룰로스(MC)

그림 2-22 셀룰로스의 유도체들

(3) 베타글루칸

베타글루칸(β-glucan)은 효모의 세포벽, 버섯류, 곡류 등에 존재하는데 특히 귀리(oat)에 2.5~6.6%, 보리(barley)에 3.0~6.0%가 들어 있다. 베타글루칸은 β-글루코스가 β-1,4 결합에 β-1,3 결합이 혼합되어 있는 구조적인 특징에 의해 셀룰로스와 달리 친수적인 성질로 물에 용해되며 점도가 높은 분산액을 형성한다. 수용성 식이섬유로 혈당을 낮추며 인슐린 민감도를 높이고 콜레스테롤 수치를 낮추는 효과와 면역증강작용이 있는 것으로 알려져 있다.

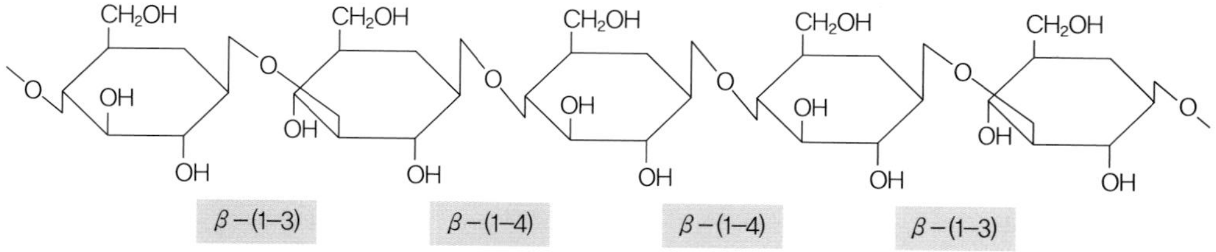

그림 2-23 베타글루칸의 화학적 구조

(4) 헤미셀룰로스

헤미셀룰로스(hemicellulose)는 셀룰로스, 펙틴질, 당단백질과 식물체 세포벽의 20~30%를 구성하는 물질로 헤테로다당류이다. 물에는 녹지 않으나 묽은 알칼리에 녹으며 가수분해하면 자일로스, 아라비노스, 갈락토스, 글루쿠론산 등이 생성된다. 헤미셀룰로스는 급원에 따라 구성당, 결합형식, 분자형태 등에 차이가 있다. 밀가루에 함유된 헤미셀룰로스는 β-1,4 결합의 자일란 직선형 분자 중 자일로스 잔기에 α-L-아라비

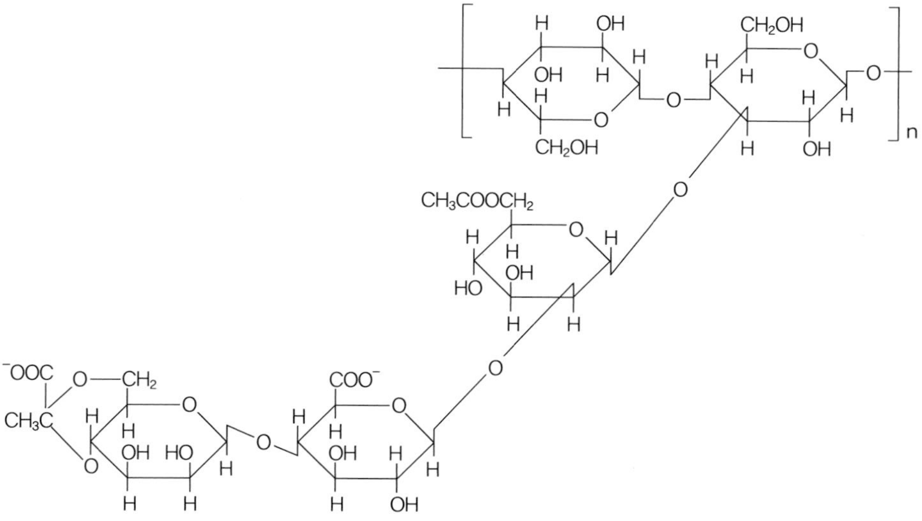

그림 2-24 헤미셀룰로스의 구조

노스 곁사슬이 결합되어 있다. 옥수수 종피에 함유된 헤미셀룰로스에는 곁사슬에 아라
비노스, 자일로스, 갈락토스, 글루쿠론산 등이 결합되어 있다.

(5) 이눌린

이눌린(inulin)은 프럭탄(fructan)이라고도 하며 돼지감자, 치커리 등에 함유되어 있는
저장 다당류이다. β-D-프럭토스가 β-1,2 결합으로 연결된 다당류이므로 가수분해에
의해 프럭토스가 얻어진다. 인체의 소화기관에서는 소화되지 않아 식이섬유에 속한다.

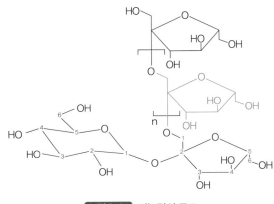

그림 2-25 이눌린의 구조

(6) 펙틴질

펙틴질(pectic substances)은 식물 세포 사이의 세포간질(middle lamellae)에 존재하
며 세포와 세포를 결착시켜주는 시멘트와 같은 헤테로다당류이다. 펙틴질은 그림 2-26
과 같이 D-갈락투론산(galacturonic acid)이 α-1,4 결합을 통하여 직선형으로 연결되
어 있고 갈락투론산의 카복시기가 메틸에스터화(methyl esterification) 되어 있거나 메
틸기가 결합하지 않은 상태로 되어 있다.

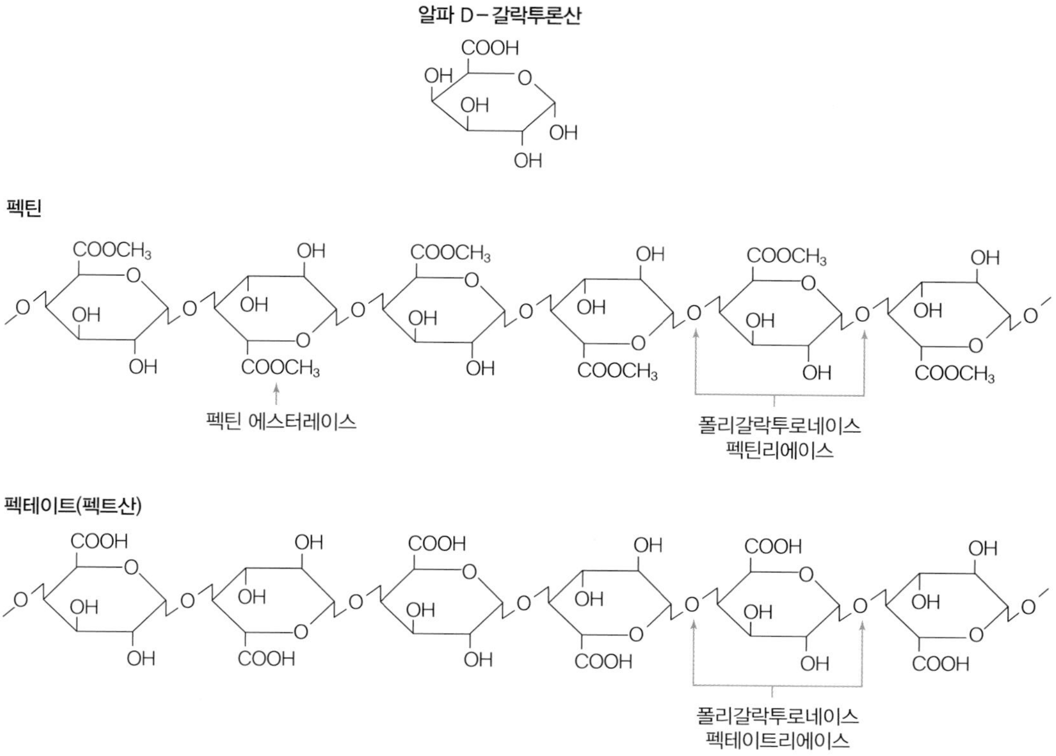

알파 D – 갈락투론산

펙틴

펙틴 에스터레이스

폴리갈락투로네이스
펙틴리에이스

펙테이트(펙트산)

폴리갈락투로네이스
펙테이트리에이스

그림 2-26 펙틴질과 펙틴질 분해효소

　미숙한 과일과 채소에 함유된 펙틴질의 모체를 프로토펙틴(protopectin)이라고 하며 불용성으로 사슬 중에 갈락투론산 잔기의 카복실기들은 대부분 메틸에스터 결합을 하고 있다. 펙틴의 에스터화 정도(degree of esterification, DE)는 전체 갈락투론산 잔기 수당 에스터화된 D-갈락투론산 잔기수를 퍼센트로 나타낸다.

　펙틴질에 프로토펙틴은 프로토펙틴 가수분해효소(protopectinase)와 펙틴메틸에스터 가수분해효소(pectin methylesterase)의 작용을 받아 수용성 펙틴질이 되는데, 이를 펙틴산(pectinic acid)이라 한다. 펙트산(pectic acid)은 메틸에스터기가 전혀 함유되지 않은 폴리 갈락투론산을 말한다.

　펙틴산은 DE의 정도에 따라 고메톡시펙틴과 저메톡시펙틴으로 구분한다.

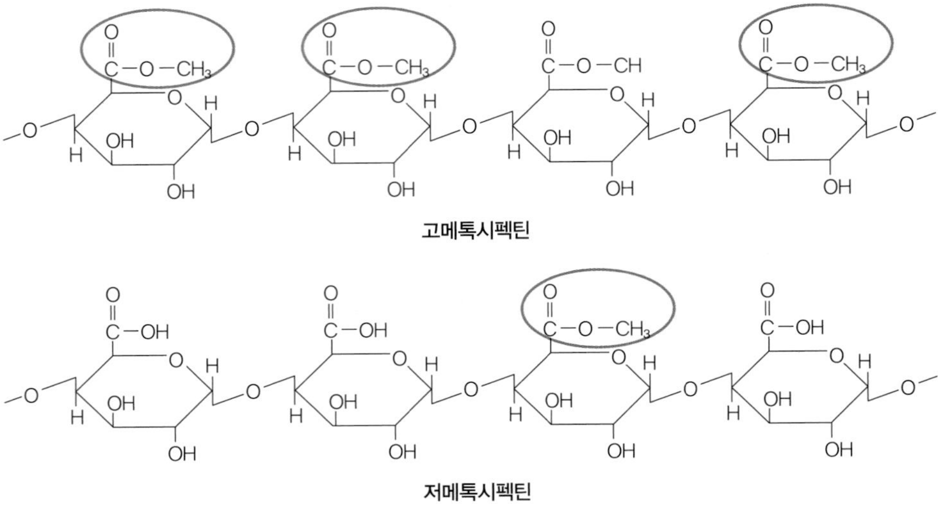

고메톡시펙틴

저메톡시펙틴

그림 2-27 고메톡시펙틴 및 저메톡시펙틴의 구조

　펙틴의 겔 형성 능력은 사슬길이와 메틸에스터 정도에 따라 다르게 진행되는데 펙틴 분자 속의 메톡시기(methoxyl group, $-OCH_3$) 함량이 7% 이상이면 고메톡시펙틴으로 당과 산이 존재하여야 겔을 형성한다. pH 3.2~3.5에서 당이 55% 이상 존재할 때 분자들 간의 수소결합과 소수성결합에 의해 망상구조를 형성하여 겔을 이룬다. 그와 달리 저메톡시펙틴은 칼슘이온(Ca^{++})과 같은 2가 양이온에 의해 분자 내 카복시기와 칼슘이온 간에 가교결합으로 이 때 당은 없어도 겔 형성이 가능하다.

　펙틴질을 가수분해효소에는 프로토펙틴 가수분해효소(protppectinase), 펙틴에스터 가수분해효소(pectin esterase), 폴리갈락투로네이스(polygalacturonase), 펙틴 리에이스(pectin lyase) 등이 있다.

　펙틴리에이스는 메틸에스터화된 갈락투론산 사이에 글리코시드 결합을 끊는 효소이며 폴리갈락투로네이스는 폴리갈락투론산의 글리코시드 결합을 분해한다.

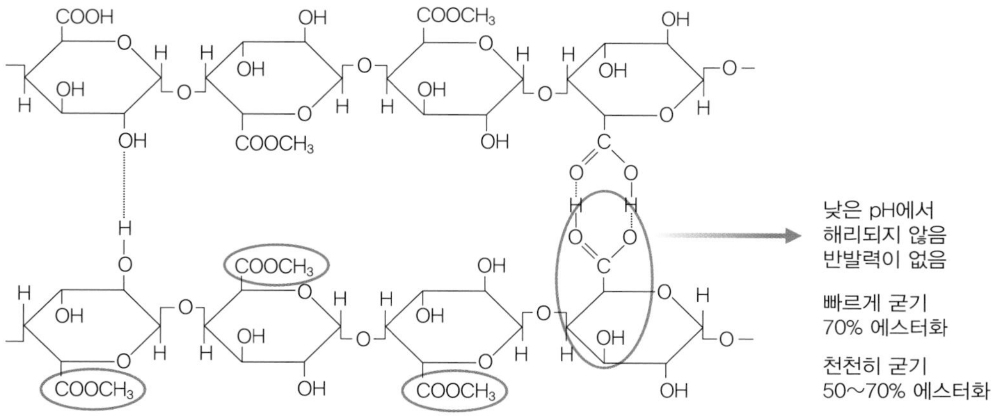

낮은 pH에서
해리되지 않음
반발력이 없음

빠르게 굳기
70% 에스터화

천천히 굳기
50~70% 에스터화

(a) 낮은 pH에서 고메톡시펙틴

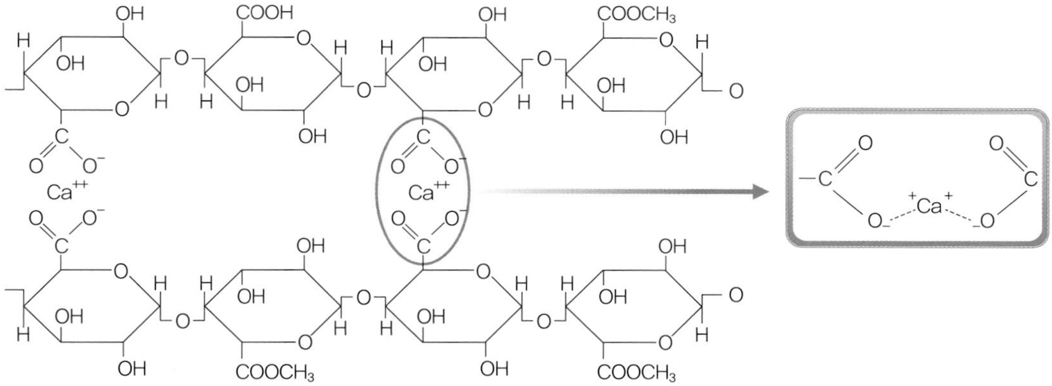

(b) 저메톡시펙틴

그림 2-28 고메톡시펙틴과 저메톡시펙틴의 겔 형성 기작

(7) 키틴

키틴(chitin)은 새우, 게, 곤충의 껍질을 구성하는 동물성 구조다당류이다. 키틴의 구조
는 N-아세틸글루코사민(N-acetyl glucoamine)이 셀룰로스의 결합방식과 같이 β
-1,4 결합으로 연결된 직선상의 호모다당류이다. 키틴을 강알칼리로 처리하면 아세틸
기가 떨어져 아미노기를 가진 글루코사민으로 구성된 키토산이 형성된다. 키틴은 물에
용해되지 않으며 소화되지 않는다.

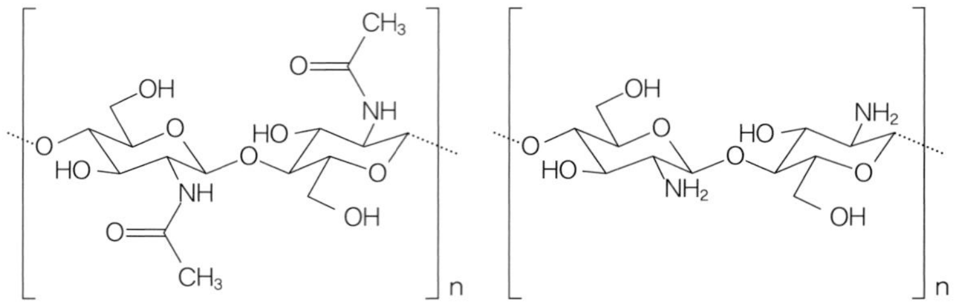

그림 2-29 키틴 구조 및 키토산 생성과정

(8) 검류

검류(gums)는 식물체, 해조류와 미생물로부터 얻을 수 있는 친수성 다당류이다. 수용액 상에서 1% 이하의 낮은 농도에서 점도를 증가시키고 겔을 형성하며 안정제 역할도 하는 친수성콜로이드(hydrocolloids)이다. 가공식품에서 점도 증강제, 유화제, 안정제 등 다양한 용도로 활용되고 있다.

표 2-5 검류의 종류 및 이용

검류 구분	검류 이름	검의 활용
종실검	구아검(guar gum)	치즈, 아이스크림, 케이크, 샐러드 드레싱
	로커스트빈검(locust bean gum)	소시지, 소프트 치즈, 냉동 디저트
수액검	아라비아검(gum Arabic)	맥주 거품안정제, 얼음결정화 방지제, 케이크, 음료, 아이스크림, 유화식품
	트라가칸트검(gum tragacanth)	샐러드 드레싱, 소스의 증점제나 안정제, 과일 파이필링
해조추출검	한천	치즈 제품, 육제품, 냉동 디저트
	카라기난	아이스크림, 초콜릿 우유, 치즈 제품, 케이크
	알긴	아이스크림, 인스턴트 푸딩, 인조과일
미생물검	잔탄검	드레싱, 오렌지주스, 음료
	젤란검	증점제, 겔화제, 베이커리 필링, 필름

① 식물성 검류

종실검(seed gum)과 수액검이 포함되는데 수액검은 나무의 상처를 내서 얻는 분비물로 아라비아검은 아카시아검이라고도 한다. 아라비아검은 용해성이 높으며 점도가 낮은 경향이 있다. 아라비아검 분자는 β-1,3 결합으로 연결된 D-갈락토스의 사슬에서 β-1,6 결합으로 연결된 많은 가지를 가지는 사슬에 D-갈락토스, L-아라비노스, L-람노스, D-글루쿠론산, 4-O-메틸-D-글루쿠론산 등이 곁가지로 결합되어 있다. 트라가칸트검은 서아시아 관목식물의 수액에서 채취되었으며 팽윤성 분획(트라가칸트산)과 수용성분획(트라가칸틴)을 함유한다. D-갈락토스, L-아라비노스, D-갈락투론산, D-자일로스, L-푸토스, L-람노스 등으로 구성된 분지상의 헤테로 다당류이다. 이 검은 산성조건에서는 안정하다.

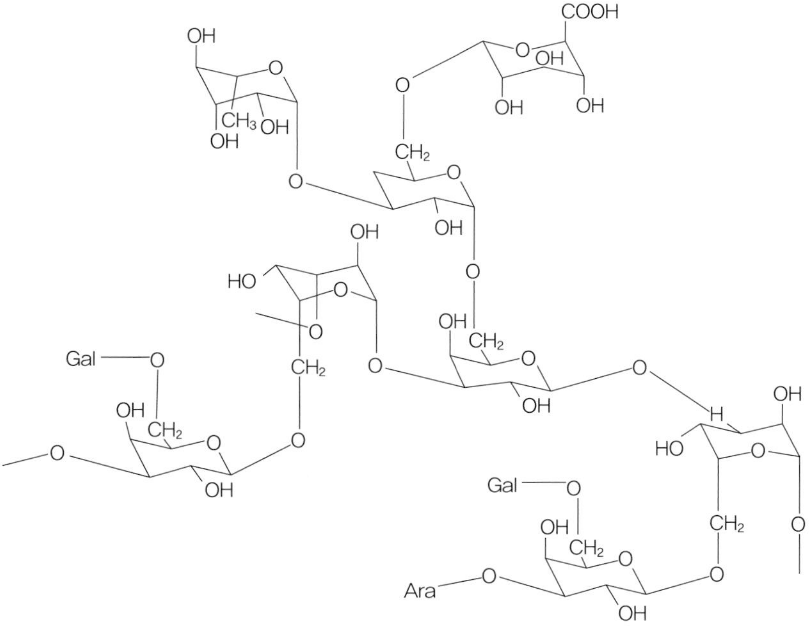

그림 2-30 아라비아검의 구조

구아검은 콩과식물인 구아종자에서 얻어지는 검으로 갈락토만난으로 만노스가 직선상으로 β-1,4 결합을 하고 있으며 갈락토스 단위 1개가 α-1,6 결합으로 가지를 가진 구조이다. 긴 사슬을 가진 중성분자로 용액의 점도가 높다. 로커스트빈 검은 지중해 등지에서 재배되는 콩과식물의 종자에 들어 있는 갈락토만난으로 만노스의 뼈대에 사슬 평균 4개 만노스 잔기마다 α-1,6 결합의 D-갈락토스의 곁가지가 있다.

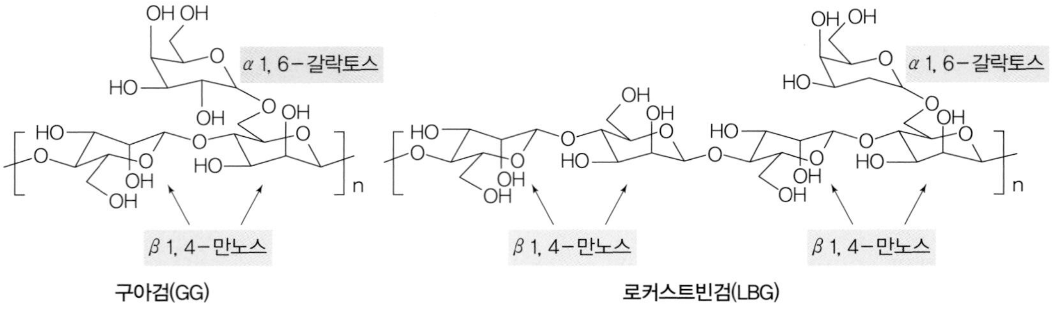

구아검(GG)　　　　　　　　　　　　　　　　로커스트빈검(LBG)

그림 2-31 　구아검과 로커스트빈검의 구조

② 해조검류

한천, 카라기난, 알긴 등은 해조류로부터 산이나 알칼리로 추출하여 제조된다. 홍조류에서 얻어지는 한천은 아가로스(agarose)와 아가로펙틴(agaropectin)의 다당류로 혼합물이다. 아가로스는 D-갈락토스와 3,6-안하이드갈락토스(3,6-anhydro-α-L-galactose)가 교대로 β-1,3 결합과 β-1,4 결합으로 연결된 이당류가 반복하는 직선형 구조를 갖는다. 아가로펙틴은 아가로스와 같은 뼈대를 가지는 선상의 다당류에 5-6%의 황산기, D-글루쿠론산, 피루브산 등이 결합되어 있다. 한천은 뜨거운 물에서는 용해되어 0.1%의 낮은 농도로 단단한 겔을 형성한다. 형성된 겔은 85℃ 이하에서는 녹지 않는 안정한 겔이다.

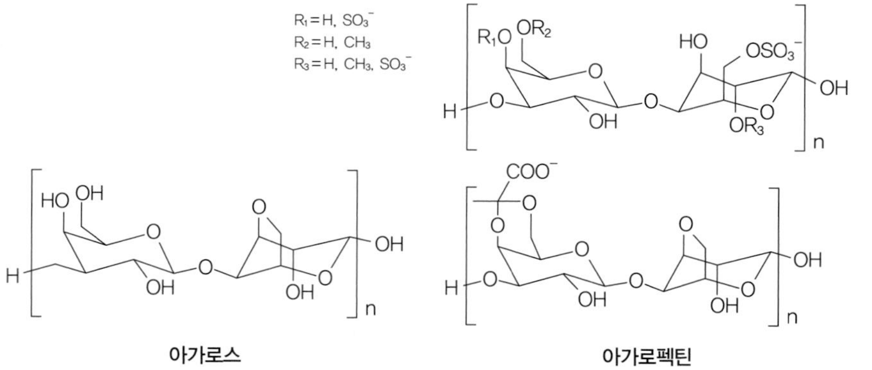

아가로스　　　　　　　　　　　　　아가로펙틴

그림 2-32 　아가로스와 아가로펙틴의 구조

카라기난(carrageenan)은 홍조류에서 추출되며 다섯 종류가 알려져 있는데 시판되는 카라기난에는 κ−카라기난(60%)과 λ−카라기난(40%)이 주로 함유되어 있다. 카라기난은 한천과 유사하게 D−갈락토스와 3,6−안하이드갈락토스로 구성되는데 황산기의 위치가 다르다. 카라기난의 포타슘염은 굳은 겔을 형성하나 소디움염은 냉수에 녹고 겔을 형성하지 않는다. pH 7 이상에서는 안정하나 pH 5 이하에서는 분해되며 단백질과 카라기난 복합체를 형성하여 안정한 교질분산을 한다. 이런 성질로 인해 초콜릿 우유 등에 유화안정제로 사용한다.

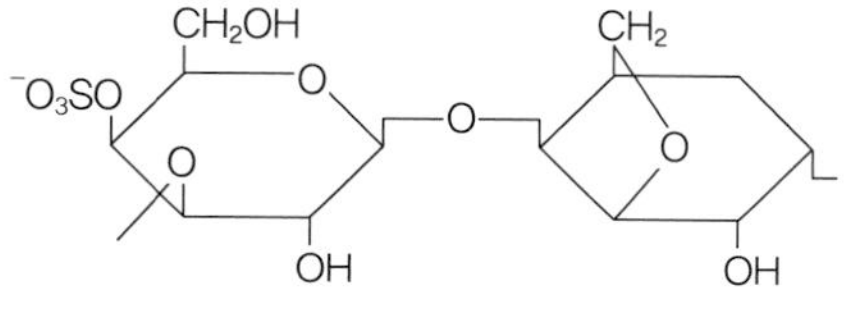

카파−카라기난(x)   람다−카라기난(λ)

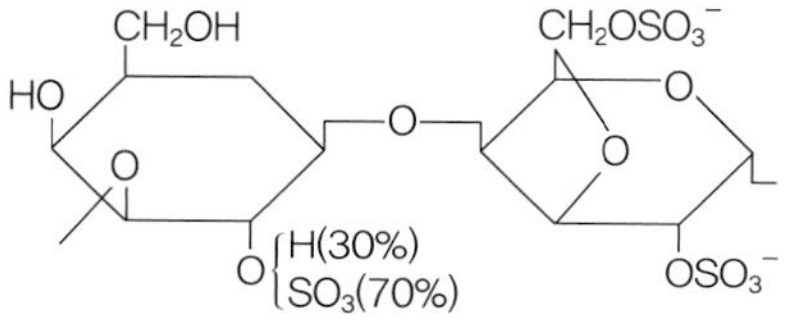

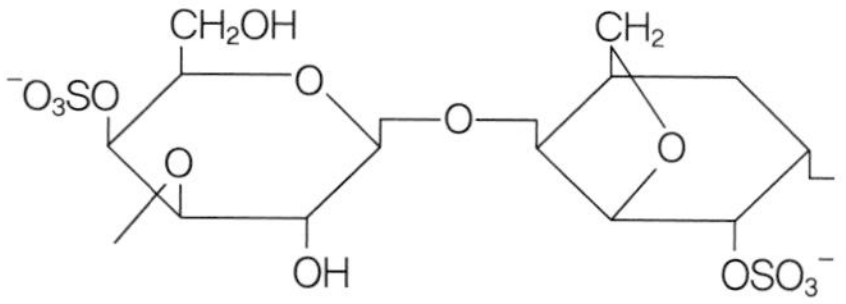

아이오타−카라기난(ι)

그림 2-33 카라기난 종류의 구조

알긴(algin)은 미역, 다시마 등 갈조류에서 추출되며 D−만누론산과 L−글루론산이 만드는 알긴산의 소디움염이다. 알긴산은 β−D− 만누론산이 연결된 사슬 부분(M), α−L−글루론산만이 연결된 사슬 부분(G), D−만누론산과 L−글루론산이 교대로 연결된 사슬 부분을 함유한다. M과 G의 비율은 해조류마다 다르며 알긴산 알칼리 금속염은 물에 녹으나 2가 또는 3가의 양이온 염은 물에 녹지 않는다. 알긴은 칼슘이온이나 2, 3가 양이온이 있는 상태에서 겔을 형성하며 pH 3 이하면 금속이온 없이도 겔을 형성한다.

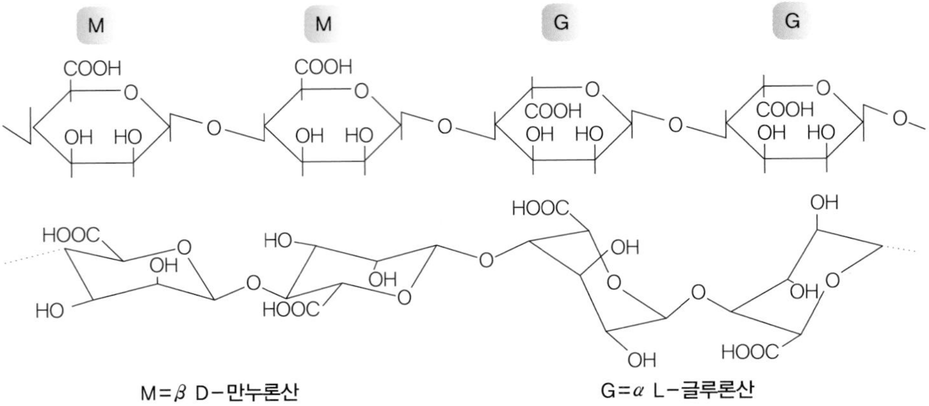

M = β D−만누론산   G = α L−글루론산

그림 2-34 알긴산의 구조

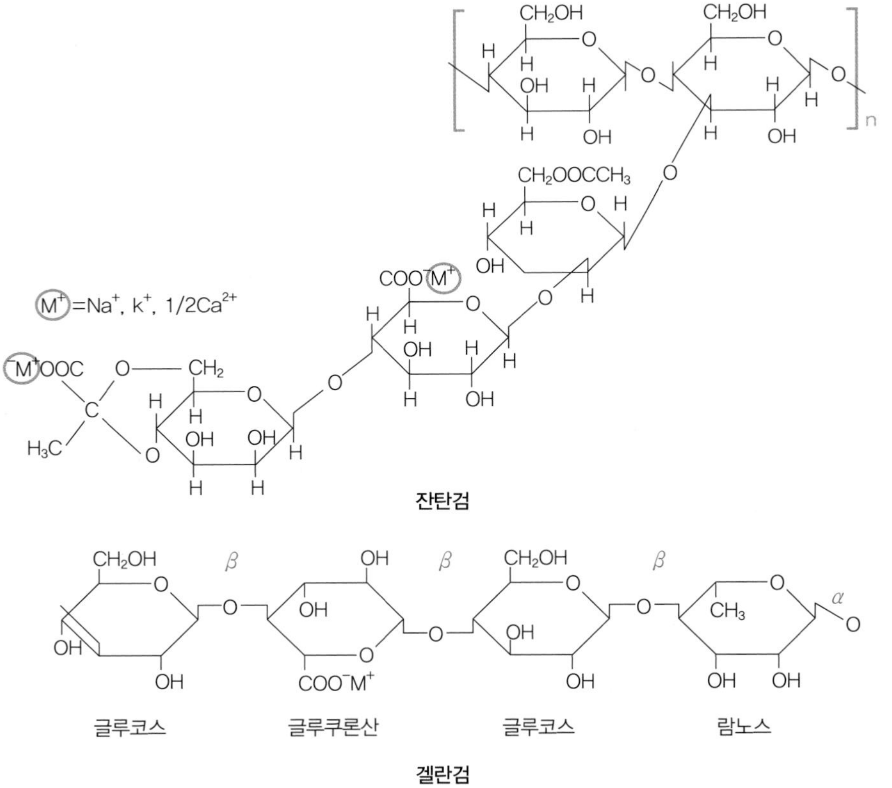

잔탄검

글루코스   글루쿠론산   글루코스   람노스

겔란검

그림 2-35 잔탄검과 겔란검의 구조

③ 미생물검류

미생물에서 생산되는 검류에는 잔탄검과 젤란검 등이 있다. 잔탄검(xanthan gum)은 미생물인 *Xanthomonas campestris* 균이 생산하는 다당류로 매우 유용한 특성을 갖고 있다. 잔탄검은 D-글루코스가 β-1,4 결합으로 연결되어 있는 뼈대에 D-글루코스 잔기하나 건너마다 C-3 위치에 삼당류로 이루어진 곁사슬이 결합되어 있다. 삼당류는 D-만노스, D-글루쿠론산, 6-O-아세틸-D-만노스(6-O-acetyl-D-mannose)로 구성되어 있으며 곁사슬 끝의 만노스 잔기의 일부에는 피부르산(pyuvic acid)이 4,6-고리아세탈(4,6 cyclic acetal)로 결합되어 있다.

젤란검(gellan gum)은 *Sphingomonas elodea* 균이 생산하는 음전하를 갖는 수용성 다당류로 젤 형성능력이 큰 검류이다. 사당류의 반복으로 이루어졌으며 2개의 D-글루코스, L-람노스, D-글루쿠론산이 결합되어 있다. 결합방식은 D-글루코스와 D-글루쿠론산이 β-1,3 결합, D-글루쿠론산과 다른 D-글루코스는 β-1,4 결합, D-글루코스에 L-람노스는 α-1,4 결합을 하고 있다.

CHAPTER 03

지방질

지방질

지방질(lipid)은 탄수화물, 단백질과 함께 3대 영양소의 하나이다. 비극성 용매에 잘 녹으며 물에는 녹지 않는 화합물로, 아실글리세롤, 인지방질, 당지방질, 스핑고지방질, 지방산, 왁스, 스테롤, 지용성 비타민 등을 포함한다. 지방질은 고에너지원일 뿐 아니라 세포막의 구성성분이며, 각종 스테로이드 호르몬을 합성하는데 사용된다. 지방질은 식품의 맛과 향 등 텍스처에 영향을 끼치며, 향미성분과 지용성 비타민을 운반하지만 지방질의 과다한 섭취는 비만, 심혈관질환 등을 유발시킬 수 있다. 우리나라 성인의 지방질 섭취 기준은 에너지적정 비율의 15~30%로 정해져 있다. 기름(oil)은 상온에서 액체 상태로, 지방(fat)은 고체 상태로 존재하지만 이들의 기본 구조는 글리세롤과 긴 사슬 지방산의 에스터 화합물로 동일하다.

1. 분류와 명명법

1) 지방산

지방산(fatty acid)은 지방족 사슬(aliphatic chain)을 가진 카복실산으로 천연 지방을 구성하는 지방산은 지방족 모노카복실산(aliphatic monocarboxylic acid)이다. 지방산은 카복실기의 탄소로부터 번호를 시작하는 체계명칭(systematic name)으로 명명하지만 산업계에서는 관용명으로 불리는 경우가 더 빈번하다 표 3-1.

천연에서 발견되는 지방산은 대부분 짝수 개 탄소를 가진 포화지방산(saturated fatty acid) 또는 불포화지방산(unsaturated fatty acid)들이며, 불포화지방산들은 대개가 시스(cis)형이다 그림 3-1. 또한 불포화지방산 중 분자 내에 2개 이상의 이중결합을 가진 고도불포화지방산(polyunsaturated fatty acid, PUFA)은 대부분 2개의 이중결합 사이에 메틸렌($-CH_2-$)기가 위치한 비켤레 이중결합(nonconjugated double bond) 구조를 취한

표 3-1 천연에서 발견되는 주요 지방산

구조	관용명	약어	체계 명칭
뷰티르산 (Butyric acid)		C4:0	뷰탄산 (Butanoic acid)
카프로산 (Caproic acid)		C6:0	헥산산 (Hexanoic acid)
카프릴산 (Caprylic acid)		C8:0	옥탄산 (Octanoic acid)
카프르산 (Capric acid)		C10:0	데칸산 (Decanoic acid)
라우르산 (Lauric acid)		C12:0	도데칸산 (Dodecanoic acid)
미리스트산 (Myristic acid)		C14:0	테트라데칸산 (Tetradecanoic acid)
팔미트산 (Palmitic acid)		C16:0	헥사데칸산 (Hexadecanoic acid)
스테아르산 (Stearic acid)		C18:0	옥타데칸산 (Octadecanoic acid)
베헨산 (Behenic acid)		C20:0	도코산산 (Docosanoic acid)
팔미트올레산 (Palmitoleic acid)		C16:1	9-헥사데켄산 (9-Hexadecenoic acid)
올레산 (Oleic acid)		C18:1	9-옥타데켄산(9-Octadecenoic acid, Octadec-9-enoic acid)
리놀레산 (Linoleic acid)		C18:2	9,12-Octadecadienoic acid Octadeca-9,12-dienoic acid
리놀렌산 (Linolenic acid)		C18:3	9,12,15-Octadecatrienoic acid Octadeca-9,12,15-trienoic acid
아라키돈산 (Arachidonic acid)		C20:4	5,8,11,14-Eicosatetraenoic acid Eicosa-5,8,11,14-tetraenoic acid
에루스산 (Erucic acid)		C22:1	13-도코센산(13-Docosenoic acid, Docos-13-enoic acid)
에이코사펜타엔산 (EPA)		C20:5	5,8,11,14,17-Eicosapentaenoic acid Eicosa-5,8,11,14,17-pentaenoic acid
도코사헥사엔산 (DHA)		C22:6	4,7,10,13,16,19-Docosahexaenoic acid Docosa-4,7,10,13,16,19-hexaenoic acid

포화지방산 / 불포화지방산

다 그림3-1. 이외에도 하이드록실(hydroxyl)기, 옥소(oxo)기, 에폭시(epoxy)기를 가진 지방산, 분지사슬(branched chain) 지방산, 고리 지방산(cyclic fatty acid)들도 발견된다.

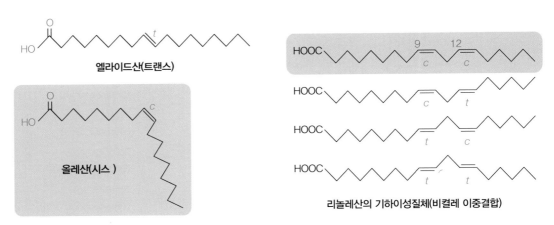

엘라이드산(트랜스)

올레산(시스)

리놀레산의 기하이성질체(비컬레 이중결합)

그림3-1 불포화지방산의 기하이성질체
(▢ 표시는 천연유지에 존재하는 불포화지방산의 주요 이성질체)

TIP

시스와 트랜스

불포화지방산 구조 중 이중결합을 이루고 있는 두 탄소에 수소를 제외하고 각각 결합된 기가 서로 같은 쪽에 위치할 때 시스형, 반대쪽에 위치할 때 트랜스형이라 한다. 트랜스형이 시스형에 비해 안정하다.

2) 지방질

지방질은 화학구조에 따라 단순지방질(simple lipid), 복합지방질(compound lipid), 유도지방질(derived lipid), 터페노이드지방질(terpenoid lipid)로 구분된다.

(1) 단순지방질

단순지방질은 지방산과 글리세롤 또는 고급 알코올의 에스터인 아실글리세롤(acylglycerol, glyceride)과 왁스(wax)를 포함한다 그림3-2. 아실글리세롤에는 모노아

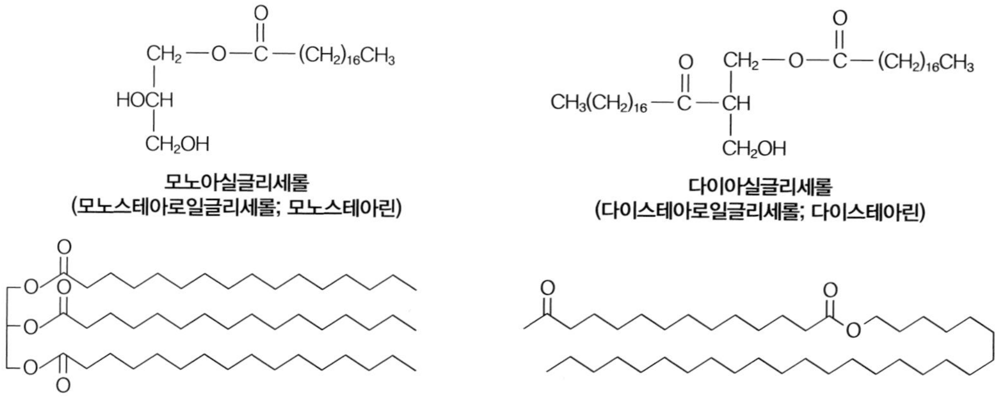

모노아실글리세롤
(모노스테아로일글리세롤; 모노스테아린)

다이아실글리세롤
(다이스테아로일글리세롤; 다이스테아린)

트라이아실글리세롤
(트라이팔미토일글리세롤; 트라이팔미틴)

밀랍

그림 3-2 단순지방질의 구조

실글리세롤(monoacylglycerol, MAG), 다이아실글리세롤 (diacylglycerol, DAG), 트라이아실글리세롤(triacylglycerol, TAG)이 있으며 구조 내에 에스터 결합한 지방산 수는 각각 1, 2, 3개이다. 천연유지는 주로 TAG로 대부분 글리세롤에 서로 다른 종류의 지방산이 결합된 혼합 아실글리세롤이다. 식물성기름은 팔미트산, 스테아르산, 올레산, 리

아실글리세롤의 명명법

아실글리세롤의 명명은 *sn*체계(*sn* system)를 이용하여 글리세롤의 두 번째 탄소에 붙은 하이드록실기를 왼쪽에 배열하는 피셔의 투영식(Fisher projection)을 기본으로 한다. 즉, 글리세롤의 탄소를 위에서부터 아래로 1, 2, 3으로 번호를 붙이고 각 탄소와 결합하고 있는 지방산을 각 탄소의 번호 다음에 명명하며 *sn*을 글리세롤의 바로 앞에 붙인다. 글리세롤의 가운데 탄소에 올레산, 나머지 탄소에 팔미트산과 스테아르산이 결합된 트라이아실글리세롤의 경우, 글리세롤의 두 번째 탄소에 붙은 하이드록실기를 왼쪽에 배열하면 *sn*-1 위치에는 팔미트산, *sn*-2 위치에는 올레산, *sn*-3 위치에는 스테아르산이 위치해 있으므로, 1-팔미토일-2-올레오일-3-스테아로일-*sn*-글리세롤(1-palmitoyl-2-oleoyl-3-stearoyl-sn-glycerol)로 명명한다. 그러나 글리세롤의 세 탄소에 결합된 지방산이 한 종류인 경우와 지방산들의 배열이 확실하지 않을 경우에는 *sn*을 생략한다.

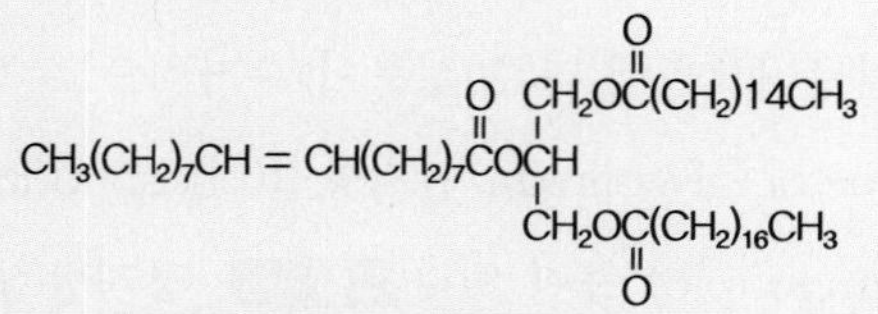

$$CH_3(CH_2)_7CH = CH(CH_2)_7COCH$$

$$CH_2OC(CH_2)14CH_3$$

$$CH_2OC(CH_2)_{16}CH_3$$

1-팔미토일-2-올레오일-3-스테아로일-*sn*-글리세롤

놀레산, 리놀렌산이, 동물성지방은 팔미트산, 올레산, 스테아르산 등이 주된 구성 지방산이다 표3-2. 어유에는 에이코사펜타엔산(eicosapentaenoic acid, EPA), 도코사헥사엔산(docosahexaenoic acid, DHA) 등 고도불포화지방산 함량이 매우 높다.

왁스는 지방산과 고급 알코올의 에스터로서 밀랍(bees wax) 또는 고래랍 등이 있다.

표3-2 천연유지의 지방산 조성 (g/100 g)

		C14:0	C16:0	C18:0	C20:0	C16:1	C18:1	C20:1	C18:2	C18:3	C20:5	C22:6
식물성	콩기름		11.0	4.3	0.4	0.2	25.2		54.9	5.7		
	팜기름	1.0	45.6	4.7	0.4	0.3	41.0		9.9	0.1		
	올리브기름 (엑스트라버진)		9.7	3.3	0.4	1.0	72.2		5.3	0.6		
	카놀라기름		5.1	1.9		0.7	53.4	0.3	21.0			
	옥수수기름		11.5	2.0	0.2		24.1		62.5	0.7		
	포도씨기름[1]		7.0	4.0		〈 1.0	15.8		69.6	0.1		
	참기름		9.7	4.8			41.2		44.4	−		
	들기름		6.4	1.6			13.8		15.5	62.6		
동물성	쇠기름	5	30.5	21.5			45		3.0			
	돼지기름 (라드)	2.5	24	9.5			46		8.5	0.1		
	우유지방	12.5	26	9.5			20.5		2.5	1.2		
	청어유 (herring)	11.2	21.8	14.5	2.9		17.0	1.9	1.3	2.0	12.1	7.2

■ 포화지방산, ■ 단일불포화지방산, ■ 고도불포화지방산
1) Kamel BS, Dawson H, Kakuda Y. 1985. Characteristics and composition of melon and grape seed oils and cakes. J. Am. Oil Chem. Soc. 62 : 881–883.

(2) 복합지방질

복합지방질은 아실글리세롤에 다른 성분이 추가적으로 결합된 지방질로서 당지방질(glycosyldiacylglycerol, glycolipid), 인지방질(phosphodiacylglycerol, phospholipid), 스핑고지방질(sphingolipid) 등이 있다 그림3-3. 당지방질에는 글리세롤의 1번과 2번 탄소에 지방산인 아실(acyl)기가, 3번 탄소에 당이 결합되어 있는데 고등식물과 미세조

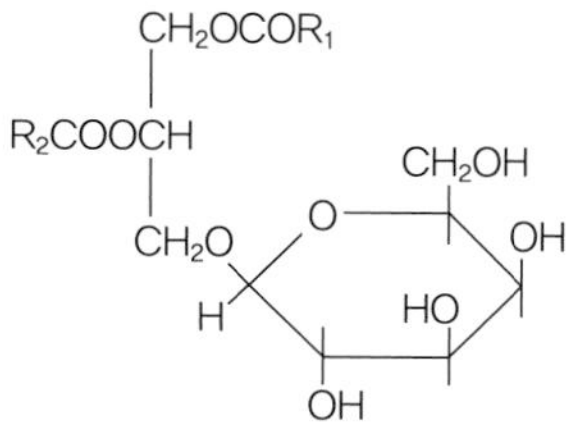

모노갈락토실다이아실글리세롤 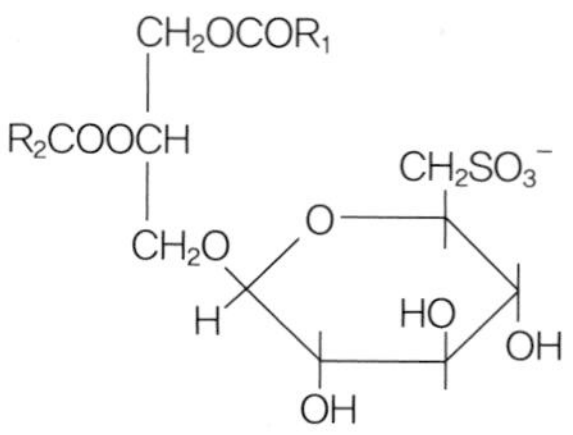   다이아실설포퀴노보실글리세롤;   1, 2-다이팔미토일-3-β-D-갈락토실
설포리피드   -sn-글리세롤

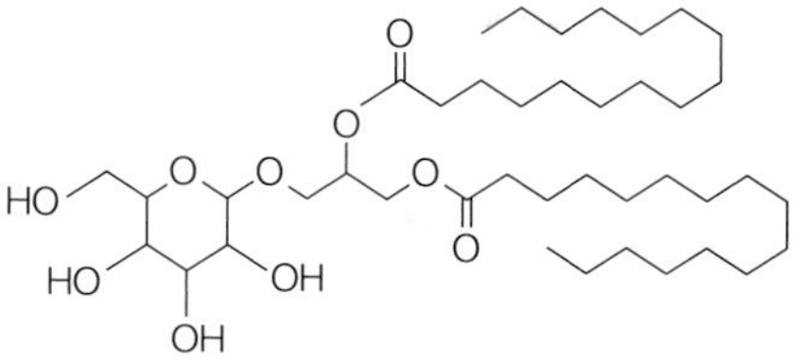

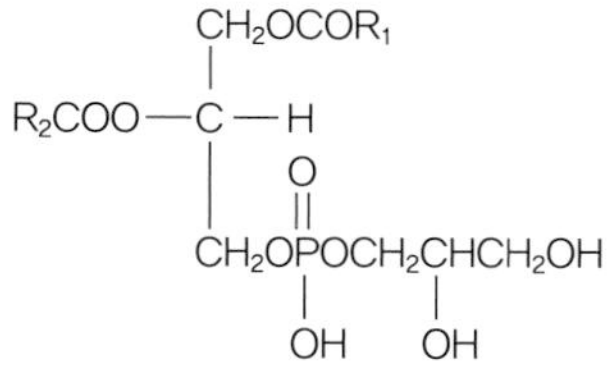

포스파티딜글리세롤 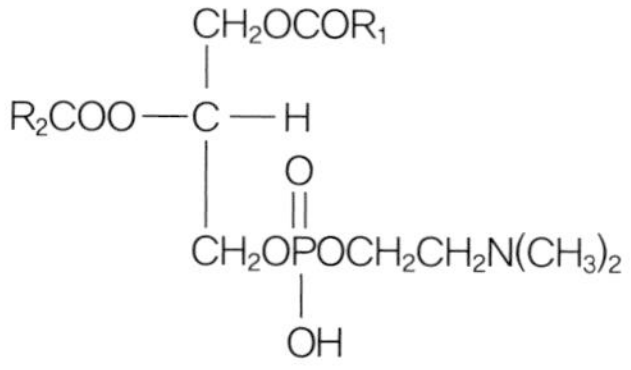   포스파티딜콜린(레시틴) 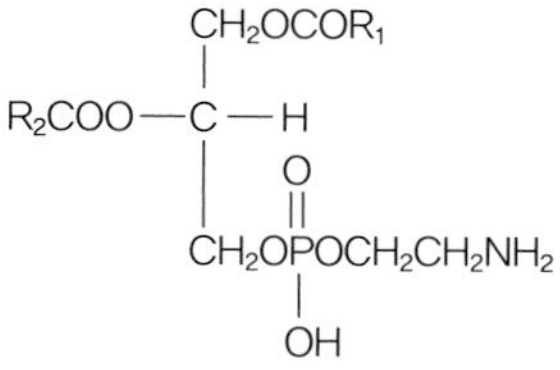   포스파티딜에탄올아민

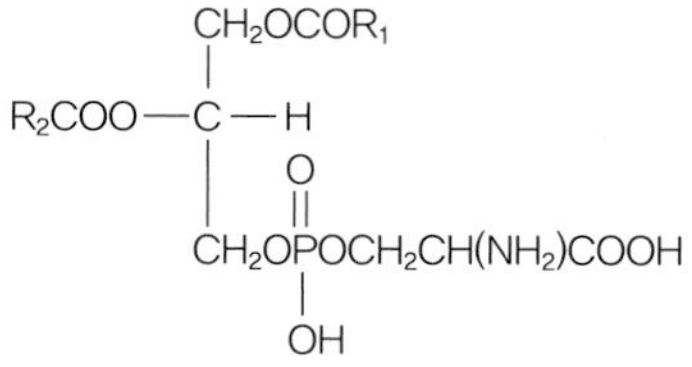

포스파티딜세린 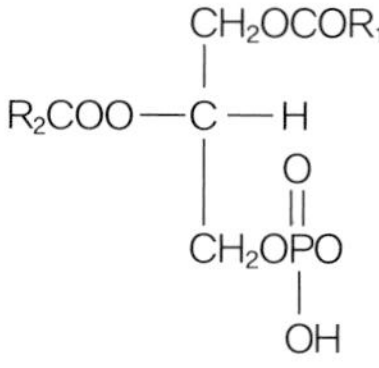   포스파티딜이노시톨

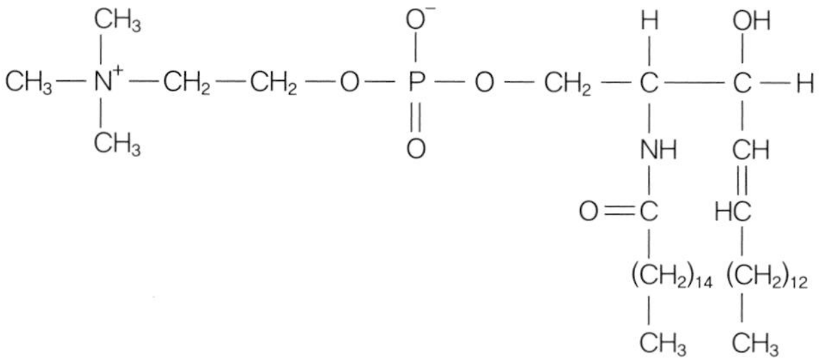

스핑고미엘린 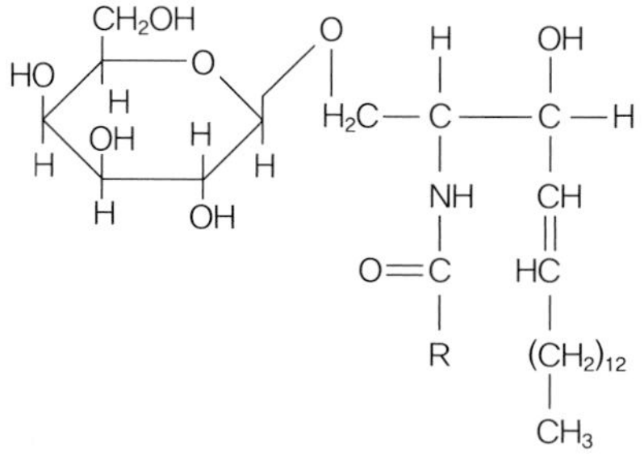   세레브로사이드

그림 3-3 복합지방질의 구조

류에서는 대개 1-2분자의 갈락토스 또는 설포퀴노보스(sulphoquinovose)가 결합되
어 있다. 당지방질에 결합되어 있는 지방산은 대개 불포화도가 높은 것이 특징이다.

인지방질은 포스파티드산(phosphatidic acid)의 유도체로 포스파티딜글리세롤

(phosphatidylglycerol), 포스파티딜콜린(phosphatidylcholine, lecithin), 포스파티딜에탄올아민(phosphatidylethanolamine), 포스파티딜세린(phosphatidylserine), 포스파티딜이노시톨(phosphatidylinositol) 등을 포함한다. 인지방질은 세포막의 주요한 구성 성분이며 산 또는 포스포라이페이스(phospholipase)에 의해 가수분해되어 지방산과 아실글리세롤, 인산, 포스포릴 에스터(phosphoryl ester) 등을 생성한다.

스핑고지방질은 아미노기와 2개 이상의 하이드록실기를 가진 스핑고신(sphingosine)을 기본 구조로 하며 세레브로사이드(cerebroside)와 갱글리오사이드(ganglioside), 스핑고미엘린(sphingomyelin)을 포함한다.

(3) 유도지방질과 터페노이드 지방질

유도지방질은 단순지방질과 복합지방질의 가수분해에 의해서 얻어지는 지방질로 고급지방산, 고급 알코올, 스테롤, 스핑고신 등을 포함한다. 터페노이드 지방질은 아이소프렌(isoprene)의 중합체로 스테로이드(steroid), 카로테노이드(carotenoid), 토코페롤 등을 포함한다.

2. 물리적 성질

유지를 포함한 지방질의 녹는점, 결정화, 가소성 등 물리적 성질은 구성 지방산의 불포화도, 탄소사슬 길이, 이성질체 및 가공과정 등에 의해 영향을 받는다.

1) 녹는점

지방산은 탄소사슬 길이가 길수록, 포화도가 높을수록 녹는점이 높은 경향을 나타낸다. 또한 시스형보다는 트랜스(*trans*)형이, 비켤레 고도불포화지방산보다는 켤레 고도불포화지방산의 녹는점이 높다 표3-3.

표 3-3 지방산의 녹는 점

지방산	녹는점(℃)	지방산	녹는점(℃)	지방산	녹는점(℃)
C12:0	43.3				
C14:0	53.5	C14:1	−3.9		
C16:0	62.2	C16:1 △9c	1.2	C16:1 △9t	32.2
C18:0	69.3	C18:1 △9c	12.8	C18:1 △9t	43.4
		C18:2 △9c, △12c (비컬레)	−7.2	C18:2 △10t, △12c (컬레)	1.3

자료 : Knothe G, Dunn RO. A Comprehensive Evaluation of the Melting Points of Fatty Acids and Esters Determined by Differential Scanning Calorimetry. J. Am. Oil Chem. Soc. 86: 843–856. 2009.

　유지는 다양한 지방산으로 구성된 트라이아실글리세롤(TAG)의 혼합물이므로 특정한 녹는점을 보이는 지방산과는 달리 넓은 온도 범위에서 녹는다. 따라서 유지의 경우, 녹는점(melting point)보다는 녹는 온도 범위(melting range)가 더 적합한 표현 방법이며, 넓은 온도범위에 걸쳐 녹기 때문에 고체지방지수(solid fat index, SFI)를 사용하는 것이 유지의 물리적 특성을 나타내는 데 바람직하다. 고체지방지수는 일정 온도에서의 총 유지 중 고체상태 유지가 차지하는 비율로 실험에 의한 값이다. 액체상태의 유지 분자는 고체상태의 유지 분자에 비해 느슨하게 배열되므로 온도가 증가하면 부피가 팽창하고 고체지방지수는 줄어든다. 고체지방지수는 버터, 마가린, 쇼트닝 등 반고체 유지의 펴

표 3-4 유지의 고체지방지수

지방	녹는점 범위(℃)	고체지방지수(SFI)	
		10℃	37.8℃
코코아버터	31 ∼ 35	62	0
코코넛기름	24 ∼ 26	55	0
팜기름	33 ∼ 39	34	4
쇠기름	35 ∼ 48	39	18
라드	32 ∼ 38	25	2
버터	32 ∼ 36	32	0

자료 : Birker PJMWL, Padley FB. 1987. Physical Properties of Fats and Oils. In : Hamilton RJ, Bhati A. (eds) Recent Advances in Chemistry and Technology of Fats and Oils. Elsevier Applied Science Publishers Ltd., New York, NY, USA

짐성(spreadability)을 나타내는 데 매우 중요하다. 몇몇 유지의 고체지방지수는 표3-4
와 같다.

2) 결정화와 다형현상

지방산의 결정화(crystallization)는 과냉각(supercooling)으로부터 시작되어 핵 형성
(nucleation)과 결정의 성장(crystal growth)으로 이루어지는 복합적인 과정이다. TAG
결정은 삼사정계(triclinic system, 베타(β)형), 사방정계(orthorhombic system, β'형),
육방정계(hexagonal system, 알파(α)형)의 결정형이 우세하다 그림3-4. α형 결정은 5 μ
m 크기의 판상(platelet) 모양으로 밀도와 안정성, 녹는점이 가장 낮은 반면, 25~50 μm
크기의 불규칙적인 β형 결정은 밀도와 안정성, 녹는점이 가장 높다 표3-5. α형 결정의
수명은 1분 정도이지만, β형 결정은 수년 이상 지속된다.

 하나의 화합물이 2개 이상의 결정구조로 존재하는 현상을 다형현상(polymorphism)
이라고 하는데, TAG의 넓은 녹는점 범위는 다형현상 때문이다. 트라이스테아로일글리
세롤을 급속히 냉각시키면 불안정하고 가장 낮은 녹는점(65℃)을 가진 α형 결정을 얻을
수 있으며, 이를 방치하면 탄소 사슬들이 재배열하여 안정하고 좀 더 높은 녹는점(72℃)
을 가진 β형으로 서서히 변환된다. α형의 녹는점보다 약간 높은 온도를 유지하면 중간

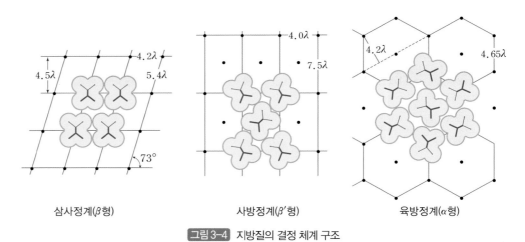

삼사정계(β형)　　　　　사방정계(β'형)　　　　　육방정계(α형)

그림 3-4 지방질의 결정 체계 구조

자료 : Small DM. Lateral chain packing in lipids and membranes. J. Lipid Res. 25 : 1490-1500. 1984.

표3-5 TAG의 주요 결정형의 특징

	α	β′	β
결정형	육방정계	사방정계	삼사정계
모양	판상	바늘형	불규칙적인 모양
크기(μm)	5	1	25–50
밀도	낮다	중간	높다
녹는점	낮다	중간	높다
안정성	불안정	–	안정

단계인 β'형(녹는점, 70℃)을 얻을 수 있다. β'형의 트라이스테아로일글리세롤을 β'형의 녹는점보다 약간 높은 온도에서 유지하면 β형으로 변환시킬 수 있다. 동일한 탄소 사슬 길이를 가진 지방산이 많을수록 일반적으로 β'형으로 변환되는 속도가 낮고 구성 지방산의 종류가 다양할수록 β'형으로 존재할 확률이 높다. 콩기름, 땅콩기름, 옥수수기름, 올리브기름, 코코넛기름, 코코아버터, 라드 등은 β형으로 결정화하기 쉽고, 팜기름, 카놀라기름, 우유지방, 쇠기름, 쇼트닝 등은 β'형 결정을 생성하기 쉽다.

다형현상은 제빵에서 유지의 쇼트닝성, 초콜릿의 블루밍(blooming) 현상 등 제품의 품질에 영향을 끼친다. 글리세롤과 결합한 지방산 조성이 올레산-팔미트산-스테아르산인 천연 라드는 β형 결정을 취하고 있으나, 지방산 배열을 팔미트산-올레산-스테아르산으로 변환시킨 쇼트닝을 만들면 결정 크기가 작은 β'형으로 전환되어 케이크의 텍스처를 개선시킬 수 있다. 즉, 제빵에 라드를 사용하면 케이크 내부에 적은 수의 큰 기공(air cell)이 생기지만 쇼트닝을 사용하면 미세한 기공이 케이크 내부에 균일하게 많이 생겨 케이크의 텍스처가 좋아진다.

3) 가소성

가소성(plasticity)이란 외부에서 힘이 가해져 변형이 일어난 후 힘이 제거된 뒤에도 변형된 상태를 유지하는 성질로, 유지의 퍼짐성(spreadability)을 결정하는 중요한 특성이다. 실온에서 고체 상태인 지방질이라고 하더라도 실제로는 지방질의 작은 결정 네트워크에 액체 기름이 갇혀있는 형태로, 지방질의 가소성은 유지의 고체지방 지수와 매우 깊은 관련성을 가지고 있다. 예를 들어 21℃에서 고체로 보이는 가소성을 가진 쇼트닝은 15~20%의 β'형 고체상에 80~85%의 액체상이 펴져 있다. 또한 고체 상태의 유지를 가온하면 일부 분자들이 액체화되어 반고체상태가 되고 가소성이 감소하게 되는데, 계속적으로 열을 가하면 액체상태 유지의 비율이 증가하고, 한계 이후 유지는 완전히 액체의 성질을 갖게 되어 가소성을 잃게 된다. 가소성은 버터, 쇼트닝, 초콜릿의 품질에 영향을 미치는 매우 중요한 특성이다.

4) 기타

지방질은 대부분 물과 섞이지 않고 물보다 가벼우며, 식물성 기름의 비중은 25℃에서 0.910~0.920 g/mL이다. 유지의 비중은 구성 지방산 길이가 길고 불포화도가 높을수록 증가한다. 유지의 특성을 나타낼 수 있는 또 다른 중요한 특성으로 굴절률을 들 수 있다. 유지의 굴절률은 1.45~1.47 범위로, 유리지방산 함량이 낮고 구성 지방산의 탄소수와 불포화도가 높을수록 굴절률이 증가한다.

3. 화학적 성질

1) 산화

지방질 산화는 리놀레산 등 필수 지방산의 손실을 초래하고 비정상향미 화합물(off-flavor compound)을 생성하므로 식품의 영양, 기능, 관능 특성을 저하시키는 반응이다. 지방질의 산화반응은 그 기전에 따라 자동산화(autoxidation)와 광산화(photooxidation)로 나뉜다. 자동산화는 지방질이 공기 중의 삼중항산소(triplet oxygen)에 의하여 자발적으로 일어나며, 광산화는 빛의 존재 하에서 발생하는 산화 반응을 의미하지만 식용유지에서는 대부분 감광제(photosensitizer)의 도움으로 생성된 일중항산소(singlet oxygen)에 의한 감광산화(photosensitized oxidation)를 의미한다.

삼중항산소($^3O_2$)와 일중항산소($^1O_2$)

상온에서 산소는 8개의 전자를 가진 2개의 산소 원자가 공유결합한 이원자분자(O=O)로, 일반적으로는 삼중항산소로 존재하지만 특별한 경우 전자배치가 부분적으로 다른 일중항산소로 존재할 수 있다. 즉 삼중항산소는 2개의 $2p\pi^*$ 궤도에 전자가 각각 1개씩 배치되어 있으나 일중항산소는 2개의 궤도 중 1개의 $2p\pi^*$ 궤도에 두 전자가 짝을 이룬 대신 다른 궤도는 전자를 가지지 않은 채 완전히 비어 있다. 따라서 삼중항산소는 라디칼(radical) 특성을 가지며, 일중항산소는 친전자성(electrophilic)이다.

궤도 종류	삼중항산소($^3O_2$)	일중항산소($^1O_2$)
$2p\sigma^*$		
$2p\pi^*$	↑ ↑	↑↓
$2p\pi$	↑↓ ↑↓	↑↓ ↑↓
$2p\sigma$	↑↓	↑↓
$2s\sigma^*$	↑↓	↑↓
$2s\sigma$	↑↓	↑↓
$1s\sigma^*$	↑↓	↑↓
$1s\sigma$	↑↓	↑↓

(에너지 수준 →)

(1) 자동산화

지방질의 자동 산화 반응은 다음과 같이 개시, 전파, 종료의 3단계로 설명할 수 있다.

개시단계(Initiation) $RH \rightarrow R\cdot + H\cdot$ (RH : 지방질)

전파단계(Propagation) $R\cdot + {}^3O_2 \rightarrow ROO\cdot$

  $ROO\cdot + RH \rightarrow ROOH + R\cdot$

  $R\cdot + R'H \rightarrow RH + R'\cdot$

종료단계(Termination) $ROO\cdot + R\cdot \rightarrow ROOR$

  $R\cdot + R\cdot \rightarrow RR$

자동산화는 공기 중에 존재하는 라디칼(radical) 특성의 삼중항산소($^3O_2$)에 의한 반응이므로 지방질은 반드시 라디칼 형태를 취하여야 한다. 따라서 삼중항산소와 반응하기 이전에 지방질(RH)로부터 수소 원자가 이탈되어 지방질라디칼(R·)이 생성되어야 하며, 이 단계를 개시단계라 한다. 지방질 분자로부터 수소 원자가 이탈될 때는 이중결합에 가까운 탄소에 결합된 수소 원자일수록 쉽게 이탈된다. 특히 2개의 이중결합 사이에 위치한 메틸렌 탄소에 결합된 수소는 가장 쉽게 이탈된다. 따라서 리놀레산의 경우 2개의 이중결합 사이에 위치한 11번 탄소에 결합된 수소 원자가 가장 쉽게 이탈되어 지방질 (C11−)라디칼이 생성된다.

전파단계는 지방질 산화 반응의 속도결정 단계로, 개시단계에서 생성된 지방질라디 칼에 산소($^3O_2$)가 결합하여 과산화라디칼(peroxy radical, ROO·)을 생성하고, 이 라디 칼은 다른 지방질 분자(R'H)로부터 수소를 빼앗아 과산화물(hydroperoxide, ROOH)과 새로운 지방질라디칼(R'·)을 생성한다. 이때 생성된 지방질라디칼은 같은 반응을 반복 하므로 이 반응을 연쇄반응(chain reaction)이라고 한다. 과산화물의 생성은 지방질 분 자 내 이중결합의 수에 좌우되며 올레산, 리놀레산, 리놀렌산에서의 상대적인 생성 속 도는 1 : 12 : 25로 알려져 있다.

한편, 지방질로부터 수소 원자가 이탈되어 생성된 지방질라디칼(R·)은 좀 더 안정된 구조로 전자가 재배치되어 다양한 라디칼로 전환된다. 즉, 리놀레산은 수소의 최초 이 탈로 C11−라디칼이 생성되지만 즉시 전자가 재배치되어 더 안정한 C9− 또는 C13−라 디칼로 전환되어 이중결합이 C10과 C11, C12와 C13, 또는 C9와 C10, C11과 C12 사이에 위치한 켤레 다이엔(conjugated diene)을 생성한다 그림3-5. 유사한 경로로 올레산은 C8−, C9−, C10−, 또는 C11−라디칼을, 리놀렌산은 C9−, C12−, C13−, 또는 C16−라 디칼을 생성하고, 이들 라디칼은 이후 산소($^3O_2$), 수소 원자와 차례로 결합하여 과산화 물을 생성한다 표3-6. 전자 재배치로 인하여 위치가 이동되는 이중결합은 시스형으로 부터 열역학적으로 더 안정한 트랜스 형으로 전환된다. 과산화물의 생성은 산화 초기 낮은 속도로 진행되는 유도기간(induction period)을 거쳐 급속히 그 속도가 증가한다. 종료반응에서는 활성이 큰 일부의 라디칼끼리 결합하여 분자량이 큰 물질을 생성함으 로써 라디칼에 의한 연쇄반응은 중단된다.

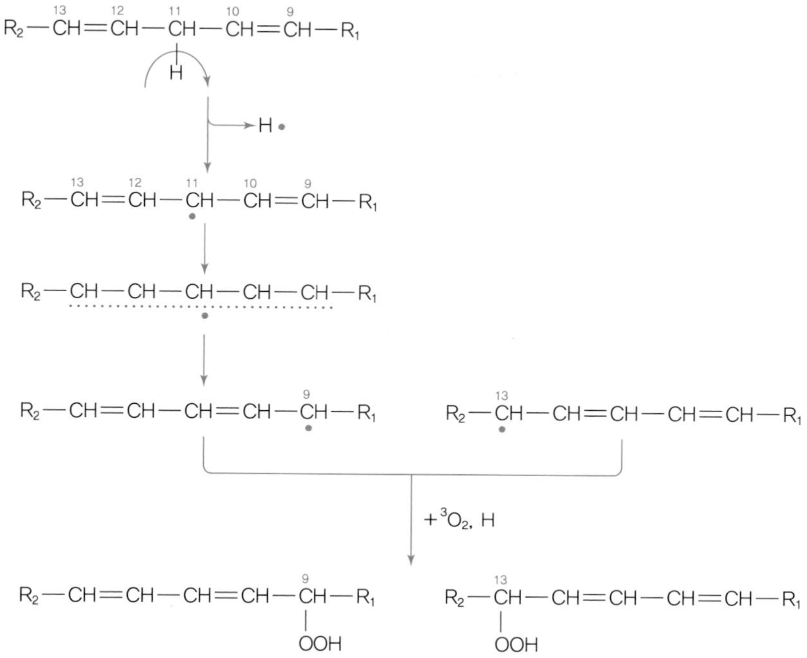

C9-과산화물 C13-과산화물

그림 3-5 자동산화에 의한 리놀레산의 과산화물 생성

표 3-6 올레산, 리놀레산, 리놀렌산의 자동산화에 의한 과산화물 분포

올레산	C8-, C9-, C10-, C11-과산화물
리놀레산	C9-, C13-과산화물
리놀렌산	C9-, C12-, C13-, C16-과산화물

지방질의 1차 산화생성물인 과산화물은 실온에서는 비교적 안정하지만 철, 구리 등 전이금속, 높은 온도, 또는 빛의 존재 하에서는 쉽게 분해되어 알데하이드, 저급 탄화수소, 카복실산, 알코올, 케톤 등의 휘발성 비정상 향미화합물을 생성한다. 과산화물의 분해는 퍼옥사이드(peroxide) 결합의 산소와 산소 사이에서 쉽게 일어나며, 두 산소 원자가 공유하고 있는 전자를 각각 하나씩 나누어 가지는 균일분해(homolysis) 반응으로 시작하여 알콕시(alkoxy) 라디칼(RO·)과 하이드록실(hydroxyl) 라디칼(·OH)을 생성하고 이들이 다시 내부에서 균일분해 반응을 거쳐 분자량이 적은 알데하이드, 알코올, 카

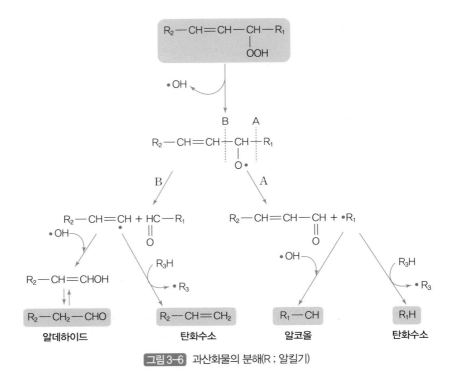

그림 3-6 과산화물의 분해(R ; 알킬기)

복실산, 저급 탄화수소와 같은 2차 산화생성물을 만든다 그림3-6 . 과산화물의 분해로부
터 얻어지는 2차 산화 생성물의 종류와 농도는 지방산의 종류에 따라 다르므로, 다양한
지방산으로 구성된 식용유지에서 자동산화에 의해 생성되는 비정상 향미화합물의 조성
은 차이가 있다. 식물성 기름의 자동산화 결과 주요하게 검출되는 2차 산화생성물에는
헥산알(hexanal), 옥탄알(octanal), 데카다이엔알(decadienal) 등이 있다.

TIP

헥산알

헥산알은 잔디를 깎거나 풀을 벨 때 나는 불쾌한 향과 관련된 휘발 화합물로 지방질 산화에 의한 분해생성물의
한 종류이다. 식품에서의 판지 이취(cardboard off-odor)는 헥산알의 농도와 연관성이 있다.

(2) 광산화

엽록소(클로로필, chlorophyll)와 같은 감광제(photosensitizer)와 빛이 공존할 때 지방
질의 산화는 자동산화와는 다른 기전에 의해 진행된다. 즉, 공기 중의 산소($^3O_2$)가 감광
제로 전달된 빛에너지를 받아 일중항산소(singlet oxygen, $^1O_2$)를 생성한다. 감광제로
작용할 수 있는 물질에는 엽록소와 그 유도체, 리보플라빈(riboflavin), 메틸렌블루
(methylene blue) 등이 있으며, 페오피틴(pheophytin)과 페오포바이드(pheophorbide)
는 엽록소와 클로로필라이드(chlorophyllide)보다 반응성이 높다. 일중항산소는 삼중
항산소와 달리 전자 밀도가 높은 지방질의 이중결합에 직접 반응하여(ene 반응) 과산화
라디칼을 거치지 않은 채 바로 과산화물을 생성한다 그림3-7. 따라서 일중항산소는 삼
중항산소에 비해 지방질을 산화시키는 속도가 1,500배 정도 빠르다. 그러나, 일중항산
소는 지방질의 이중결합에 직접 반응하므로, 일중항산소와 올레산, 리놀레산, 리놀렌
산, 아라키돈산과의 반응성은 각각 1 : 1.7 : 2.6 : 3.2 로, 자동산화와 달리 지방산 종류
에 따른 반응속도의 큰 차이를 보이지 않는다. 일중항산소가 지방질의 이중결합에 직접
반응한 결과 이중결합 옆의 탄소에 결합된 수소가 이탈되고 이중결합은 인접 위치로 이

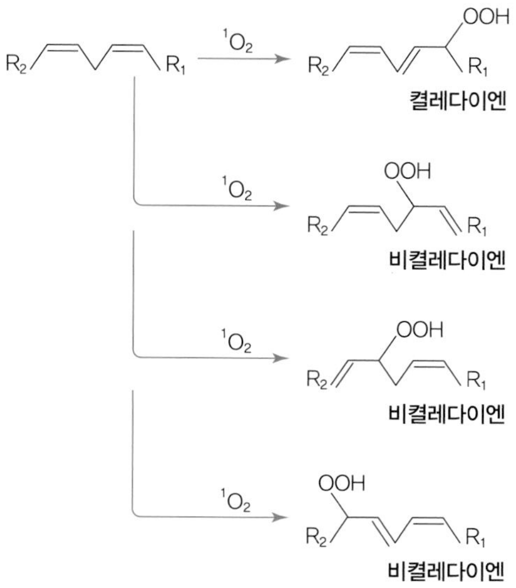

그림3-7 일중항산소에 의한 지방질의 과산화물 생성 (R_1 ; 알킬 카복실기, R_2 ; 알킬기)

표 3-7	일중항산소에 의한 광산화에 의해 생성된 지방산 과산화물
올레산	C9–, C10–과산화물
리놀레산	C9–, *C10–, *C12–, C13–과산화물
리놀렌산	C9–, *C10–, C12–, C13–, *C15–, C16–과산화물

*비켤레 이중결합

동하기 때문에 켤레 또는 비켤레 이중결합을 가진 트랜스 알릴과산화물을 생성한다 표 3-7. 지방질의 자동산화에서는 비켤레 이중결합 체계를 가진 과산화물은 생성되지 않는다.

일중항산소에 의해 산화되어 생성된 지방질 과산화물 역시 자동산화에서 생성된 과산화물의 분해와 동일하게 균일분해되어 알데하이드, 케톤, 알코올, 카복실산, 저분자량의 탄화수소 등을 생성하지만, 과산화물의 종류와 조성이 자동산화와 다소 차이가 있기 때문에 과산화물의 분해 생성물의 종류와 함량은 자동 산화와 다소 차이가 있다.

(3) 지방질 산화의 영향 인자

지방질산화에 영향을 주는 인자로는 구성 지방산 종류와 조성, 산소 농도, 온도, 표면적, 수분 활성, 빛, 금속 및 산화방지제 등이 있다.

① 지방산 종류와 조성

지방산은 글리세롤에 결합되어 있는 경우에 비해 유리 지방산으로 존재할 때 산화가 더 잘 된다. 또한 지방산의 불포화도가 높을수록 쉽게 산화되며, 불포화지방산은 트랜스형보다 시스형이, 또한 비켤레 이중결합을 가진 지방산이 켤레 이중결합을 가진 지방산에 비해 산화 반응성이 높다. 여러 종류의 지방산으로 구성된 유지의 경우에도 불포화도가 높을수록 산화가 쉽게 일어난다.

② 산소와 온도

지방질의 산화 속도는 산소가 제한적으로 공급될 때 산소분압과 비례한다. 그러나 충분히 많은 양의 산소가 공급될 때 지방질 산화는 산소 양과 무관하게 진행된다. 또한 공기에 노출된 면적이 증가할수록, 온도가 증가함에 따라 지방질 산화는 증가한다.

③ 수분활성

식품의 수분 함량이 단분자층(monolayer)의 수분 함량보다 낮을 때는 수분활성이 낮을수록, 또한 단분자층 수분 함량보다 높을 때는 수분활성이 높을수록 지방질 산화 속도가 증가한다.

④ 빛

가시광선, 자외선, 감마($\gamma-$)선 등의 빛은 과산화물의 분해를 촉진함으로써 지방질 산화를 촉진시킨다. 또한 감광제인 엽록소, 리보플라빈 등의 색소가 빛과 함께 존재할 때는 일중항산소를 생성함으로써 지방질 산화를 촉진시킨다.

⑤ 금속

구리, 철과 같은 전이금속(transition metal)들은 지방질의 자동산화 개시 단계에서 활성화 에너지(activation energy)를 감소시키거나 과산화물의 분해를 촉진함으로써 산화를 촉진시킨다. 전이 금속은 지방질의 1차 산화생성물인 과산화물을 다음과 같이 분해하여 알콕시 또는 과산화라디칼을 생성한다. 과산화물의 분해 속도는 철보다는 구리가, Fe^{3+}보다는 Fe^{2+}이 높다.

$$Fe^{2+} + ROOH \rightarrow Fe^{3+} + OH^- + RO\cdot$$
$$Fe^{3+} + ROOH \rightarrow Fe^{2+} + H^+ + ROO\cdot$$

이외에도 금속은 직접 지방질과 반응하여 지방질 라디칼을 생성하거나, 산소와 직접 반응하여 일중항산소를 생성함으로써 지방질 산화를 촉진시킨다.

TIP

전이금속

철, 구리 등의 전이 금속은 주기율표의 d 블록(3~12족)에 속하는 원소들로 4s 오비탈과 3d 오비탈에 에너지 수준이 비슷한 원자가전자가 여러 개 존재한다.

활성화에너지

활성화에너지는 화학 반응이 진행되기 위해 필요한 최소한의 에너지로 반응 물질 분자들의 유효 충돌에 필요한 에너지와 관련이 있다.

⑥ 산화방지제

산화방지제(antioxidant)는 유지의 산화 속도를 늦추거나 유도 기간을 연장시키는 물질로 토코페롤, 뷰틸하이드록시아니솔(butylated hydroxyanisole, BHA), 뷰틸하이드록시톨루엔(butylated hydroxytoluen, BHT) 등 페놀화합물, 카로테노이드 (carotenoid), 아스코브산 (ascorbic acid), EDTA(ethylendiaminetetraacetic acid) 등이 있다. 산화방지제는 이 장의 뒷부분에서 자세히 다룬다.

2) 가열반응

지방질은 높은 온도에서 가열될 때 분해반응(thermolysis), 산화반응, 중합반응(polymerization) 등이 동시에 진행되므로 단순한 자동산화나 광산화 반응에 비해 훨씬 복잡하다. 이들 반응에 의해 휘발(volatile), 비휘발 화합물이 생성되어 지방질의 불포화도는 감소한다. 그러나 유리지방산, 극성 화합물과 중합체의 함량, 점성은 증가하는 등 지방질의 물리화학 특성이 변화된다.

(1) 분해반응

수분이 없는 상태에서 높은 온도로 지방질을 가열할 때는 분해반응에 의해 다이아실글리세롤, 지방산, 옥소프로필에스터(oxopropylester), 산무수물(acid anhydride), 케톤

(ketone), 아크롤레인(acrolein), 이산화탄소 등을 생성한다 그림3-8 . 이외에도 분해반응은 탄소수가 줄어든 알케인(alkane)과 알켄(alkene) 등의 탄화수소, 알코올, 에스터 등의 화합물을 생성한다.

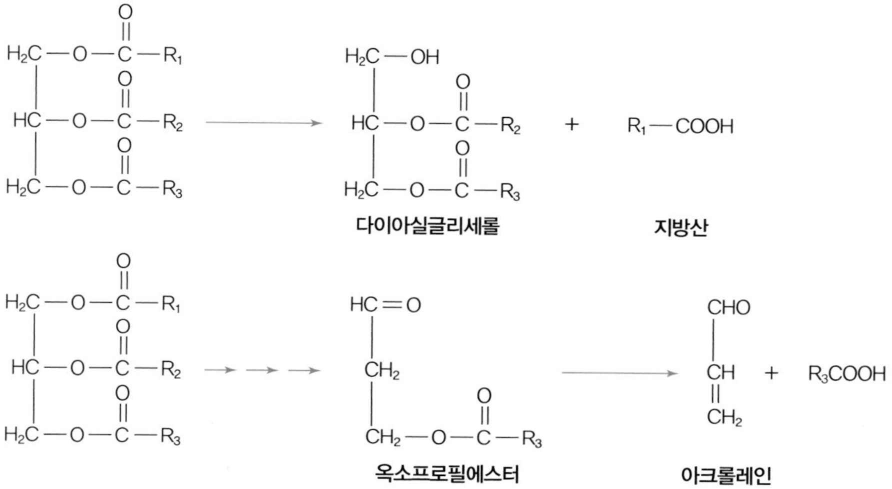

그림3-8 지방질의 가열 분해에 의한 아크롤레인의 생성

TIP

아크롤레인

아크롤레인의 체계명은 프로펜알(propenal)이다. 코를 찌르는 듯한 냄새를 내는데, 발연점보다 높은 온도에서 기름을 가열할 때 생성된다.

    튀김과 같이 수분이 함께 있는 상태에서 유지가 높은 온도로 가열될 때는 에스터 결합이 가수분해되어 다이아실글리세롤, 모노아실글리세롤, 지방산을 생성한다 그림3-9 . 가수분해가 진행됨에 따라 유리 지방산 함량은 증가하지만, 다이아실글리세롤, 모노아실글리세롤 함량은 가열 초기 증가하다가 더 이상 증가하지 않고 그 값이 유지된다. 유리지방산 함량이 증가되면 유지의 발연점은 낮아진다.

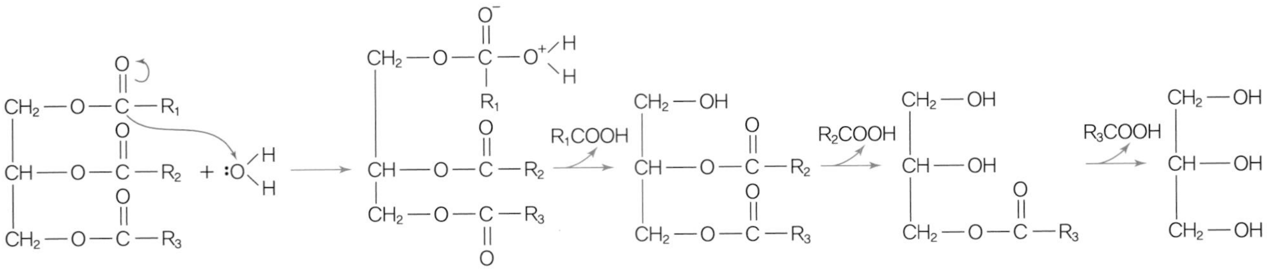

그림 3-9 수분이 함께 존재하는 경우의 지방질의 가열 분해

(2) 산화반응

높은 온도에서 가열 중인 지방질에서 일어나는 산화반응은 기본적으로 자동산화와 동일한 자유라디칼 메커니즘에 의해 진행되지만 높은 온도의 열에너지에 의해 빠르게 생성되는 라디칼로 인하여 산화속도는 훨씬 빠르다. 불포화지방산에 비해 포화지방산의 산화 속도는 매우 낮다. 불포화지방산은 이중결합과 이웃한 메틸렌 탄소의 수소가, 포화지방산에서는 카복실기의 알파 위치 수소가 쉽게 이탈된 후 산소($^3O_2$)와 반응하여 과산화라디칼을 거쳐 과산화물을 생성한다 **그림 3-10**.

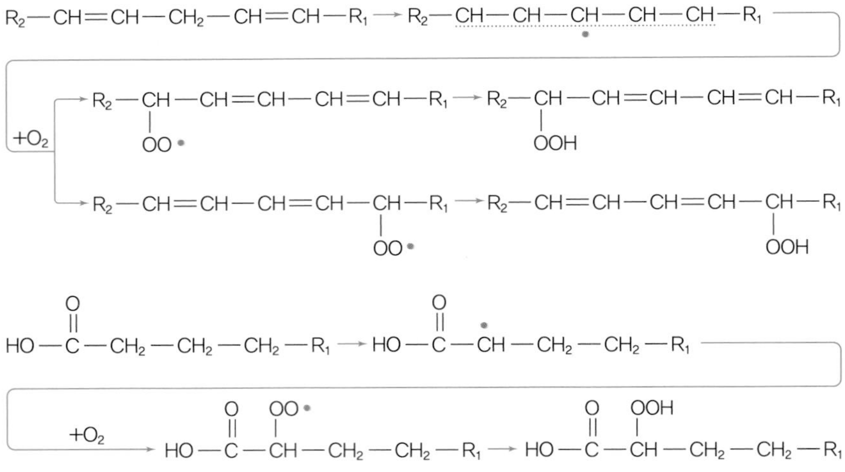

그림 3-10 가열산화 중 불포화지방산과 포화지방산 과산화물 생성(R_1 ; 알킬기, R_2 ;–$(CH_2)_n$COOH)

TIP

알파 위치 수소

유기화합물에서 카복실기 또는 하이드록실기 등의 작용기에 바로 결합된 탄소(알파탄소)에 결합된 수소를 의미한다.

$$\begin{array}{cccc} & H & H & H & O \\ & | & | & | & \parallel \\ -C & -C & -C & -C-OH \\ & | & | & | & \end{array}$$

α 수소

가열산화에서 생성된 과산화물은 높은 온도에서 매우 빠르게 분해되어 자동산화에서와 마찬가지로 카복실산, 케톤, 락톤(lactone), 알데하이드, 알코올, 저급 탄화수소 등을 생성한다. 가열온도와 가열시간, 지방질의 불포화도가 증가함에 따라 과산화물의 분해과정은 복잡해지고 따라서 최종 분해생성물의 종류도 다양하다. 지방질의 가열 중 과산화물은 빠르게 분해되기 때문에 가열시간 또는 가열온도가 증가함에 따라 지방질 과산화물 함량이 계속적으로 증가하는 경향은 보이지 않는다.

(3) 중합반응

지방질의 가열산화 반응의 결과 생성된 휘발 화합물은 지방질의 향미(flavor)에 큰 영향을 주기는 하지만, 이들은 전체의 1% 정도에 해당되며 중합체(polymer) 등 비휘발 화합물이 가열산화의 주된 생성물이다.

지방질은 가열분해 및 산화반응에 의해 생성된 라디칼들이 서로 결합하여 이합체(dimer)를 만들며 계속적으로 삼합체(trimer) 등의 비고리(noncyclic) 또는 고리(cyclic) 중합체를 만든다. 또한 라디칼들이 탄소와 탄소 이중결합에 첨가된 후 수소가 이탈되어 에터 결합(C−O−C) 또는 과산화결합(C−O−O−C)은 물론 과산화물(peroxide), 수산화물(hydroxide), 에폭시 화합물(epoxide), 카보닐기(carbonyl group)를 포함하는 옥시다이머(oxydimer) 또는 중합체를 생성한다. 이중결합을 가진 불포화지방질과 켤레 이중결합을 가진 지방질은 디일스−알더(Diels−Alder)반응을 통하여 고리 중합체를 생성한다. 지방질의 가열 중 생성되는 중합체의 구조는 그림3-11 과 같으며, 중합체는 유지의 점성을 증가시키고 식품의 맛, 질감, 외양 등 품질의 저하를 초래한다.

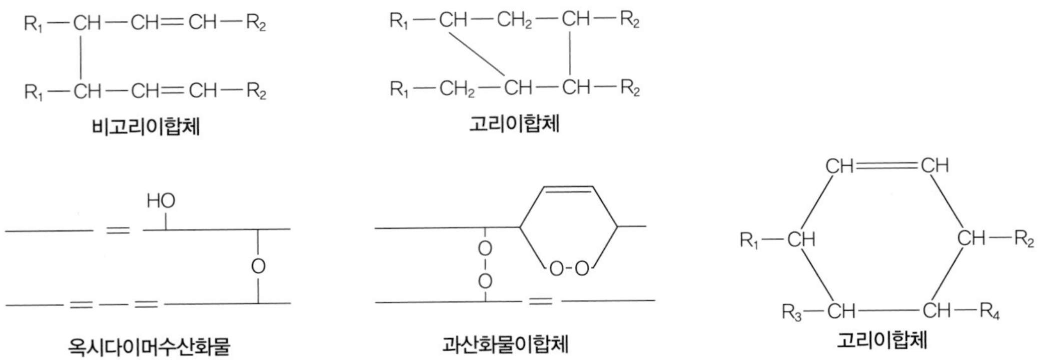

비고리이합체   고리이합체

옥시다이머수산화물   과산화물이합체   고리이합체

그림 3-11 지방질의 가열 중 생성되는 중합체

3) 비누화

비누화(saponification)는 지방산 특히 긴 사슬 지방산이 수산화포타슘 등의 강알칼리와 반응하여 비누를 만드는 반응이다 그림 3-12. 지방산과 글리세롤의 에스터 화합물인 단순지방질은 알칼리 수용액과 함께 가열하면 에스터 결합이 끊어져 비누인 지방산의 염과 글리세롤을 생성한다. 유지 1 g을 완전히 비누화하는데 필요한 알칼리의 mg 수를 비누화값(saponification value) 이라고 부르며 지방질의 분자량이 크고 사슬 길이가 길수록 비누화값은 작다.

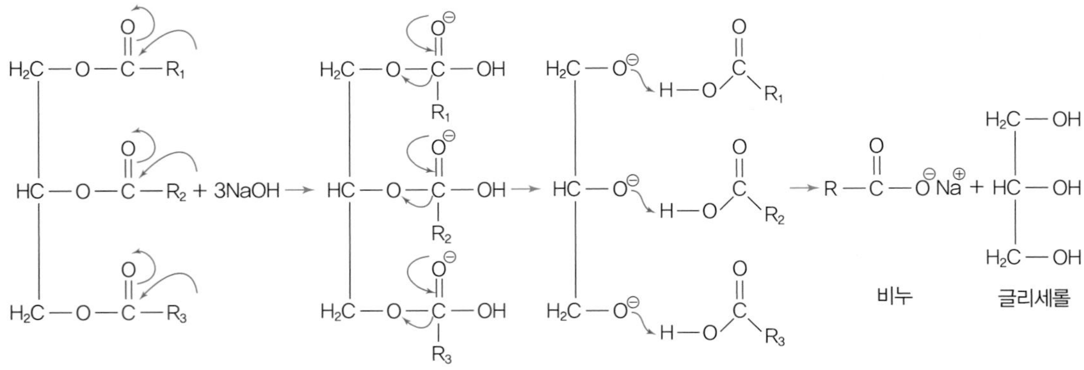

그림 3-12 비누화반응

4. 지방질 산화 평가방법

지방질은 산화 중 여러 반응들이 매우 복합적으로 진행되며 그 결과 물리화학 특성이 변화된다. 이 반응들은 대부분 동시에 또는 경쟁적으로 진행되므로 지방질 산화를 평가하기 위해서는 여러 평가 방법을 함께 사용하는 것이 권장된다. 일반적으로는 지방질의 1차 산화생성물(과산화물값, 공액이중산값 등)과 2차 산화생성물(TBA 값, 아니시딘값 등)을 함께 측정하여 지방질의 산화 정도를 평가한다.

1) 과산화물값

과산화물은 지방질의 산화 반응 초기의 주요 1차 산화생성물로, 과산화물값(peroxide value, POV)은 지방질 1 kg당 들어 있는 산소의 밀리당량(milliequivalent, meq)으로 정의한다. 지방질이 산화됨에 따라 과산화물값은 점차 증가하여 최고점에 도달한 후 과산화물이 분해되면서 감소하므로 과산화물값은 지방질의 산화 초기에 유용한 지표이다.

2) 공액이중산값

고도불포화지방산을 함유한 지방질의 산화반응에서 생성된 과산화라디칼의 이중결합이 이동하면서 좀더 안정한 켤레 이중결합으로 전환되는데, 공액이중산값(conjugated dienoic acid value, CDA value)은 233 nm에서의 지방질의 흡광도를 측정하여 켤레이중결합을 가진 지방질 함량(%)으로 환산한 값이다. 지방질이 산화됨에 따라 공액이중산값은 점차 증가하며, 고도불포화지방산 함량이 높은 지방질의 산화 평가에 유용한 지표이다.

3) TBA값

TBA값(thiobarbituric acid value)은 지방질의 2차 산화생성물의 하나인 말론알데하이드(malonaldehyde)가 TBA 시약과 반응하여 적색 화합물을 생성하는 반응을 이용하여 구한 값으로 산화가 진행됨에 따라 그 값은 증가한다. 특히 리놀렌산과 같이 3개 이상의 이중결합을 가진 지방산을 함유한 지방질의 산화정도를 평가하는데 매우 유용하다. 그러나 수크로스 또는 단백질 등도 TBA 시약과 반응하는 경우가 있으므로 이에 대한 고려가 필요하다.

4) 아니시딘값

아니시딘값(anisidine value)은 TBA값과 유사하게 지방질의 2차 산화생성물의 하나인 2-알켄알이 아세트산 존재 하에서 파라아니시딘(p-anisidine) 시약과 반응하여 황색 화합물을 생성하는 반응을 이용하여 구한 값으로 350 nm에서의 흡광도로 표시한다.

5) 토톡스값

토톡스값(totox value)은 과산화물값의 2배 값과 아니시딘값의 합으로 나타내며, 지방질의 1차 산화생성물과 2차 산화생성물을 모두 고려한 값이므로 지방질 산화 평가 척도로 많이 권장되고 있다.

6) 아이오딘값

아이오딘값(iodine value, IV)은 아이오딘이 탄소와 탄소 사이의 이중결합에 첨가되는 성질을 이용한 방법으로, 지방질 100 g에 흡수되는 아이오딘의 g 수로 정의한다. 지방질의 불포화도가 높을수록 아이오딘값은 증가하고 지방질이 산화됨에 따라 불포화도가 감소하므로, 아이오딘값의 감소 정도로 지방질의 산화를 평가할 수 있다.

7) 극성 물질 함량

지방질은 산화에 의해 산소를 함유하는 에폭시, 옥소 화합물 등 극성화합물(polar compound)을 생성하는데 이 극성 화합물을 관크로마토그래피(column chromatography), 고속액체크로마토그래피(high performance liquid chromatography, HPLC)에 의해 분리하고 함량을 측정함으로써 지방질 산화정도를 평가한다. 이 방법은 특히 지방질의 가열산화 평가에 유용하다.

8) 산소흡수량

지방질 산화에 필수적인 산소를 밀폐된 용기에서 지방질이 흡수한 정도를 중량법 또는 헤드스페이스 기체크로마토그래피(headspace gas chromatography)에 의해 측정함으로써 지방질 산화를 평가하는 방법이다.

9) 랜시매트 법

랜시매트 법(rancimat method)은 지방질의 산화생성물이 전기전도도(conductivity)를 증가시키는 원리를 이용한 방법이다. 랜시매트라고 하는 기계에 지방질이 들어 있는 시료병을 넣어 산소를 계속적으로 흘리고 100℃ 정도로 유지하면서 전도도 변화를 측정함으로써 지방질의 유도기간을 산출하여 지방질의 산화안정성을 평가한다.

10) 샬오븐 법

샬오븐 법(Schaal oven method)은 지방질을 65℃에서 가속화하여 산화시키면서 관능평가법이나 과산화물값 측정 등을 통해 산화안정성을 평가하는 방법이다.

5. 산화방지제

산화방지제(antioxidant)는 지방질의 산화 속도를 늦추거나 유도기간을 연장시키는 물질로, 식품에 자연 성분으로 존재하는 천연 산화방지제와 인공적으로 합성한 합성 산화방지제로 분류할 수 있다. 천연 산화방지제는 주로 식물성 식품에 많이 함유되어 있으

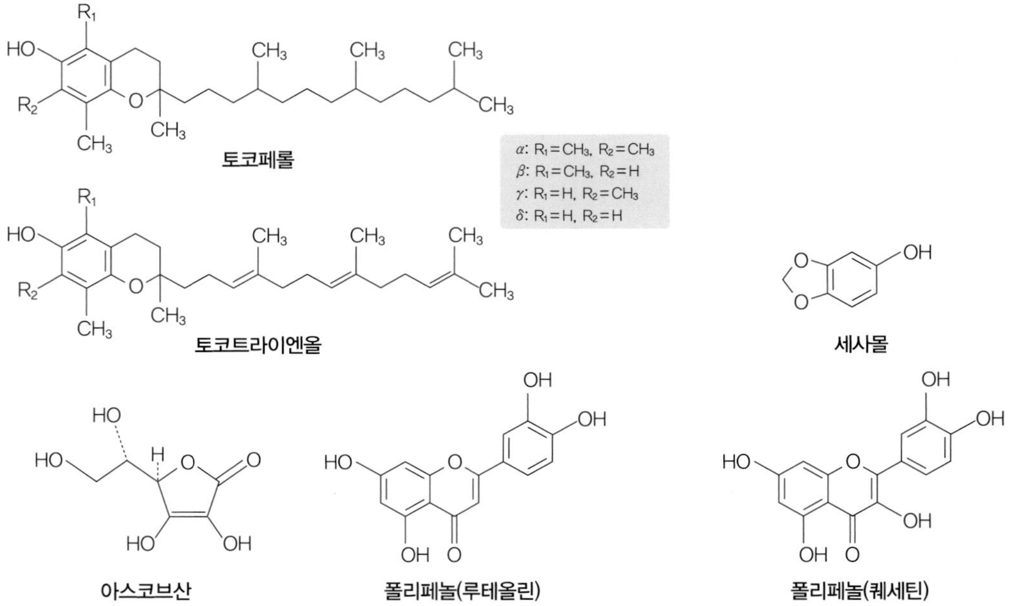

α: R$_1$=CH$_3$, R$_2$=CH$_3$
β: R$_1$=CH$_3$, R$_2$=H
γ: R$_1$=H, R$_2$=CH$_3$
δ: R$_1$=H, R$_2$=H

토코페롤

토코트라이엔올

세사몰

아스코브산

폴리페놀(루테올린)

폴리페놀(퀘세틴)

그림 3-13 천연 산화방지제의 구조

며 토코페롤(tocopherol), 토코트라이엔올(tocotrienol), 세사몰(sesamol), 레시틴 (lecithin), 아스코브산(ascorbic acid), 폴리페놀(polyphenol), 플라보노이드 (flavonoid) 등을 포함한다 그림 3-13. 특히 토코페롤은 종자기름에 많이 함유되어 있으 며 대부분의 식물성기름에는 350−1,500 mg/kg 농도로 함유되어 있다. 토코트라이엔 올과 세사몰은 각각 팜기름과 참기름에 많이 함유되어 있다. 이 외에도 안토사이아닌 (anthocyanin), 카테킨(catechin), 에피카테킨(epicatechin), 카노솔(carnosol), 아이 소플라본(isoflavone) 등도 중요한 천연 산화방지제이지만 이들은 기름에 잘 용해되지 않는다. 갈변화반응 생성물(Maillard reaction products)도 산화방지 작용이 있는 것으

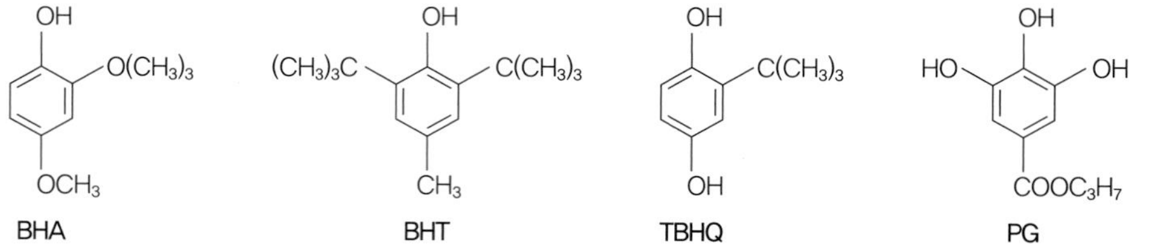

BHA

BHT

TBHQ

PG

그림 3-14 합성 산화방지제의 구조

90

로 알려져 있다. 합성 산화방지제는 BHA, BHT, TBHQ(*tert*-butylhydroquinone), PG(propyl gallate) 등으로, 이들은 모두 페놀 구조를 가진 특성이 있으며 그림3-14 천연 산화방지제에 비해 산화방지 기능이 우수한 편이다.

폴리페놀과 플라보노이드

폴리페놀은 구조 중 2개 이상의 페놀기를 가진 화합물이며 플라보노이드는 폴리페놀에 속하는 화합물 종류로서 가장 큰 그룹이다. 따라서 모든 플라보노이드 화합물은 폴리페놀 화합물이지만 모든 폴리페놀 화합물이 플라보노이드 화합물에 속하는 것은 아니다. 폴리페놀과 플라보노이드 화합물들은 과일, 채소, 차 등 식물성 식품에 많이 함유되어 있으며 산화방지, 발암억제, 소염활성 등 생리기능이 있는 것으로 알려져 있다.

1) 산화방지제의 작용 메커니즘

산화방지제는 지방질의 과산화 또는 알콕시 라디칼 등에 수소를 공여하거나 산소를 소거하며 금속을 킬레이트(chelate)함으로써 지방질의 산화를 억제한다 표3-8.

표3-8 작용 기전에 따른 산화방지제 종류

작용 기전	화합물명
라디칼 소거제	토코페롤, BHA, BHT, TBHQ, PG, 세사몰, 아스코브산, 폴리페놀, 플라보노이드, 안토사이아닌 등
일중항산소 소거제	토코페롤, 카로테노이드, 세사몰, 폴리페놀, 아스코브산 등
금속 킬레이터	인산, 시트르산, EDTA, 일부 아미노산 및 펩타이드, 인지방질, 폴리페놀 등
감광제 소거제	카로테노이드 등
삼중항산소 소거제	글루코스 산화효소/카탈레이스(glucose oxidase/catalase), 아스코브산, 에리소브산 등

(1) 라디칼 소거작용

산화방지제는 지방질 산화 중 생성되는 과산화, 알콕시 라디칼 등 여러 종류의 라디칼에 수소를 제공하여 라디칼을 소거시킴으로써 연쇄적인 지방질 산화반응을 억제한다. 즉, 산화방지제(AH)는 대개 페놀기의 수소를 지방질 라디칼에 공여한 후 라디칼 형태

(A·)를 가지지만, 지방질 라디칼과는 달리 활성이 낮은 공명 혼성체(resonance hybrid)를 이루어 그림3-15 지방질 라디칼에 비해 훨씬 안정한 상태로 존재하기 때문에 지방질의 산화를 억제할 수 있다. 대표적인 라디칼 소거제(radical scavenger)로는 페놀 구조를 가진 토코페롤, BHA, 또는 아스코브산 등을 들 수 있다.

$$AH + ROO· \rightarrow A· + ROOH$$
$$AH + RO· \rightarrow A· + ROH$$

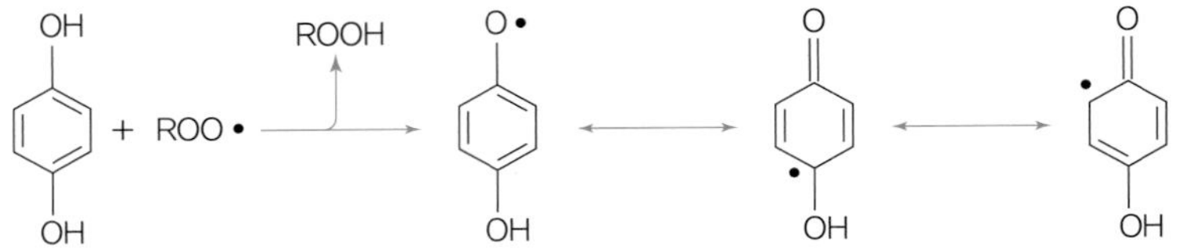

그림3-15 산화방지제 라디칼의 공명 혼성체

(2) 일중항산소 소거작용

토코페롤 등의 페놀화합물과 베타카로텐(β-carotene), 라이코펜(lycopene) 등의 카로테노이드, 아스코브산은 라디칼 소거작용 외에도 활성산소종(reactive oxygen species, ROS)의 하나인 일중항산소를 소거하여 활성이 낮은 삼중항산소로 전환시킴으로써 지방질 산화 특히 감광산화를 억제한다. 일중항산소 소거제(singlet oxygen quencher)는 구조에 따라 작용 메커니즘에 차이가 있는데, β-카로텐(Car)은 에너지 전달(energy transfer), 토코페롤(T)은 전하 전달(charge transfer) 메커니즘이 우세하다. 즉, β-카로텐은 일중항산소의 에너지를 빼앗아 반응성이 낮은 삼중항산소로 전환시키고, 토코페롤은 일중항산소와의 사이에 전자 전달을 통해 일중항산소를 삼중항산소로 전환시킨다.

$$^1O_2 + Car \rightarrow {}^3O_2 + {}^3Car \rightarrow {}^3O_2 + {}^1Car$$
$$^1O_2 + T \rightarrow [O_2-T^+]^1 \rightarrow [O_2-T^+]^3 \rightarrow {}^3O_2 + T$$

(3) 금속 킬레이팅

금속 킬레이터(metal chelator)는 [그림 3-16]와 같이 철 또는 구리 등의 금속에 결합하여 이들 금속이 지방질 산화를 촉진하는 것을 억제하는 화합물로 인산, 시트르산 (citric acid), EDTA, 일부 아미노산 및 펩타이드(peptide), 인지방질, 폴리페놀 등이 이에 속한다.

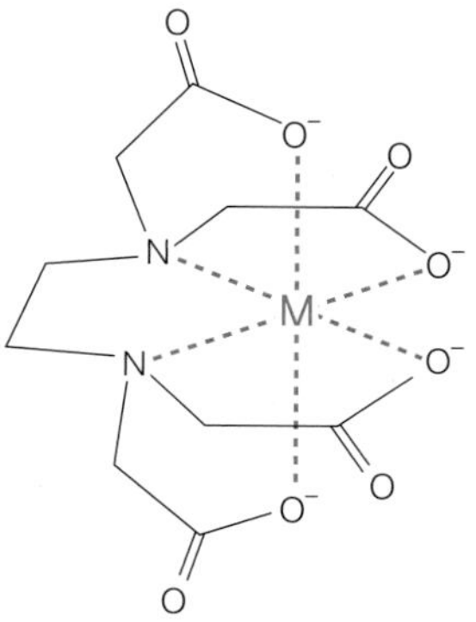

그림 3-16 EDTA와 금속(M) complex

(4) 감광제 소거작용

일부 카로테노이드, 즉 9개 미만의 켤레이중결합을 가진 카로테노이드는 일중항산소보다는 감광제를 소거함으로써 지방질산화를 억제하기도 한다. 즉, 감광제 소거제 (photosensitizer quencher)는 빛에너지를 받은 감광제로부터 에너지를 빼앗아 감광제가 일중항산소를 생성하도록 돕지 못하게 함으로써 지방질 산화를 억제한다.

(5) 기타

이외에도 식물 등에 존재하는 효소들이 지방질산화에 필수적인 공기 중의 산소 농도를 감소시키기도 하는데 글루코스 산화효소/카탈레이스(glucose oxidase/catalase)가 대표적이다. 즉, 글루코스 산화효소는 글루코스를 산화시키면서 과산화수소를 발생시키고(반응 1), 카탈레이스는 이 과산화수소를 다시 물과 산소로 분해시킴으로써(반응 2)

이 두 효소가 함께 작용하여 두 분자의 산소를 한 분자의 산소로 전환시킨다.

$$2 \text{ Glucose} + 2 O_2 + 2 H_2O \rightarrow 2 \text{ Gluconic acid} + 2 H_2O_2 \text{ (반응 1)}$$
$$\underline{2 H_2O_2 \rightarrow 2 H_2O + O_2 \text{ (반응 2)}}$$
$$2 \text{ Glucose} + O_2 \rightarrow 2 \text{ Gluconic acid}$$

2) 산화방지제의 상호작용

두 종류 이상의 산화방지제를 함께 사용할 때의 산화방지 효과는 이들을 각각 사용하는 경우와 차이가 날 수 있다. 즉, 산화방지제를 따로 사용할 때 각각의 산화방지 효과의 합에 비해 산화방지제를 함께 사용하는 경우의 산화방지 효과가 큰 경우 두 산화방지제 사이의 상승작용(synergism)이라고 한다. 두 종류 이상의 라디칼소거제가 함께 사용될 때 한 종류의 라디칼소거제가 보다 강력한 다른 라디칼소거제를 재생시키거나 그림 3-17 산화방지 메커니즘이 다른 두 산화방지제(금속 킬레이터로서의 시트르산, 인지방질과 라디칼소거제로서의 토코페롤)가 함께 사용될 때 상승작용이 관찰된다.

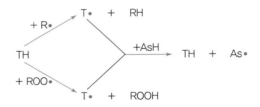

그림 3-17 아스코브산(AsH)에 의한 토코페롤(TH)의 재생

길항작용(antagonism)은 두 종류 이상의 산화방지제를 함께 사용할 때에 비해 산화방지제 각각의 산화방지 효과의 합이 큰 경우를 의미한다. 상승작용과는 달리 보다 강력한 라디칼소거제가 산화방지효과가 약한 라디칼소거제를 재생시키는 경우와 산화방지제 사이에서 서로 경쟁적인 경우 길항작용이 관찰된다.

6. 유지의 가공

1) 수소첨가 반응

불포화지방질에 니켈 등의 촉매를 넣고 수소와 반응시키면 불포화지방질의 이중결합에 수소가 첨가되어 포화지방질 함량이 증가하는데 이 반응을 수소첨가반응 또는 수소화(hydrogenation)라고 한다. 수소화된 지방질에는 고체상태의 지방질 함량이 증가하기 때문에 산업적으로는 경화(hardening)라고도 부른다. 수소화 반응의 결과, 산화에 취약한 불포화지방산 함량이 감소하고 포화지방산 함량이 증가하므로 지방질의 산화안정성이 개선되지만, 수소가 첨가되는 과정 중 이중결합 일부가 시스형으로부터 좀 더 안정한 트랜스형으로 전환되고 그림3-18 이중결합 위치가 이동하여 켤레 이중결합이 증가할 수 있다.

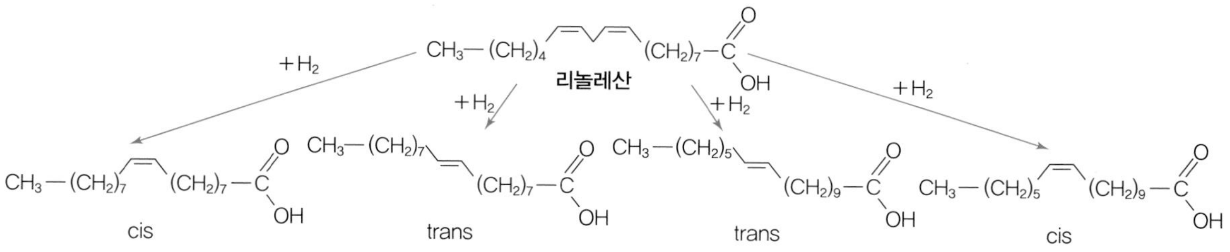

그림3-18 리놀레산의 수소화 반응

트랜스 지방

트랜스 지방은 관상동맥질환의 위험인자이며 세계보건기구(WHO)는 트랜스 지방 섭취량을 하루 총 에너지 섭취량의 1% 미만(2,000 kcal인 경우 하루에 2.2 g 미만)으로 제한할 것을 권고하였으며 우리나라를 비롯하여 미국, 캐나다, EU 등 많은 국가에서 트랜스지방 함량 표시제를 의무화하고 있다. WHO는 2018년 세계 식품 공급에서 트랜스지방을 퇴출시키려는 REPLACE(REview, Promote, Legislate, Assess, Create, Enforce) 행동 전략을 발표하였다.

2) 저온처리

기름을 낮은 온도에서 오랫동안 방치하면 녹는점이 높은 지방질이 결정으로 석출되는데 이와 같이 온도를 낮추어 석출된 포화지방질 등을 제거하는 공정을 저온처리 (winterization)라고 하며, 그 결과 포화지방산에 대한 불포화지방산의 비율이 증가한다. 저온처리를 거친 기름은 4~10℃의 냉장온도에서도 결정이 생기지 않아 맑은 액체상태를 유지하며 샐러드기름(salad oil)이라 부른다.

3) 에스터 교환

에스터 교환 반응(interesterification)은 메톡사이드소듐(sodium methoxide) 또는 라이페이스(lipase) 등의 효소를 이용하여 아실글리세롤의 분자내 또는 분자 사이에서 글리세롤의 각 탄소에 결합된 아실기를 교환하는 반응으로 재배열(rearrangement) 반응이라고도 한다 그림3-19.

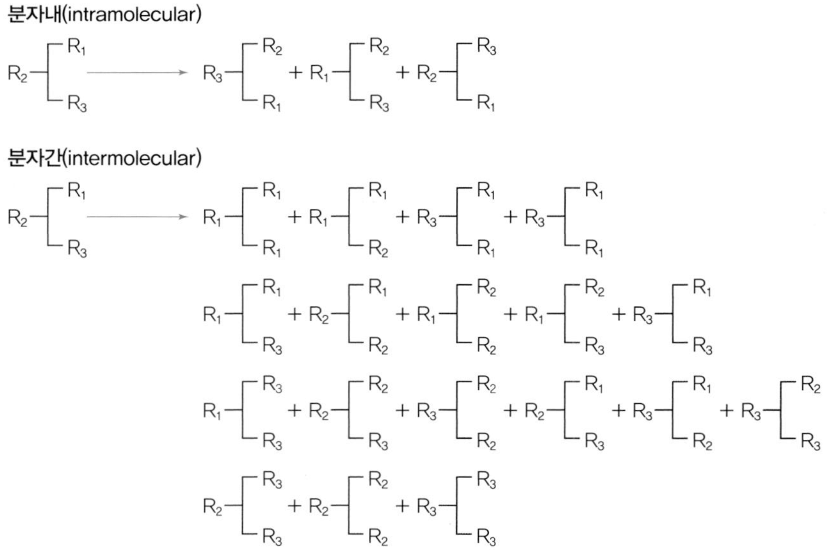

그림3-19 에스터 교환 반응

에스터 교환반응에는 구성 지방산들이 지방질 내에 완전히 무작위적으로 분포되는 무작위 에스터 교환반응(random interesterification)과 특정 지방산들이 제거되고 남은 지방산들 사이에 계속적으로 새로운 평형이 이루어지도록 일정 방향으로 유도하는 지향성 에스터 교환반응(directed interesterification)이 있다. 에스터 교환반응은 β형 결정의 천연 라드를 케이크 반죽 제조를 위한 β'형 결정의 쇼트닝으로 전환하는 데 사용되기도 한다.

CHAPTER 04

단백질

04 단백질

단백질(protein)은 탄수화물, 지방질과 함께 3대 영양소의 하나이다. 동물과 식물체를 구성하는 주요 성분으로 모든 생물체의 생명현상을 유지하기 위해 필수적인 기능을 하는 효소, 호르몬, 항체 등의 구성성분이 되고 있다. 단백질의 어원은 그리스어 'proteios'에서 유래했는데 첫번째 자리 또는 주요한 자리라는 뜻으로, 생명을 유지하는 가장 중요한 성분의 하나임을 나타낸다.

탄수화물, 지질, 단백질 모두 유기물로 주요 구성 원소는 탄소, 수소, 산소인데 단백질의 경우에는 그 외에 질소를 함유하고 있는 것이 커다란 차이점이라 할 수 있다. 식품 중에 함유된 단백질의 종류에 따라 질소 함량은 차이가 있지만, 평균 16% 정도를 차지하여 식품 중에 단백질 양을 구할 때에는 측정된 질소의 양에 질소계수인 6.25(N=100/16)를 곱하여 조단백질(crude protein) 함량을 계산한다.

생물체 내에 존재하는 수많은 종류의 단백질은 20여 종의 아미노산(amino acid)으로 결합되어 있으며 단백질의 종류에 따라 아미노산의 조성과 결합 순서가 다르다. 아미노산 조성의 차이로 식품 단백질의 기능적 특성과 영양적 가치가 달라진다. 단백질은 동물성 식품에 많이 함유되어 있지만 일부의 식물성 식품에도 상당량 함유되어 있다.

1. 아미노산의 이화학적 특성

1) 아미노산의 구조

아미노산은 단백질을 구성하는 기본 단위 물질이다. 탄소 원자 하나에 아미노기(amino group, −NH$_2$)와 카복실기(carboxyl group, −COOH), 그리고 수소(H)와 곁사슬(R, side chain)이 결합되어 있다 그림 4-1.

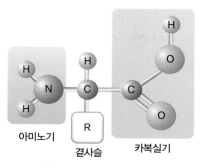

그림 4-1 아미노산의 기본 구조

아미노기　곁사슬　카복실기

천연에서 발견되는 아미노산은 카복실기가 결합된 탄소의 바로 옆에 위치한 알파탄소(α-carbon)에 아미노기가 결합된 알파아미노산(α-amino acid)이다.

아미노산 중 글리신(glycine)은 곁사슬이 수소로 되어 있어 α-탄소가 비대칭 탄소(asymmetric carbon)가 아니지만, 그외 다른 아미노산들은 모두 α-탄소가 비대칭 탄소여서 이성질체(isomer)가 존재한다. 비대칭 탄소 원자는 키랄 탄소라 불리며 Fischer 구조에서 아미노기가 오른쪽에 있으면 디(D)-형이라 하고 왼쪽에 있으면 엘(L)-형이라고 명명한다. 식품에 있는 단백질을 구성하는 아미노산은 알파-엘-아미노산(α-L-amino acid)이다 그림 4-2 .

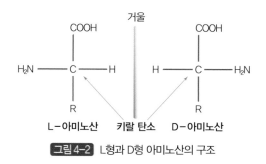

그림 4-2 L형과 D형 아미노산의 구조

2) 아미노산의 종류

아미노산은 곁사슬 구조와 특성에 따라 산성(acidic) 아미노산, 중성(neutral) 아미노산, 염기성(basic) 아미노산으로 분류한다. 산성 아미노산은 곁사슬에 추가적으로 카복실기를 가지고 있어 전체적으로 카복실기 수가 아미노기 수보다 많으며, 염기성 아미노산은 곁사슬에 추가적으로 아미노기를 가지고 있어 전체적으로 아미노기 수가 카복실기 수보다 많다. 반면 중성 아미노산은 곁사슬에 추가적으로 결합된 카복실기나 아미노기들이 없어서 전체적으로 아미노기 수와 카복실기 수가 동일하다. 이런 중성 아미노산은 다시 극성(polar) 아미노산과 비극성(nonpolar) 아미노산으로 분류할 수 있다 그림 4-3.

(1) 산성 아미노산

곁사슬에 카복실기를 부가적으로 가지고 있으며 카복실기가 지니는 산성 특성으로 인하여 중성 pH에서 곁사슬의 카복실기가 $-COO^-$로 해리되어 음전하(negative charge)를 띠게 되어 음전하 아미노산이라고도 한다. 예로는 아스파트산(aspartic acid)과 글루탐산(glutamic acid)을 들 수 있다.

(2) 염기성 아미노산

곁사슬에 아미노기를 부가적으로 가지고 있어서 아미노기가 지니는 염기성 특성으로 인하여 중성 pH에서 곁사슬의 아미노기가 $-NH_3^+$로 되어 양전하(positive charge)를 띠게 되어 양전하 아미노산이라고도 한다. 예로는 아르지닌(arginine), 라이신(lysine), 히스티딘(histidine)을 들 수 있다.

(3) 중성 아미노산

① 극성 아미노산
곁사슬에 양 또는 음전하를 띠는 아미노기나 카복실기를 갖지는 않지만 $-OH$, $-NH_2$, 또는 $-SH$ 구조를 가지고 있다. 이들 산소나 질소 원자들과 수소 원자들 사이에 전기음성도 차이가 커 극성(polarity)을 나타낸다. $-OH$, $-NH_2$, 또는 $-SH$ 구조는 수소결합에 참여할 수 있다. 예로는 세린(serine), 트레오닌(threonine), 타이로신(tyrosine), 아스파라진(asparagine), 글루타민(glutamine), 시스테인(cysteine)을 들 수 있다.

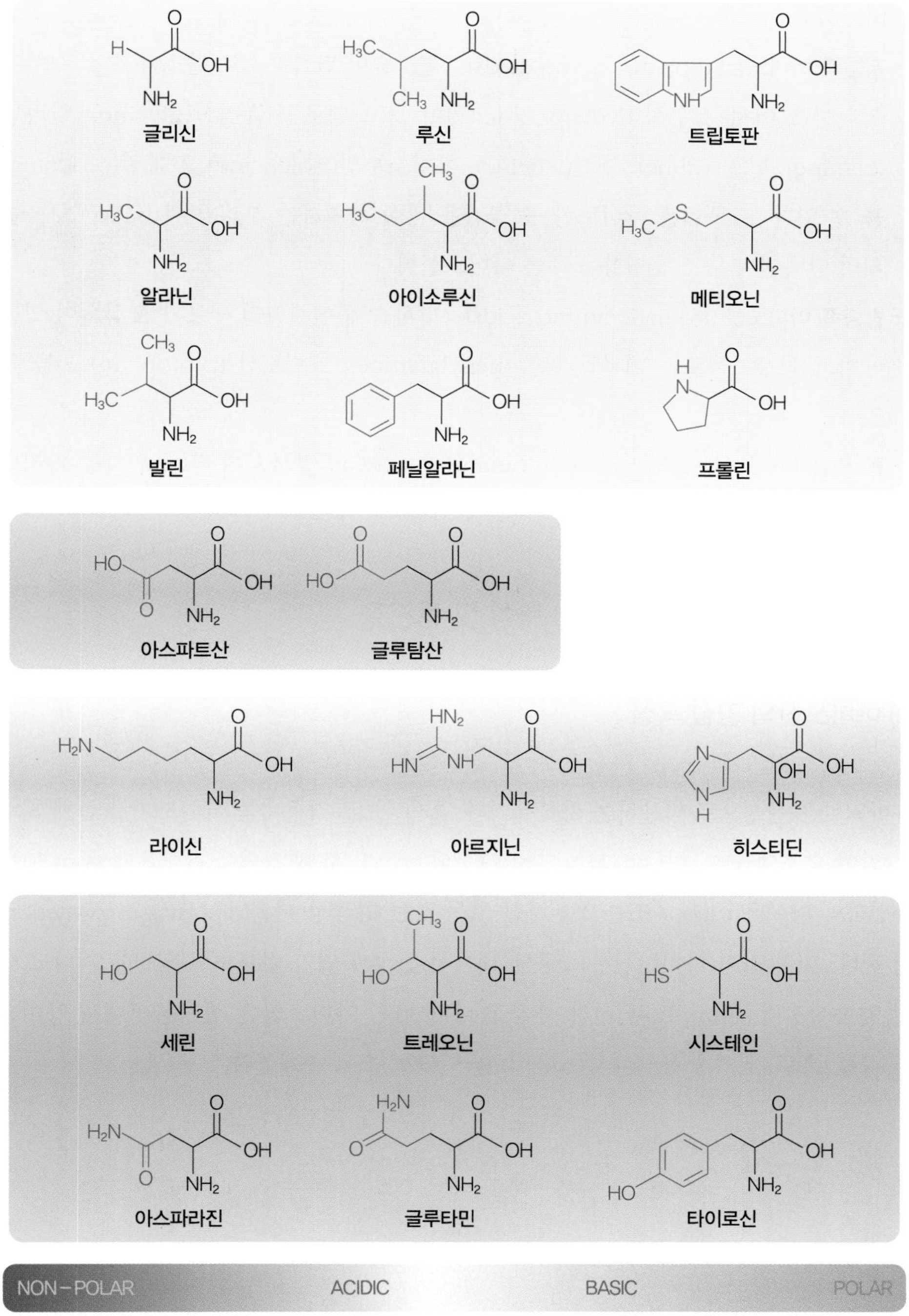

글리신

루신

트립토판

알라닌

아이소루신

메티오닌

발린

페닐알라닌

프롤린

아스파트산

글루탐산

라이신

아르지닌

히스티딘

세린

트레오닌

시스테인

아스파라진

글루타민

타이로신

NON−POLAR　　　ACIDIC　　　BASIC　　　POLAR

그림 4-3 아미노산의 종류와 구조

② 비극성 아미노산

- **지방족 아미노산**(aliphatic amino acids) : 곁사슬이 탄화수소로 탄소와 수소로만 구성되어 있어서 소수성(hydrophobicity)이 크고 예로는 글리신(glycine), 알라닌(alanine), 발린(valine), 루신(leucine), 아이소루신(isoleucine), 프롤린(proline)을 들 수 있다. 프롤린은 아미노산 중 공간을 많이 차지하는 부피가 큰(bulky) 구조를 지녀 단백질의 구조에 영향을 주는 아미노산이다.
- **방향족 아미노산**(aromatic amino acids) : 곁사슬에 벤젠고리 구조가 포함되어 있는 아미노산으로 예로는 페닐알라닌(phenylalanine), 트립토판(tryptophan)을 들 수 있다.
- **황 함유 아미노산**(sulfur-containing amino acids) : 곁사슬에 황(S) 원자를 가지고 있는 아미노산으로 예로는 메티오닌(methionine)을 들 수 있다.

3) 아미노산의 산-염기(양성) 특성 및 등전점

(1) 아미노산의 양성 특성

아미노산은 산성으로 작용하는 카복실기와 염기성으로 작용하는 아미노기를 함께 지니고 있어 수용액 중에 이들 그룹들이 $-COO^-$와 $-NH_3^+$로 해리되어 음이온(anion) 또는 음전하와 양이온(cation) 또는 양전하를 모두 갖는 양극성 이온(dipolar ion, zwitterion)이 된다. 이와 같이 아미노산은 수용액 내에서 산성과 염기성 모두의 성질을 지니고 있어 양쪽성전해질(ampholyte)의 특성을 나타낸다. 아미노산은 산성용액에서 양이온($-NH_3^+$)으로, 염기성 용액에서는 음이온($-COO^-$)으로 존재한다.

$$NH_3^+ - \overset{\overset{H}{|}}{\underset{\underset{R}{|}}{C^\alpha}} - COOH \underset{H^+}{\overset{OH^-}{\rightleftarrows}} NH_3^+ - \overset{\overset{H}{|}}{\underset{\underset{R}{|}}{C^\alpha}} - COO^- \underset{H^+}{\overset{OH^-}{\rightleftarrows}} NH_2 - \overset{\overset{H}{|}}{\underset{\underset{R}{|}}{C^\alpha}} - COO^-$$

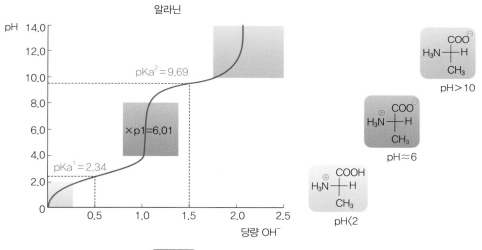

(2) 아미노산의 등전점

아미노산은 산성과 염기성 용액에서 각각 양전하와 음전하를 띠어 전기장(electric field) 내에서 각각 음극(cathode)과 양극(anode)으로 이동한다. 양쪽성전해질의 알짜전하(net charge)는 양전하와 음전하의 합으로 나타낸다. 특정 pH에서 양전하와 음전하의 수가 같으면 알짜전하는 '0'이 되어 전기장 내에서 어느 전극으로도 이동을 하지 않는다. 이렇게 전기적으로 전하가 중성이 되는 pH를 등전점(isoelectric point, pI)이라 한다. **그림 4-4**은 알라닌의 적정곡선(titration curve) 및 등전점을 나타낸다.

알라닌

pH

$pKa^2 = 9.69$

$\times pI = 6.01$

$pKa^1 = 2.34$

당량 OH⁻

pH > 10

pH ≈ 6

pH < 2

그림 4-4 알라닌의 적정 곡선 및 등전점

아미노산의 해리상수(dissociation constant)는 산 적정방법으로 구할 수 있으며 몇 가지 아미노산의 등전점과 해리상수는 **표4-1**와 같다. 아미노산의 등전점은 아미노기와 카복실기 수에 따라 달라지는데, 대체로 산성 아미노산은 산성 쪽에, 염기성 아미노산은 염기성 쪽에, 중성 아미노산은 중성 부근(pH 5-7)에 등전점이 존재한다. 또한 등전점에서는 아미노산의 용해도가 가장 낮아져 침전이 발생한다.

표 4-1 아미노산의 등전점 및 해리상수

종류	아미노산	pI	$pK_1(\alpha-COO^-)$	$pK_2(\alpha-NH_3^+)$	$PK_{R(side\ chain)}$
산성 아미노산	글루탐산	3.22	2.19	9.67	4.25
	아스파트산	2.97	2.09	9.82	3.86
염기성 아미노산	라이신	9.74	2.18	8.95	10.53
	아르지닌	10.76	2.17	9.04	12.48
중성 아미노산	글리신	6.06	2.34	9.78	
	알라닌	6.02	2.35	9.69	
	루신	6.00	2.36	9.64	
	메티오닌	5.75	2.28	9.21	
	타이로신	5.65	2.20	9.11	10.07
	글루타민	5.65	2.17	9.13	
	아스파라진	5.41	2.02	8.80	

2. 단백질의 분류

단백질은 용매(solvent)에 대한 용해도(solubility), 분자 조성(composition)과 구조에 따라 단순단백질, 복합단백질, 유도단백질로 분류된다.

1) 단순단백질

단순단백질(simple protein)은 분해되었을 때 아미노산만 생성하며 다음의 예들을 들 수 있다.

(1) 알부민

알부민(albumin)은 물에 녹고, 상대적으로 분자량이 작은 단백질이다. 달걀의 오브알부민(ovalbumin), 우유의 락트알부민(lactalbumin)과 혈청알부민(serum albumin), 곡류의 류코신(leucosin), 두류의 레구멜린(legumelin) 등이 속한다.

(2) 글로블린

글로블린(globulin)은 중성 염 용액에 녹는다. 예로는 우유의 혈청글로블린(serum globulin)과 베타락토글로블린(β−lactoglobulin), 육류의 마이오신(myosin)과 액틴(actin), 그리고 콩의 글리시닌(glycinin) 등이 있다.

(3) 글루테린

글루테린(glutelin)은 매우 묽은 산이나 염기용액에 녹으나 중성용액에서는 녹지 않는다. 주로 곡류에 많이 들어 있는데, 밀의 글루테닌(glutenin)과 쌀의 오리제닌(oryzenin)이 대표적인 예들이다.

(4) 프로라민

프로라민(prolamin)은 물에는 녹지 않고 50~90% 에탄올에 녹는다. 다량의 프롤린과 글루탐산이 포함되어 있고 곡류에 많이 함유되어 있다. 예로는 옥수수의 제인(zein), 밀의 글리아딘(gliadin), 보리의 호데인(hordein)을 들 수 있다.

(5) 스크렐로단백질

스크렐로단백질(scleroprotein)은 물과 중성 용액에 녹지 않고 효소 분해에 대한 저항성이 크다. 섬유상 단백질들로 근육단백질인 콜라겐(collagen)과 젤라틴(gelatin)이 속하고 힘줄 성분인 엘라스틴(elastin)과 머리와 발톱 성분인 케라틴(keratin)을 들 수 있다.

(6) 히스톤

히스톤(histone)은 라이신과 아르지닌이 많아 염기성 단백질이다. 물과 산 용액에는 녹지만 염기 용액에는 침전된다.

(7) 프로타민

프로타민(protamin)은 저분자량(4000~8000 Da)의 강염기성 단백질로 아르지닌 함량이 높다. 예로는 청어의 클루페인(clupein)과 고등어의 스콤브린(scombrin)을 들 수 있다.

2) 복합단백질

복합단백질(conjugated protein)은 단순단백질에 탄수화물, 지방질, 핵산, 인, 색소, 금속 등과 같은 비단백질 부분인 보결분자단(prosthetic group)이 결합된 단백질이다. 생체 세포내에 함유되어 생리적으로 중요한 기능을 수행한다.

(1) 인단백질

인단백질(phosphoprotein)은 많은 주요 식품 단백질에 포함되어 있고, 인산기가 단백질 사슬 중 세린과 트레오닌의 하이드록실기(hydroxyl group)에 결합되어 있다. 예로는 우유의 카세인(casein)과 달걀노른자의 인단백질을 들 수 있다.

(2) 지단백질

지방질과 단백질이 결합된 지단백질(lipoprotein)은 우수한 유화기능을 가지고 있으며 우유와 달걀 노른자에 존재한다.

(3) 핵단백질

핵단백질(nucleoprotein)은 핵산과 단백질이 결합된 것으로 세포핵에서 발견된다.

(4) 당단백질

탄수화물과 단백질이 결합한 당단백질(glycoprotein)은 탄수화물 양은 소량이지만 8~20%의 탄수화물을 함유하는 것도 있다. 예로는 달걀 흰자의 오보뮤신(ovomucin)을 들 수 있다.

(5) 색소단백질

색소단백질(chromoprotein)은 단백질에 헴(heme)과 같은 색소 보결분자단을 함유하고 있다. 예로는 헤모글로빈(hemoglobin), 마이오글로빈(myoglobin), 플라보단백질(flavoprotein)을 들 수 있다.

3) 유도단백질

유도단백질(derived protein)은 단순단백질이나 복합단백질이 물리적, 효소적, 화학적 작용에 의해 분해되거나 변성된(denaturation) 단백질로, 변화된 정도에 따라 1차 유도단백질과 2차 유도단백질로 분류된다.

1차 유도단백질은 약간 변화를 받은 단백질로 1차 구조는 그대로 유지하고 성질만 변화되어 변성단백질(denatured protein)이라고 한다. 물에는 녹지 않고 레닌(rennin)에 의해 응고된 카세인을 예로 들 수 있다. 2차 유도단백질은 1차 유도단백질보다 더 많이 변성이 되어 단백질이 아미노산으로 분해되는 과정에서의 프로테오스(proteose), 펩톤(peptone), 펩타이드와 같은 중간생성물을 말하는 것으로 가수분해단백질(hydrolyzed protein)이라고 한다. 단백질 크기가 작아져 물에 녹고 열에 의해 응고가 되지 않는다. 이런 분해산물들은 치즈의 숙성과정에서 많이 생성된다.

3. 단백질의 구조

단백질은 20개의 주요 아미노산이 펩타이드 결합(peptide bond)으로 연결된 분자량이 큰 유기화합물이다. 펩타이드 결합은 한 아미노산의 카복실기와 다른 아미노산의 아미노기가 결합할 때 카복실기의 하이드록실(OH)과 아미노기의 수소(H)가 1분자의 물(H_2O)이 되어 빠져 나오면서 형성되는 아마이드(amide, −CO−NH−) 결합을 말한다 그림4-5 .

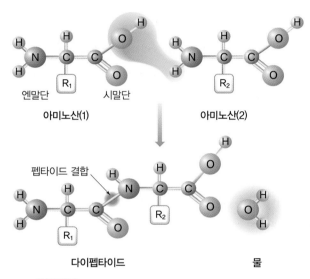

엔말단　시말단

아미노산(1)　아미노산(2)

펩타이드 결합

다이펩타이드　물

그림4-5 두 아미노산으로부터 펩타이드 결합 형성 과정

　펩타이드 결합은 강하고 쉽게 분해되지 않는다. 아미노산 2개가 결합된 것은 다이펩타이드(dipeptide)라 하고 아미노산 3개가 결합된 것은 트라이펩타이드(tripeptide)라고 하며 아미노산이 10개 이상 결합된 것을 폴리펩타이드(polypeptide)라고 한다. 다이펩타이드의 예로는 아스파트산과 페닐알라닌이 결합된 감미료인 아스파탐(aspartame)을 들 수 있으며 트라이펩타이드의 예로는 글리신, 시스테인, 감마글루탐산(γ−glutamic acid)이 결합된 글루타티온(glutathione)을 들 수 있다.

　단백질은 최소한 100개 이상의 아미노산이 연결된 고분자 폴리펩타이드로 일차, 이차, 삼차, 사차 구조로 구성되어 있다.

1) 일차구조

단백질의 일차구조(primary structure)란 여러 아미노산이 펩타이드 결합으로 연결된 폴리펩타이드 내에서의 아미노산 종류와 배열 순서를 말하며 그림 4-6, 단백질의 이차, 삼차 구조를 결정하는 주요 인자가 되고 궁극적으로는 단백질의 특성을 결정하는데 기여한다.

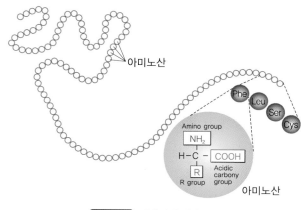

그림 4-6 단백질의 일차구조

2) 이차구조

폴리펩타이드 사슬은 직선으로 존재하는 것이 아니라 사슬 내에 회전, 꼬임, 접힘과 같은 형태의 알파나선(α-helix)구조, 베타병풍(β-pleated sheet)구조, 무작위코일(random coil)구조와 같은 입체구조를 형성하는데 이를 이차구조(secondary structure)라 한다.

α-나선구조는 폴리펩타이드 사슬이 오른쪽으로 회전하는 나선형 구조로 1회전당 3.6개의 아미노산이 있고, 동일 사슬내에 한 아미노산의 아마이드기(>NH) 수소와 4개 아미노산 다음에 있는 아미노산의 카보닐기(carbonyl group, >C=O) 산소 사이에서 형성되는 분자내(intramolecular) 수소결합(hydrogen bond)에 의하여 구조가 안정화된다 그림 4-7.

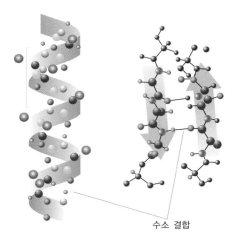

수소 결합

그림 4-7 단백질의 이차구조인 α−나선구조(왼쪽)와 β−병풍구조(오른쪽)

반면에 β−병풍구조는 지그재그(zigzag) 모양으로 펩타이드 사슬이 병풍을 펼쳐 놓은 것과 같은 모양을 하고 있으며, 펩타이드 사슬 사이에 분자간(intermolecular) 수소결합에 의해 구조가 안정화된다 **그림 4-7**.

무작위코일구조는 폴리펩타이드를 따라 규칙적이거나 정렬이 잘 되어 있는 부분이 없는 구조로 단백질 내에 프롤린이 있거나 전하를 띤 부분이 많이 있는 경우에 형성된다. **표 4-2**는 몇 가지 단백질의 이차구조의 함유비율을 나타낸다.

표 4-2 단백질의 이차구조 함유비율(%)

단백질	α−나선구조	β−병풍구조	무작위코일구조
락트알부민	26.0	14.0	60.0
락토글로블린	6.8	51.2	31.5
리보뉴클레이스 A	22.6	46.0	12.9
인슐린	60.8	14.7	15.7
헤모글로빈	85.7	0.0	5.5
혈청알부민	67.0	0.0	33.0

3) 삼차구조

α–나선구조, β–병풍구조, 무작위코일구조와 같은 이차구조들로 구성된 폴리펩타이드 사슬들이 판데르발스힘(van der Waals forces), 이황화결합(disulfide bonds), 소수상 호작용(hydrophobic interactions) 및 수소결합으로 3차원적(three dimensional)인 입 체구조를 형성하며 단백질로 기능을 하게 되는 구조이다 그림 4-8 .

　단백질 삼차구조(tertiary structure)에는 섬유상단백질(fibrous protein)과 구형단백 질(globular protein)이 있다. 섬유상단백질은 콜라겐이나 액틴과 마이오신 같은 구조 단백질로 막대나 섬유소 같은 형태로 규칙적으로 정렬된 α–나선구조나 β–병풍구조를 다량 포함한다. 반면 구형단백질은 구형형태를 형성하고 친수성 부위는 단백질 바깥쪽 표면에 위치해 수용액의 물과 상호작용을 하고 소수성 부위는 접힌 구조(folded structure)상에서 안쪽으로 숨어 들어가 있는 구조를 형성한다.

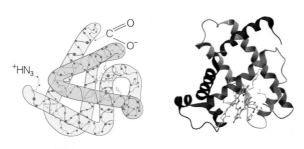

그림 4-8 　단백질의 삼차구조인 마이오글로빈

4) 사차구조

삼차구조를 가지는 여러 개의 폴리펩타이드 또는 단백질이 모여서 새로운 단백질 복합 체를 형성하는 구조를 사차구조(quaternary structure)라 한다. 사차구조를 구성하는 각 폴리펩타이드를 소단위(subunit)라고 하며 하나의 단위체로는 단백질로서의 활성을 나타내지 못하나 결합체를 이루면 단백질로서 기능을 갖게 된다.

　결합되어 있는 소단위가 같은 것으로 구성된 균일복합체(homogenous complex)도 있고 서로 다른 소단위로 구성된 불균일복합체(heterogenous complex)도 있다. 대표

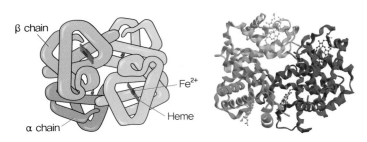

그림 4-9 단백질의 사차구조인 헤모글로빈

적인 예로는 베타락토글로블린은 2개의 동일한 소단위로 구성되어 있지만, 헤모글로빈은 서로 다른 α와 β 소단위가 각각 2개씩 총 4개가 모여 이루어진 사차구조이다 그림 4-9. 많은 식품단백질은 보통 2~4개의 소단위로 이루어져 있으며 12개로 구성된 것도 있다 표 4-3. 총 4가지 단백질 구조의 조합은 그림 4-10 과 같다.

표 4-3 식품단백질의 분자량 및 소단위 수

단백질	분자량(Da)	소단위
락토글로블린	35000	2
헤모글로빈	64500	4
리폭시제네이스	108000	2
7S 콩단백질	200000	9
11S 콩단백질	350000	12
레구민	360000	6

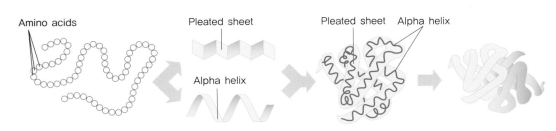

그림 4-10 총 4가지 단백질 구조의 조합

자료 : OpenStax College, http://cnx.org/content/m44402/latest/?collection=col11448/latest

4. 단백질의 변성

단백질이 물리적, 화학적 작용에 의해 수소결합과 염다리(salt bridges)들이 끊어져 고유의 구조가 바뀌게 되는 것을 말하며, 펩타이드 결합은 끊어지지 않아 단백질의 일차구조는 변화되지 않지만, 이차, 삼차, 사차 구조가 변화를 받게 된다. 단백질의 구조에 따라 변성되는 정도가 다르며 여러 인자들 중 열, pH, 염류, 표면활성제(surfactant)에 의한 영향이 크다. 단백질의 삼차구조인 접힌 구조가 변성이 되면 펼쳐진(unfolded) 구조로 바뀌어 내부에 존재하는 소수성 부위가 바깥쪽으로 분포하게 된다. 이때 다른 화학 작용기와 반응하게 되어 용해도가 급격히 감소하여 침전되는 경향을 나타낸다 그림4-11. 단백질의 변성에 의해 펼쳐진 구조가 다시 재생되는 경우도 있지만, 일반적으로 단백질의 변성은 비가역적이어서 원래의 상태로 복원되는 것은 어렵다.

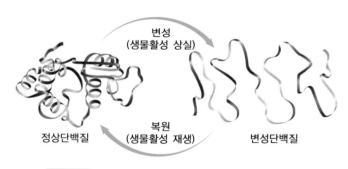

그림 4-11 단백질의 변성에 의한 펼침과 재생에 의한 다시 접힘

1) 물리적 요인에 의한 변성

(1) 열에 의한 변성

단백질에 열을 가하면 구형단백질의 경우 접힌 구조가 쉽게 펼쳐진 구조로 변성이 되면서 바깥쪽에 소수성이 증가되고 다른 단백질 분자의 소수성 부위와 결합하면서 응고가 일어난다. 대부분의 단백질은 55~75℃에서 변성과 응고가 일어나며, 달걀이 열에 의해 응고되는 현상은 쉽게 관찰할 수 있고, 열에 의해 대부분의 효소가 불활성화되면서 효

소로서의 반응 능력을 잃게 된다. 콩의 트립신 저해제(trypsin inhibitor)나 달걀의 아비딘(avidin)은 열에 의해 변성이 되면 활성을 잃게 된다. 또한 육류단백질은 열에 의한 변성으로 보수력을 잃고 텍스처도 변화된다.

변성온도는 단백질 종류에 따라 다르고 단백질 농도, 수분함량, 전해질의 양 및 종류, 설탕 농도, pH 등도 열 변성온도에 영향을 준다.

(2) 동결에 의한 변성

물이 많이 함유된 단백질 식품을 동결하게 되면 물이 얼음 결정을 생성하고 저장 중 얼음의 크기가 커지고, 커진 얼음 결정에 의해 단백질의 구조가 파괴되어 변성이 일어난다. 특히 염류가 함유된 식품의 경우 물이 얼음이 되면 염류의 농도가 증가되면서 염석(salting out) 현상으로 단백질이 변성된다. 예로 육류나 생선을 동결 저장하거나 동결 두부 제조과정 중 변성이 일어나 조직이 질겨지고 보수성이 상실된다. 동결에 의한 단백질의 변성을 감소시키기 위해서는 급속냉동으로 얼음결정 생성을 최소화하는 게 바람직하다.

(3) 압력에 의한 변성

단백질은 열에 의해 쉽게 변성되는데 초고압에 의해서도 쉽게 변성된다. 압력에 의한 변성은 열변성과는 달리 상온에서 일어날 수 있고, 섬유상단백질보다는 구형단백질에서 변성이 쉽게 일어나는데 이는 구조상 구형단백질 내부에 빈공간이 존재하기 때문이다. 대부분의 단백질은 1~12 킬로바(kilobar, kbar) 범위에서 변성이 일어난다.

압력에 의한 여러 단백질의 변성은 가역적이어서 묽은 용액에서 대부분의 효소들이 고압처리 후 압력이 상압으로 될 때 활성을 회복한다. 초고압 공정은 식품가공에서 미생물의 불활성화나 겔화를 위해 사용되며 달걀 흰자, 콩단백질, 액토마이오신의 겔화나 쇠고기 단백질의 연화나 겔화에도 이용될 수 있다.

(4) 교반에 의한 변성

단백질 용액을 진탕(shaking)이나 휘핑(whipping)으로 교반하면 물리적 힘인 전단 응력(shear stress)이 발생하여 변성이 일어난다. 달걀 흰자를 거품기로 세게 저어서 거품을 만드는 경우나 우유를 교반하여 크림을 만드는 경우에 응용되며 이는 단백질 분자가 물과 공기 또는 물과 다른 액체의 경계면에 펼쳐져서 일어나는 비가역적인 변성이다.

2) 화학적 요인에 의한 변성

(1) pH에 의한 변성

중성 pH에서 대부분 단백질이 음전하를 띠고 몇 종류만 양전하를 띤다. 중성 pH에서는 정전기반발(electrostatic repulsive) 에너지가 상호작용에 비해 작아 단백질은 안정하다. 그러나 극단적으로 높거나 낮은 pH에서는 알짜 전하가 커 분자 간 정전기반발 에너지가 커져 단백질 분자들이 팽창하고 펼쳐져 변성이 일어난다. 펼쳐지는 정도는 극산성 pH에서보다 극알카리성 pH에서 더 크다.

(2) 염류에 의한 변성

염류는 농도에 따라 단백질의 안정도에 미치는 영향이 다르다. 저농도(0.2 M 농도 이하)에서는 이온의 종류와 관계없이 정전기상호작용(electrostatic interaction)에 의해 단백질의 전하를 중성화시켜 단백질 구조를 안정화한다. 그러나 1.0 M보다 큰 고농도에서는 염류가 단백질의 구조를 안정화시키는데 이온의 종류에 따라 효과가 다르다. Na_2SO_4, NaF, NaCl은 구조를 안정화시키지만 NaSCN이나 $NaClO_4$는 구조를 약하게 한다.

(3) 표면활성제에 의한 변성

SDS(sodium dodecyl sulfate)와 같은 표면활성제들은 강력한 단백질 변성제들이다.

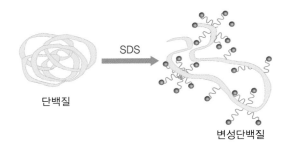

그림 4-12 표면활성제에 의한 단백질의 변성

농도 3~8 mM SDS는 대부분의 구형단백질 분자들에 쉽게 결합하여 변성시킨다
그림 4-12.

5. 단백질의 기능적 특성

식품단백질은 표4-4와 같이 분산도(dispersibility), 팽윤(swelling), 용해성
(solubility), 진해짐(thickening)/점도(viscosity), 겔화(gelation), 응고(coagulation),
유화(emulsifying) 및 거품(foaming) 같은 많은 기능적 특성을 지니며 이런 특성들은
물과 단백질의 상호 작용에 의존한다.

1) 수화력

물 분자는 단백질 분자의 극성이면서 전하를 띤 곁사슬과 수소결합을 형성하며, 결합될
수 있는 물의 양을 수화력(water−binding capacity)이라 한다.

단백질은 조성과 구조에 따라 수화력이 달라지는데, 단백질의 이미노기(imino), 아미
노기, 카복실기, 하이드록실기, 카보닐기, 설프하이드릴기(sulfhydryl)와 같은 친수성
그룹들이 물과의 결합에 관여한다.

전하가 많고 극성기를 가진 단백질들이 물과 쉽게 결합하지만, 소수성기를 많이 함유
한 단백질은 물과 결합하기 쉽지 않다. 알라닌이나 발린 같은 비극성 아미노산은 아미
노산 분자당 1분자의 물과 결합할 수 있고, 극성 곁사슬은 2~3분자의 물과 결합할 수 있

표4-4 식품 내 단백질의 기능적 역할

기능성	기작	적용 식품	단백질 종류
용해성	단백질 용매화	음료	유청단백질
점도	진해짐, 물 결합	수프, 그레이비, 샐러드드레싱, 디저트	젤라틴
물흡수·결합	수소결합, 물 가둠	고기, 소시지, 케이크, 빵	근육단백질, 달걀단백질
겔화	물 가둠, 네트워크 형성	고기, 겔, 케이크, 베이커리, 치즈	근육단백질, 달걀단백질, 우유단백질
탄성	소수 결합 및 이황화 결합	고기, 베이커리	근육단백질, 곡류단백질
유화성	표면 흡착 및 막 형성	소시지, 수프, 케이크, 드레싱	근육단백질, 달걀단백질, 우유단백질
결착성	소수성, 이온성, 수소결합	고기, 소시지, 파스타, 베이커리 제품	근육단백질, 달걀단백질, 유청단백질
기포성	표면 흡착 및 막 형성	거품토핑, 아이스크림, 케이크, 디저트	달걀단백질, 우유단백질
지방 및 향미 결합	소수성 결합, 흡착	저지방 베이커리, 도넛	달걀단백질, 우유단백질, 곡류단백질

자료 : Kinsella, J. E. et al. In *New Protein Foods : Seed Storage Proteins* (Altshul, A. M. and H. I., Wilcke, Eds.), Academic Press, London, pp. 107–179, 1985.

으며 아스파르산, 글루탐산, 라이신과 같이 이온성 곁사슬은 4~7분자의 물과 결합할 수 있는 것으로 알려져 있다.

용액의 pH, 이온 강도, 염의 종류 및 농도, 온도도 단백질의 수화력에 영향을 준다. 단백질이 등전점에 가까울수록 전하가 감소되어 단백질-단백질 상호 작용이 증가하고 물에 대한 친화력이 감소되며 등전점에서 수화력이 최소화되어 침전된다.

2) 용해도

단백질의 용해도는 단백질과 단백질의 상호작용, 단백질과 용매(protein-solvent)의 상호작용에 의존하며, 주요 상호작용은 소수성 및 이온성이다. 소수성 상호작용(hydrophobic interaction)은 단백질과 단백질의 상호작용을 촉진시켜 용해도를 감소시키지만, 이온성 상호작용(ionic interaction)은 단백질과 물과의 상호작용을 촉진시켜 용해도를 증가시킨다.

일반적으로 아미노산 잔기의 소수성이 낮고 전하가 클수록 단백질의 용해도가 커진다. 소수성 잔기는 대부분 단백질의 내부에 위치해 있기 때문에 표면에 친수성 수가 많을수록 용해도가 커진다.

단백질의 용해도는 또한 pH, 이온 강도, 온도 및 유기 용매의 존재와 같은 용액의 조건에 따라 달라진다. 저농도의 염 용액은 단백질의 용해도를 증가시키는데, 이런 현상을 염용(salting in)이라 한다. 이는 단백질의 전하를 띤 그룹이 물보다 염류용액의 음이온이나 양이온들과 더 강하게 결합하기 때문에 발생한다. 염용은 식품가공에 있어 중요한 역할을 하며 햄 내부에 소금물을 투입하였을 때 단백질의 용해도를 증가시켜 물 흡수도가 증가되어 햄이 건조하지 않고 촉촉하며 무게도 증가시킬 수 있는 장점이 있다.

반면, 고농도의 염 용액에서는 단백질이 침전하는 현상이 나타나는데 이를 염석이라고 한다. 이는 염이 단백질과 경쟁을 하여 충분한 물이 단백질에 결합될 수 없기 때문이다. 식품의 동결저장 중 물이 얼음결정으로 되면서 염류의 농도가 급격히 늘어나면서 식품의 질이 급격히 감소하게 되는 요인으로 작용한다.

3) 유화성과 기포성

단백질의 유화성과 기포성은 표면에서의 흡착과 표면에 형성된 단백질 막의 구조와 관련되어 있다. 소시지, 거품 토핑과 커피 화이트너(whitener)의 생산에 있어서 중요하다.

단백질은 유화와 거품을 안정시킬 수 있는 표면활성제로 작용하는데 이런 기능은 단백질이 소수성과 친수성을 함께 지닌 특성에 기인된다. 단백질의 종류에 따라 유화제 기능에 차이가 있고, 소수성 및 친수성 그룹들의 분포나 사슬들이 접혀져 있는 상태에 따라서도 영향을 받는다. 효과적인 유화제가 되기 위해서는 단백질이 유연한 폴리펩타이드 사슬들을 지니고 있어서 쉽게 접힘이 풀어져 표면에 배열될 수 있어야 한다.

4) 향미 결합

단백질 자체는 냄새가 없으나 향미 화합물과 결합 할 수 있어 식품의 관능적 특성에 영향을 미친다. 불포화 지방산의 산화에 의해 생성되는 알데히드, 케톤 및 알콜과 같은 카르보닐 화합물은 단백질과 결합하여 특징적인 이취를 낸다.

반면 단백질의 향미결합 특성은 가공 식품에서 향미전달체 또는 향미개선제로 사용될 수 있기 때문에 바람직한 측면도 가지고 있다. 이것은 식물성 단백질을 포함한 인조육의 경우 육류 같은 향미를 성공적으로 부여하여 소비자들이 수용할 수 있는 제품을 만드는데 유용하다.

5) 겔 형성 능력

겔은 다량의 물을 가두고 있는 단백질 네트워크로 단백질 사이의 상호작용에 의해 일어난다. 산, 효소, 열에 의한 응고로 단백질 겔이 형성될 수 있으며 요거트, 두부, 육류와 어류 겔이 대표적인 겔 식품들이다.

대부분의 겔들은 비가역적이지만 일부 겔 형성은 가역적이다. 젤라틴 용액의 sol-gel의 변화는 가역적이며 열에 의해 일어난다. 젤라틴 용액은 가열한 다음 식히면 겔이 되며 다시 열을 가하면 용액이 된다.

6) 텍스처화

단백질의 텍스처화는 구형단백질이 고기 같은 식감을 지닌 섬유 구조로 변형되는 것을 의미한다. 텍스처화에 선호되는 단백질원은 식물성 단백질로 스펀 섬유화(spun-fiber)와 압출(extrusion)과 같은 두 가지 공정에 의해 섬유 조직으로 변형된다.

7) 반죽의 형성

밀은 글루텐 단백질을 함유하여 밀가루와 물을 약 3:1 비율로 반죽하면 발효 중에 가스를 포획할 수 있는 점탄성 반죽이 형성된다.

글루텐 단백질은 글리아딘과 글루테닌으로 구성되어 있고, 아미노산으로는 글루타민과 프롤린이 40% 이상을 차지하는 독특한 조성을 가지고 있으며 약 30%는 소수성 아미노산이다. 높은 글루타민 및 하이드록실 아미노산(~10%)은 글루텐의 물결합력과 관계가 있고 글루텐 폴리펩타이드의 글루타민과 하이드록실기 사이의 수소결합이 응집성과 부착성 특성에 기여한다. 글루텐에 포함된 시스테인은 반죽의 형성에서 SH/S–S (sulfhydryl–disulfide) 상호 교환 반응에 관여하여 글루텐 단백질의 중합에 기여한다.

6. 가공 중에 기인된 단백질의 물리적, 화학적, 영양적 변화

식품의 가공 및 저장 중에 단백질과 관련된 수많은 화학적 변화가 발생할 수 있다. 이들 중 일부는 바람직한 변화일 수 있으나 바람직하지 않은 변화일 수도 있다. 그런 화학적 변화는 장내 효소에 의해 분해될 수 없는 화합물로 되게 하거나, 특정 아미노산이 이용될 수 없도록 펩타이드 곁사슬을 변형시키기도 한다. 물의 존재 하에서 온건한(mild) 열처리는 경우에 따라 단백질의 영양가를 크게 향상시킬 수 있다. 반면 물이 거의 없는 상태에서 과도한 열처리를 하게 되면 단백질 품질이 저하될 수 있다. 어류 단백질에서 트립토판, 아르지닌, 메티오닌 및 라이신이 손상 될 수 있다. 열처리 중 분해, 세린 및 트레오닌의 탈수, 시스테인으로부터의 황의 손실, 시스테인 및 메티오닌의 산화, 글루탐산 및 아스파트산 및 트레오닌의 고리화를 포함하는 다수의 화학 반응이 일어날 수 있다.

1) 가열 처리에 의한 효과

대부분의 식품단백질은 온건한 열처리인 60~90℃에서 1시간 이하로 가공하게 되면 변성된다. 단백질의 과도한 변성은 단백질을 불용화시켜 용해도와 관련된 기능성을 저하시킨다. 그러나 온건한 열처리에 의한 단백질의 부분적인 변성은 영양적인 측면에서 소화율(digestibility)과 필수 아미노산의 생물학적 이용성(biological availability)을 증진시킨다. 또한 온건한 열처리는 식품내의 단백질분해효소, 라이페이스, 리폭시제네이스, 아밀레이스, 폴리페놀산화효소와 같은 효소들을 불활성화시켜 저장 중 발생하는 이취, 산패, 조직감 및 색도에서의 변화를 억제할 수 있다.

　두류에 함유되어 있는 트립신 또는 키모트립신 저해제와 같은 항영양(antinutritional) 인자들도 온건한 열처리에 의해 불활성화되어 단백질의 소화율과 생물학적 이용률을 증가시킬 수 있다.

2) 아미노산의 화학적 변화

고온에서 단백질을 처리하면 여러 화학적 변화를 받게 된다. 브로일링(broiling), 베이킹(baking), 그릴링(grilling)과 같은 가공 과정 중 식품의 표면이 200℃ 이상으로 가열될 때 아미노산 잔기들이 열 분해되어 발암(carcinogenic) 또는 돌연변이유발(mutagenic) 물질들을 생성하게 된다. 육류나 어류를 190~200℃에서 가열하면 IQ(imidazo quinolines)라고 불리는 돌연변이유발 물질이 생성된다.

알칼리 pH에서 단백질을 가열하면 가교 결합이 생성되어 결합에 관여한 필수 아미노산들은 소화율과 생물학적 이용율이 저하된다. 라이신알라닌(lysinoalanine)은 가교결합된 주물질인데 이는 라이신 잔기가 쉽게 결합에 참여하여 형성되어 소장에서 흡수되지만 가교결합이 분해되지 못하여 대부분이 이용되지 못하고 요로 방출된다.

라이신알라닌의 형성은 pH와 온도에 따라 다르며, 우유는 고온 열처리하면 중성 pH에서도 라이신알라닌이 상당량 생성된다.

3) 산화제의 효과

과산화수소(hydrogen peroxide)나 하이포염소산소듐(sodium hypochlorite)과 같은 산화제들과 식품가공 중에 발생된 자유라디칼(free radicals)과 같은 산화 성분들은 아미노산 잔기들을 산화시키고 단백질을 중합시킨다. 메티오닌, 시스테인, 트립토판, 히스티딘은 산화에 민감한 아미노산들이다.

4) 카보닐-아민 반응

단백질에서 여러 가공에 의해 유도된 화학적 반응에서 대표적인 비효소적 갈변반응으로 알려진 메일라드반응(Maillard reaction)이 가장 관능적, 영양적 특성에 영향이 크

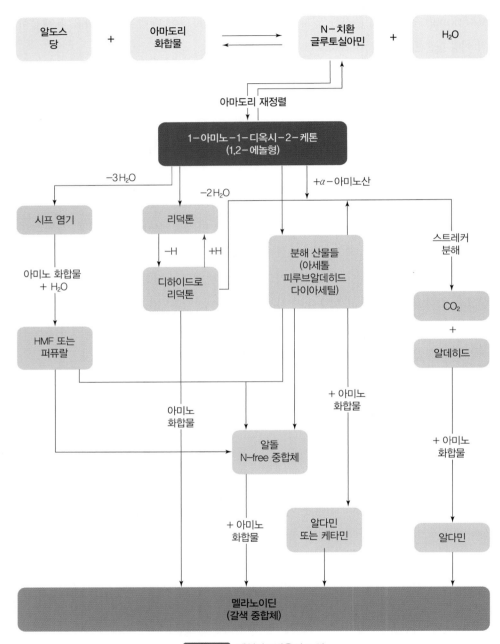

그림 4-13 메일라드반응의 도식

자료 : Hodge, 1953.

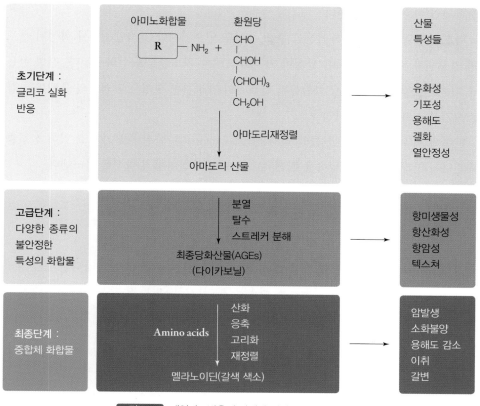

초기단계 : 글리코 실화 반응

아미노화합물　환원당

R — NH₂ +

CHO
$|$
$CHOH$
$|$
$(CHOH)_3$
$|$
CH_2OH

아마도리재정렬

아마도리 산물

산물 특성들

유화성
기포성
용해도
겔화
열안정성

고급단계 : 다양한 종류의 불안정한 특성의 화합물

분열
탈수
스트레커 분해

최종당화산물(AGEs)
(다이카보닐)

항미생물성
항산화성
항암성
텍스쳐

최종단계 : 중합체 화합물

Amino acids

산화
응축
고리화
재정렬

멜라노이딘(갈색 색소)

암발생
소화불량
용해도 감소
이취
갈변

그림 4-14 메일라드반응의 단계와 생성 부산물들의 특성

자료 : Oliveira FC et al., Critical Reviews in Food Science and Nutrition, 56:1100–1125, 2016.

다. 메일라드반응은 아민들과 카보닐 화합물들 사이의 반응을 시작으로 일련의 복잡한 반응을 거쳐 고온에서 분해되고 멜라노이딘(melanoidin)이라고 부르는 불용성의 갈색 물질을 생성한다 그림 4-13 , 그림 4-14 . 생성산물 중 일부는 산화방지활성을 가지며 일부는 독성이 있을 수도 있지만 식품의 경우에 유해한 정도의 농도로 생성되지는 않는다. 메일라드반응은 단백질의 영양가를 저하시킨다.

단백질에서 일차아민의 주요원이 라이신으로 곁사슬에 위치해 있는 아미노 그룹이 카보닐-아민 반응에 자주 관여하기 때문에 생체이용률(bioavailability)이 저하된다. 라이신의 손실 정도는 갈색반응의 단계에 따라 다르다. 메일라드반응의 초기 단계인 시프염기(Schiff's base) 형성 단계에서는 생물학적으로 이용가능 하지만 아마도리화합물(Amadori compound)이 형성된 단계에서는 이 물질들이 장에서 잘 흡수되지 않아 생물학적인 이용성을 상실한다.

　비효소적 갈변 반응은 라이신의 주요 손실도 일으키지만 갈색반응에서 형성된 불포화 카보닐과 자유라디칼들은 활성이 커 다른 필수아미노산들을 산화시킨다. 갈변 반응 중 다이카보닐(dicarbonyl) 화합물과 단백질의 가교결합 형성은 단백질의 용해도를 감소시키고 소화율을 저하시킨다.

　반면에 메일라드반응의 산물인 리덕톤(reductones)은 환원력을 가지고 있어 산화를 촉진하는 구리나 철 같은 금속을 킬레이트할 수 있어 산화방지 활성을 나타낸다.

5) 지질산화 생성물과의 반응

불포화지질의 산화에 의하여 알콕시(alkoxy)와 과산화(peroxy) 자유라디칼이 생성되는데 이런 자유라디칼들이 단백질과 반응을 하여 지질-단백질 자유라디칼을 생성한다. 이런 지질-단백질로 접합(conjugated)된 자유라디칼들은 여러 종류의 가교결합 산물을 생성한다.

　또한 지질의 자유라디칼은 시스테인이나 히스티딘 곁사슬에서 단백질 자유라디칼을 형성하여 가교결합과 중합반응을 거칠 수 있다. 단백질과 지질 산화물과의 반응은 단백질의 영양가를 감소시키고 카보닐화합물과 단백질의 비공유결합은 이취를 발생시킨다.

CHAPTER 05

식품효소

식품효소

효소는 단백질로 구성되어 있는 물질로 생체내의 반응을 촉진한다. 많은 식품에서 효소는 소량 존재하는 구성성분이지만 식품에서 중요한 역할을 하고 있다. 효소는 특이 단백질로 생체 시스템에서 특정 화학반응을 촉진하는 특별한 기능을 지니고 있으며, 촉매로 반응하는 동안 변화하기도 하고 반응 후에 그대로 유지되는 경우도 있다. 효소는 고도로 선택적인 촉매(catalysts)여서 식품의 분해로부터 DNA 합성까지 반응의 속도(rate)와 특이성(specificity)에 따라 달리 작용한다. 하나의 효소는 기질이라고 불리는 하나의 화합물에 대해서만 촉매작용을 한다 그림 5-1. 사람의 소화기관에서 발견되는 아밀레이스(amylase)는 전분만을 분해하여 글루코스로 만들고 셀룰로스(cellulose)나 다른 탄수화물은 분해하지 못한다.

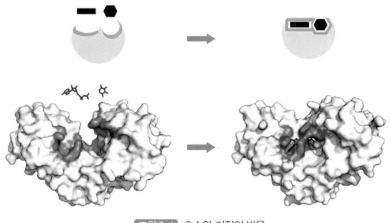

그림 5-1 효소와 기질의 반응

효소는 활성에너지(activation energy)를 낮춰 반응이 빨리 일어나도록 한다 그림 5-2. 전분과 물은 효소가 없이는 활성에너지가 너무 커 반응이 매우 느리지만, 아밀레이스가 존재할 때는 에너지장벽(energy barrier)이 낮아져 분해반응이 매우 빨리 일어난다.

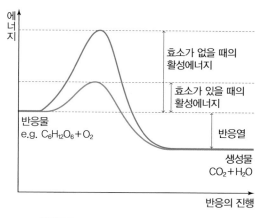

에
너
지

반응물
e.g. $C_6H_{12}O_6 + O_2$

효소가 없을 때의
활성에너지

효소가 있을 때의
활성에너지

반응열

생성물
$CO_2 + H_2O$

반응의 진행

그림 5-2 효소의 활성에너지에 대한 영향

    식품에 존재하는 효소들은 식품의 성분들을 변화시키는데, 그 변화가 때로는 바람직한 경우도 있지만 대부분 바람직하지 못하여 효소를 불활성화시키는 것이 필요하다. 효소를 불활성화시키기 위해 채소를 데치는 것도 효소의 작용을 막아 바람직하지 않은 변화를 방지하기 위한 조치이다.

1. 효소의 특성과 기능

효소의 촉매작용은 매우 특이적이어서 특정 기질에만 선택적으로 작용한다. 일부 효소는 단백질로만 구성이 되어 있으나 대부분의 효소는 탄수화물, 지질, 금속, 인산 등과 같은 비단백질 부분을 포함하고 있다. 이런 단백질과 비단백질 부분을 포함한 것을 완전효소(holoenzyme)라 부르고, 단백질 부분만은 아포효소(apoenzyme), 비단백질 부분은 보조인자(cofactor) 또는 보조효소(coenzyme)라고 한다 그림 5-3. 아포효소만으로는 활성을 나타내지 못하고 완전효소가 되어야 활성을 나타낸다. 효소와 반응하는 화합물을 기질(substrate)이라고 하는데, 기질은 완전효소와 반응한다. 효소의 특이적 반응은 효소의 활성 부위의 형태와 크기, 그리고 기질이 중요하게 작용한다.

아포효소   보조인자   완전효소

그림 5-3 아포효소와 완전효소

2. 효소의 명명과 분류

효소들은 생화학국제연합의 효소위원회(Commission on Enzymes of the International Union of Biochemistry)에 의해 분류되고 있다. 효소 분류의 기초는 촉매되는 반응의 형태에 따라 가수분해효소(hydrolase), 산화환원효소(oxidoreductase), 이성질화효소(isomerase), 전달효소(transferase), 리에이스(lyase), 합성효소(synthetase)의 여섯 가지로 분류되며, 이름은 기질의 이름과 함께 개별효소들로 명명된다. 각각의 효소들은 체계명(systematic name), 관용명(trivial name), 효소번호(a number of the Enzyme Commission (EC))의 세 가지 방법으로 명명된다. 즉 알파아밀레이스(α-amylase)는 관용명이고 체계명은 α-1,4-glucan-4-glucanohydrolase이며 효소번호는 EC 3.2.1.1.이다.

3. 효소활성에 영향을 주는 요인

효소로 촉매화된 반응 속도는 활성화된 효소의 농도에 비례하고 기질, 저해제, 보조인자 농도, 온도, pH 등에 영향을 받는다.

1) 효소의 농도

효소반응 속도와 효소농도와의 관계는 그림 5-4 와 같다.

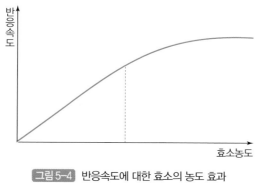

그림5-4 반응속도에 대한 효소의 농도 효과

과량의 기질이 있는 효소 반응 초기 상태에서는 효소의 농도 증가에 따라 반응속도가 비례적으로 증가하여 효소량이 배가 되면 반응속도도 배가 된다고 할 수 있다. 효소농도가 높은 상태에서는 기질의 양이 제한 인자가 되어 그래프가 더 이상 선형관계를 유지하지 못하고 편평하게 되는 상태로 효소의 증가로 반응속도가 더 이상 영향을 받지 않게 된다.

2) 기질의 농도

표준 조건하에서 일정한 효소의 양이 있는 경우 초기 반응 속도(V_0)는 초기 기질의 농도 (S)에 따라 변한다. **그림5-5**는 효소농도가 일정할 때 기질의 변화가 반응속도에 주는 영향을 나타낸다.

이용 가능한 효소에 비해 기질의 농도가 작을 때에는 모든 효소 분자들이 기질과 반응을 하지 못하기 때문에 반응 초기속도는 기질과 거의 선형관계이다. 따라서 기질의 농도가 낮은 반응 속도에서 제한 인자가 된다. 기질의 농도가 클 경우에는 기질의 농도 증가에 따른 반응 초기속도의 증가가 크지 않고 기질의 농도에 거의 영향을 받지 않게 된다. **그림5-5**에서 이런 플래토(plateau) 지점을 최대 속도점(V_{max})이라 부른다.

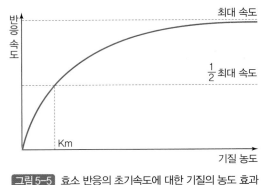

그림 5-5 효소 반응의 초기속도에 대한 기질의 농도 효과

3) 온도

온도의 변화는 효소 반응 속도에 영향을 준다. 효소 촉매 반응은 식품을 냉장 보관할 때 느리게 일어나고 0~4℃에서는 거의 정지된다. 대부분의 효소 촉매 반응은 온도가 10℃ 감소함에 따라 1.4~2배 감소한다. 효소 반응에 대한 온도의 효과는 **그림 5-6**과 같이 일반적으로 2단계로 볼 수 있다. 첫 번째 단계는 반응 속도가 온도 증가에 따라 최대까지 이르는 것으로 최대 활성을 나타내는 온도를 '최적온도'라고 하고, 두 번째 단계에서는 그 이상의 온도에서 효소가 변성되어 효소 활성이 감소하는 것이다.

열에 대한 효소의 안정성은 식품 가공에서 매우 중요한 정보이다. 효소마다 열에 대한 안정도 시험은 식품에서 바람직하지 못한 효소들을 불활성화시키기 위해 요구되는

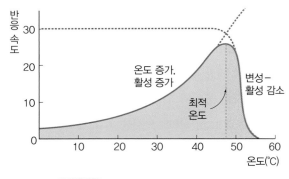

그림 5-6 효소 반응에 대한 온도의 효과

온도와 시간을 결정한다. 대부분 효소의 최대 활성 온도는 30~45℃로 50℃ 이상에서 불활성화되므로 식품 가공에서 열처리를 한다. 일부 효소들은 열에 의해 변성된 후에도 냉각하면 다시 재생되는 경우가 있는데, 그 예로 채소에 있는 과산화효소(peroxidase)는 채소를 데칠 때 불활성화되지만 냉동 저장 중 일부가 재생될 수 있다.

4) pH

효소의 활성은 pH 변화에 따라 변화되는데 일반적으로 종 모양을 나타내며 최대 활성을 갖는 pH를 '최적 pH'라고 한다 그림5-7. 각 효소들이 pH의 작은 범위에서 최적 활성을 갖기 때문에 식품 매체의 pH는 효소의 활성에 크게 영향을 미친다. 식품의 pH가 최적 pH에서 1 또는 2 정도 변화되는 경우 효소 반응 속도는 최적 pH보다 각각 0.5 또는 0.1 까지 감소된다. 효소의 가장 큰 반응 속도는 최적 pH에서 얻어지며, 대부분 효소의 최적 pH는 4.5~8.0 범위에 있으며 베타아밀레이스(β-amylase)는 4.8, 인버테이스(invertase)는 5.0, 그리고 펙틴메틸에스터레이스(pectin methylesterase)는 6.5~8.0이다. 표5-1은 몇 가지 식품효소의 최적 pH를 나타낸 것이다. pH가 높거나 낮은 상태에서 효소가 변성되면 불활성화를 초래한다. 따라서 특정 pH에서 효소의 최대 활성을 갖게 하면서 일정한 pH에서 효소의 최대 안정도가 유지되도록 pH는 조절이 되어야 한다.

식품산업에서는 pH가 효소활성을 억제하거나 최대의 활성을 이루기 위해 조절된다. 과일과 채소 제품에서 시트르산이나 인산을 첨가하여 pH를 낮춘다.

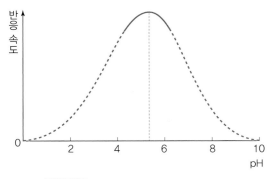

그림5-7 효소반응 속도에 대한 pH의 효과

표5-1 식품 효소의 최적 pH

효소	기질	최적 pH	급원
인버테이스	수크로스	4.5	토마토
베타아밀레이스	전분	5.2	엿기름
말토스 가수분해효소	말토스	6.6	미생물
펩신	단백질	2	위
파파인	단백질	7-8	파파야
키모트립신	단백질	7.8	췌장
라이페이스	올리브유	5-8	미생물
리폭시제네이스 I	리놀레산	9.0	콩
리폭시제네이스 II	리놀레산	6.5	콩

5) 억제제의 효과

식품에는 효소반응을 저해하는 억제제(inhibitor)가 들어 있어 효소의 활성자리(active site)를 막거나 변형시켜 촉매 활성을 감소시키거나 정지시킨다. 활성자리를 차지하여 기질 분자들이 효소에 결합하는 것을 막는 저해제들은 기질들과 활성 부위에 대해 경쟁하기 때문에 경쟁적 억제제라 부른다. 경쟁적 저해제들은 종종 기질들과 비슷한 화합물들로 효소와 결합할 수 있다. 효소분자의 다른 자리에 부착되는 저해제들은 주로 형태를 변형시키는데 이들은 비경쟁적 억제제라 한다.

6) 수분활성

물은 분산 매개체이며 용매를 희석하거나 농도를 조절하여 단백질을 안정화시키고 소성(plasticity)을 갖게 하며 반응 속도에 영향을 준다. 효소마다 최소의 수분활성도가 다르고 단분자층보다 수분활성도가 낮으면 효소의 소성이 제한되어 단백질이 펼쳐지는 경향이 감소되어 반응성이 제한되지만 열안정성은 향상된다. 효소의 활성에 필요한 최소의 수분활성도는 여러 산화환원효소들의 경우 0.25~0.70이며 여러 가수분해효소들은 0.025~0.96이다 표5-2.

표 5-2 여러 효소들의 활성을 위한 수분활성도

효소	기질	최소 수분활성도
아밀레이스	전분	0.40–0.76
단백질 가수분해효소	밀가루	0.96
라이페이스	기름, 트라이뷰틸린	0.025
리폭시제네이스	리놀레산	0.50–0.70
페놀산화효소	카테콜	0.25

7) 금속이온

효소에 따라 활성화에 보조인자로 금속이온이 필요하거나 필요치 않다. 금속이온들이 효소를 활성화시키는 기전은 다양하여 효소의 활성자리의 구성요소가 되거나 효소의 반응 평형상수를 변화시킨다. 또한 효소와 기질 사이에 결합을 형성하거나 효소단백질의 표면전하를 변화시키거나 반응억제요인을 제거하기도 한다. 금속이온 중 Na^+, K^+, Mg^{2+}, Ca^{2+}, Cu^{2+}, Fe^{2+} 등과 같은 양이온은 효소를 활성화시키지만, 수은(Hg), 납(Pb), 은(Ag) 등과 같은 중금속은 효소를 불활성화시킨다.

4. 식품에서 효소들의 사용

식품가공에서 효소의 역할은 중요하며 대표적인 효소들은 표 5-3과 같다.

1) 탄수화물 변환효소

(1) 아밀레이스

아밀레이스(amylase)는 글리코사이드(glycoside) 분해 효소군에서 가장 중요한 효소이다. 전분 분해효소는 사슬 사이의 1-6 결합을 분해하는 분지사슬분해효소와 직선상의

표 5-3 식품가공에 활용되는 효소들

효소	주요 작용 및 적용
글루코스산화효소	산소 또는 글루코스를 제거하여 산화 또는 갈변반응 방지
락토스 가수분해효소	락토스의 가수분해
말토스 가수분해효소	말토스의 가수분해
셀룰라제	셀룰로스의 가수분해
아밀레이스	전분의 가수분해
인버테이스	수크로스의 가수분해
라이페이스	지방의 가수분해, 치즈 숙성에 이용
리폭시제네이스	지방산 산화로 비정상향미 생성 또는 표백에 관여
단백질 가수분해효소	단백질 및 펩티드 가수분해
펙티네이스	펙틴의 가수분해로 과일 주스의 청징에 이용
폴리페놀산화효소	폴리페놀의 산화로 채소 및 과일의 효소적 갈변에 관여
과산화효소	과산화물의 환원
아스코브산산화효소	비타민 C(아스코브산)의 산화

글루코스들이 연결된 1-4 결합을 분해하는 효소로 분류가 된다. 글루코아밀레이스 (glucoamylase)는 전자에 속하며 알파아밀레이스(α-amylase)와 베타아밀레이스(β-amylase)는 후자에 속한다.

전분의 유형에 따라 아밀레이스 효소 작용이 달라 찰옥수수전분이 감자전분보다 더 쉽게 분해되고, 일반적으로 호화 전분이 생전분보다 쉽게 분해된다. 손상된 전분 입자 들도 손상되지 않은 전분입자들에 비해 아밀레이스에 의해 더 쉽게 분해되기 때문에 증 가된 당 함량은 빵의 제조에 있어서 효모의 발효에 중요한 인자로 작용한다.

① **알파아밀레이스**(α-1,4-glucan-4-glucanohydrolase)

알파아밀레이스는 동식물에 널리 분포되어 있고, 칼슘은 보조인자로 효소의 안정성을 유지하는 역할을 한다. 알파아밀레이스는 사슬을 따라 알파-1,4-글루코사이드(α-1,4-glucosidic) 결합을 불규칙한 형태로 가수분해하는 엔도효소(endoenzyme)로 아밀로펙틴을 소당류로 분해한다. 이런 효소 작용으로 점도가 빠르게 감소되나 단당류 는 거의 생성되지 않는다. 아밀로스와 아밀로펙틴 혼합물은 α-아밀레이스에 의하여 덱스트린(dextrin), 말토스(maltose), 글루코스(glucose)의 혼합물로 분해된다. 아밀로스로부터 약간의 말토트라이오스(maltotriose)가 형성되지만 말토스로 완전히 분해된다. α-아밀레이스는 엿기름, 곰팡이, 세균에서 얻을 수 있는데 세균에서 얻은 α-아밀레이스가 엿기름으로부터 얻은 α-아밀레이스보다 내열성이 크다.

② 베타아밀레이스(β-1,4-glucan maltohydrolase)

엑소효소(exoenzyme)로 글루코스 사슬의 비환원 끝 부분에서부터 말토스 단위로 계속 분해한다. 이 반응은 α-아밀레이스에 의해 분해되지 못하는 분지점인 α-1,6-글루코사이드(α-1,6 glucosidic) 결합에서 정지되어 한계덱스트린(limit dextrin)이라는 산물을 생성한다. β-아밀레이스는 고등식물에 존재하며, 발아 보리, 밀, 고구마, 콩 등이 좋은 급원이다. β-아밀레이스는 베이킹, 양조 및 증류산업 분야에서 활용되는 중요한 효소로 전분을 발효 가능한 말토스로 전환시킨다. 효모는 말토스, 수크로스, 전화당, 글루코스를 발효할 수 있지만 덱스트린이나 소당류는 발효하지 못한다.

③ 글루코아밀레이스(α-1,4-glucan glucohydrolase)

기질 사슬의 비환원 끝부분으로부터 글루코스 단위로 분해하는 엑소효소이며 생성 산물이 글루코스로 α-, β-아밀레이스와 구별된다. 이 효소는 α-1,4 결합뿐만 아니라 분지점인 α-1,6 결합도 분해할 수 있어서 전분을 글루코스로 완전히 분해할 수 있다. 세균과 곰팡이에 존재하며 산업적으로 옥수수 시럽과 글루코스를 생산하는 데 사용되고 있다.

(2) 펙틴 분해효소

펙틴 분해효소는 고등식물과 미생물에 분포되어 있으며 펙틴 물질들을 분해할 수 있다. 이 효소는 과일 주스나 음료 제조에서 여과와 청징을 돕고 수율을 높이기 위해 사용되어 상업적으로 중요하다. 과일과 채소들에 있는 펙틴 분해효소들은 조직을 많이 연화시킬 수 있고, 토마토와 과일 주스에서는 펙틴 효소들에 의해 주스가 투명하게 분리되기도 한다.

펙틴 분해효소에는 펙틴에스터 가수분해효소(pectinesterase), 폴리갈락투로네이스(polygalacturonase), 펙테이트리에이스(pectate lyase)가 있다.

① 펙틴에스터 가수분해효소(pectin pectyl-hydrolase)

펙틴에서 메틸그룹을 제거하며 펙테이스(pectase), 펙틴메톡실레이스(pectin methoxylase), 펙틴메틸에스터 가수분해효소(pectin methylesterase)라고도 명명한다. 세균, 곰팡이와 고등식물에 분포하며 감귤류 과일과 토마토에 다량 함유되어 있다. 펙틴에스터 가수분해효소의 작용은 그림5-8 과 같다.

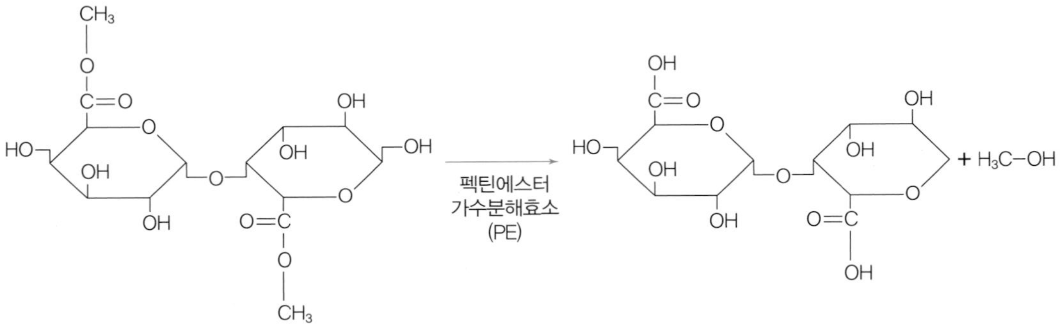

그림5-8 펙틴에스터 가수분해효소에 의한 반응

펙틴은 분산계에서 불용성 입자들이 부유할 수 있도록 하는 교질(colloids)로 흐림(cloudiness)은 상업적 제품에서 바람직한 외형을 제공하기 위해 필요하다. 토마토 주스와 퓨레 제조에서 토마토가 일단 부서지면 펙틴에스터 가수분해효소가 빠르게 작용하기 때문에 펙틴에스터 가수분해효소의 농도를 감소시키는 것이 매우 중요하다. 따라서 핫브레이크(hot-break) 방법을 사용하여 펙틴 효소들이 즉시 불활성화될 수 있는 고온에서 토마토를 마쇄한다.

② 폴리갈락투로네이스(poly-α-1,4-galacturonide glycano-hydrolase)

펙티네이스(pectinase)로 알려져 있으며 펙틴 물질에서 글리코사이드 결합을 분해한다 그림5-9 . 폴리갈락투로네이스는 분자내 α-1,4 결합에 작용할 수 있는 엔도효소와 사슬의 비환원 끝부분에서부터 갈락투론산 분자들을 차례로 분해하는 엑소효소로 나눌 수 있다. 또 다른 분류로는 기질에 따라 나누어 펙틴에만 작용하는 폴리메틸갈락투로네이스(polymethyl galacturonase, PMG)와 자유카복실 그룹이 있는 펙트산(pectic acids)에만 작용하는 폴리갈락투로네이스(polygalacturonase, PG)로 명명한다.

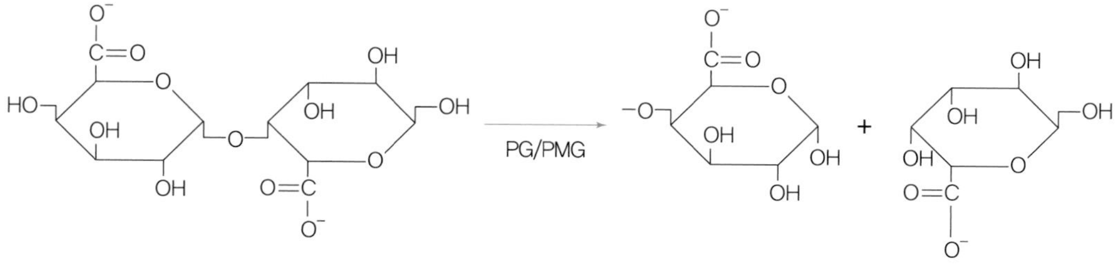

그림 5-9 폴리갈락투로네이스에 의한 반응

③ 펙테이트리에이스(pectic lyase, poly-α-1,4-D-galacturonide lyase)

트랜스엘리미네이스(trans-eliminase)로 알려져 있으며 글루쿠로나이드(glucuronide) 부분의 4번째와 5번째 위치에서 수소를 트랜스 위치에서 제거하여 글리코사이드 결합을 자르는 효소이다 그림 5-10. 엔도효소로 검정고지곰팡이(*Aspergillus niger*)에서 주로 얻고 최적 pH는 5.1~5.2이며 등전점은 3~4이다.

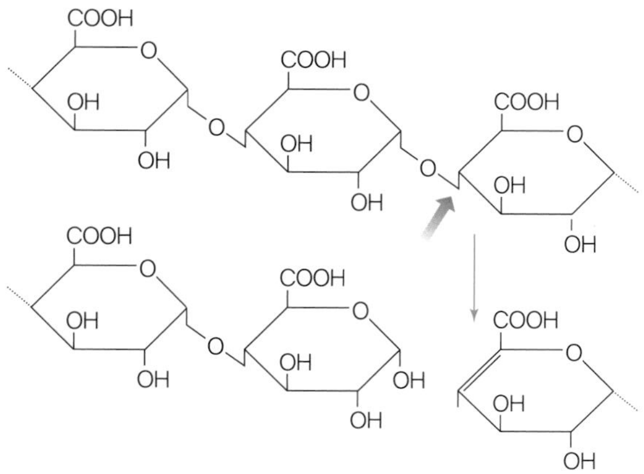

그림 5-10 펙테이트리에이스에 의한 반응

(3) 글루코스산화효소

글루코스산화효소(glucose oxidase)는 산소가 있을 때 글루코스(D-glucose)를 델타-디-글루코노락톤(δ-D- gluconolactone)과 과산화수소(hydrogen peroxide)로 산화한다 그림5-11 . 많은 곰팡이에 존재하고 베타-디-글루코피라노스(β-D-glucopyranose)에 대한 특이성이 크다.

식품가공에서 글루코스산화효소는 병조림 또는 통조림 식품에서 헤드스페이스(headspace)에 남아 있는 산소를 없애거나 글루코스를 제거하는데 사용된다. 감귤류음료가 빛에 의해 과산화수소가 형성되면 다른 성분들을 산화시켜 불쾌한 이취를 낼 수있는데, 글루코스산화효소와 카탈레이스(catalase)를 사용하여 산소를 제거하면 과산화수소 생성을 억제할 수 있다. 또한 건조식품에서 메일라드(Maillard) 유형의 갈변 반응을 방지하기 위해 달걀 분말제조에서 건조 전 글루코스를 제거하는데도 사용된다.

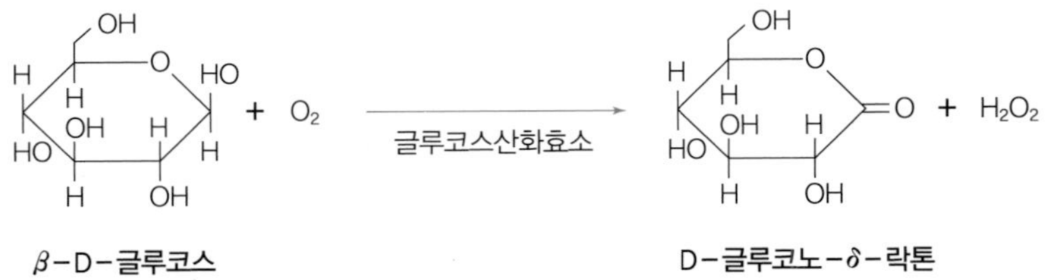

β-D-글루코스   D-글루코노-δ-락톤

그림 5-11 글루코스산화효소에 의한 반응

2) 단백질분해효소

많은 식품산업에서 단백질분해효소는 중요하며 단백질의 펩타이드(peptide) 결합을 분해한다 그림5-12 .

단백질분해효소에 의한 펩타이드 결합의 분해를 위한 특이성 요건은 그림5-12 에서

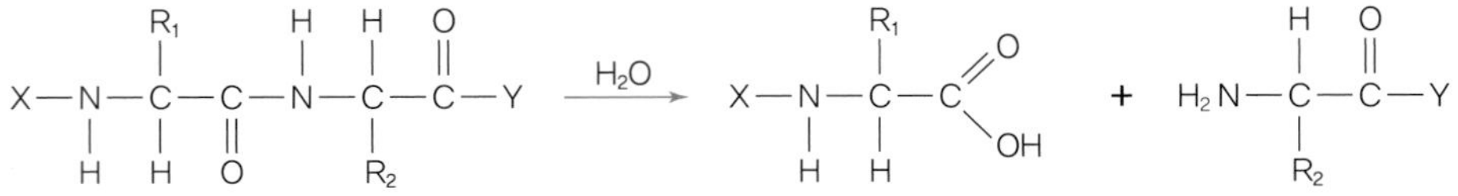

그림 5-12 단백질분해효소에 의한 반응

보여준 R_1과 R_2그룹들, 아미노산의 배열, 기질 분자의 크기, 그리고 X와 Y 그룹의 특성이 포함된다. 단백질분해효소의 주요 차이를 나타내는 인자는 R_1과 R_2그룹에 대한 특이성이다.

단백질분해효소는 크게 산성 단백질분해효소(acid protease), 세린 단백질분해효소(serine protease), 설프하이드릴 단백질분해효소(sulfhydryl protease), 금속 포함 단백질분해효소(metal-containing protease)로 분류한다.

(1) 산성 단백질분해효소

최적 pH가 낮은 단백질 분해효소 그룹으로 펩신(pepsin), 레닌(rennin), 그리고 다수의 미생물과 곰팡이 단백질 분해효소들이 포함된다.

① 레닌

레넷(rennet)에 포함된 순수 효소로 소의 위에서 추출된 것으로 치즈 제조에 응고제로 수만 년 동안 사용되어 왔다. 레닌(rennin)은 송아지의 네 번째 위에 존재하며 프로레닌(prorennin)이라는 불활성화 형태인 효소원(zymogen)으로 분비된다. 프로레닌이 레닌으로 바뀌는 것은 산의 첨가에 의해 빨라질 수 있으며 펩신에 의해서도 촉진될 수 있다. 레닌의 최적 pH는 3.5이나 pH 5에서도 안정하여 치즈 제조 시에 응고는 pH 5.5~6.5에서 이루어진다.

레닌에 의한 우유 응고는 첫번째 효소적 단계에서 카파카세인(κ-casein)에 작용하여 더 이상 카세인마이셀(casein micelle) 구조를 안정화시키지 못하게 되고, 두 번째 비효소적 단계에서 변형된 카세인마이셀이 칼슘에 의해 응고된다. 효소적 단계에서 카파카세인은 불용성의 파라카파카세인(para-κ-casein)과 수용성의 거대펩타이드(macropeptide)를 생성한다.

② 펩신

펩신은 장 점막에서 펩시노젠(pepsinogen) 형태로 분비되며 위의 높은 산도에 의해 자동적으로 펩신으로 변환된다. 이런 변환은 펩시노젠의 엔말단(N-terminal) 끝에서 여러 펩타이드 부분들이 잘리면서 일어난다. 펩신의 최적 pH는 2이고 pH 2~5에서 안정하며, 높은 pH에서는 빠르게 변성되어 활성을 상실한다. 펩신의 일차적인 특이성은 R_2 그룹으로 티록실. 페닐알라닐, 또는 트립토파닐 그룹들을 선호한다.

레닌에 키모신(chymosin)이 포함되고 있으며, 펩신과 키모신이 비슷한 구조를 지녀 치즈 제조에서 펩신도 사용되고 있다.

(2) 세린 단백질분해효소

이 그룹에는 키모트립신(chymotrypsin), 트립신(trypsin), 엘라스틴 가수분해효소(elastase), 트롬빈(thrombin), 수브틸린(subtilin)이 포함된다. 이 그룹의 이름은 활성 자리에 세릴(seryl)잔기가 관여하기 때문이며, 모두 엔도펩티데이스들이다. 키모트립신, 트립신, 엘라스틴 가수분해효소는 소장에서 기능을 하는 췌장 분비 효소들이며 불활성화 형태인 효소원으로 분비가 된다.

(3) 설프하이드릴 단백질분해효소

활성을 위해 설프하이드릴 그룹(−SH)이 필수적이며 식물에서 대부분 얻고 식품산업에 널리 사용되고 있다. 가장 중요한 효소들로는 파파인(papain), 피신(ficin), 브로멜라인(bromelain)이다. 파파인은 파파야 나무(Carica papaya)의 과일, 잎, 줄기에 함유되어 있으며, 완전히 성장했지만 숙성되지 않은 파파야 과일에서 효소를 추출하여 상업적으로 제조한다. 브로멜라인은 파인애플(Ananas comosus)의 과일이나 줄기에서 얻어지고 줄기를 압착하여 아세톤으로 주스를 침전시켜 효소를 생산한다.

최적 pH는 6~7.5로 상당히 넓고 60~80℃의 온도에서 안정하다. 피신과 브로멜라인은 탄수화물을 함유하고 있으나 파파인은 탄수화물을 함유하고 있지 않다.

상업적으로 맥주의 저온 숙성에서 사용되는데 보리의 발아 후에 남은 상대적으로 큰 단백질 분획들을 작게 잘라 맥주를 맑은 용액으로 유지한다. 또한 육류의 연화에도 사용한다.

(4) 금속 포함 단백질분해효소

효소 활성을 위해 금속이 필요하고 금속 킬레이팅 화합물에 의해 활성이 억제된다. 엑소펩티데이스로 카복시펩티데이스(carboxypeptidase) A와 B가 포함되어 자유 알파카복실기(α-carboxyl group)를 갖는 펩타이드 사슬 끝에서 아미노산을 분해한다. 이 효소는 보조인자로 이가(+2) 금속이 필요하다.

3) 지질 변환효소

(1) 에스터 가수분해효소

여러 유형의 에스터(ester) 결합을 분해하여 산과 알코올을 생성하며 중성지방의 경우 분해되면 지방산과 글리세롤이 생성된다 그림 5-13. 여러 종류의 라이페이스(lipase)가 포함되며 예로 인지질(phospholipid)을 분해하는 포스포라이페이스(phospholipase)와 콜레스테롤에스터(cholesterol ester)를 분해하는 콜레스테롤 에스터 가수분해효소(cholesterol esterase)를 들 수 있다. 라이페이스는 유화에서 물과 지질의 경계면에서 작용하여 경계에 표면적이 커지면 라이페이스 활성도 증가된다. 따라서 균질화되지 않은 우유보다 균질화된 우유에서 라이페이스 활성이 더 크다.

라이페이스는 미생물, 식물, 동물에 의해 생성되며 유리지방산을 생성하여 산패를 유발하기 때문에 식품의 부패를 일으킨다. 우유에서 유지방의 분해로 인하여 유리지방산의 농도가 아주 낮아도 매우 불쾌한 이취가 나지만, 치즈에서 유지방의 분해는 바람직한 향미를 제공하기도 한다. 유리지방산 생성 정도는 체다 치즈(Cheddar cheese)보다

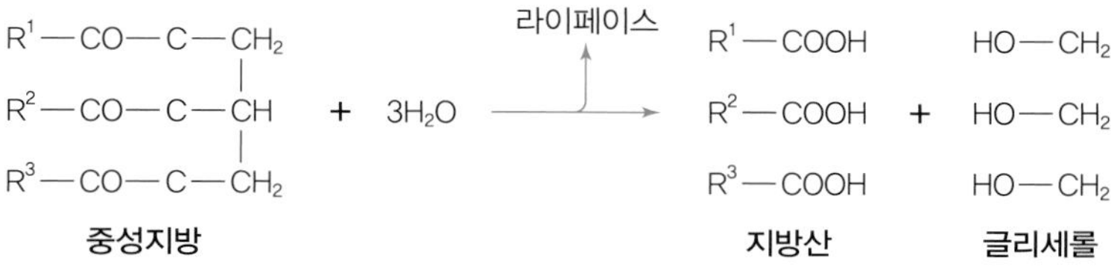

그림 5-13 중성지방에 대한 라이페이스의 일반 반응

블루 치즈(blue cheese)가 높다.

(2) 리폭시제네이스

리폭시데이스(lipoxidase)로 불리기도 하며 식물에 존재하고 불포화지방의 산화를 촉진한다. 리폭시제네이스의 주요 급원은 두류와 콩이며 땅콩, 밀, 감자와 무에도 소량 포함되어 있다. 리폭시제네이스는 활성 중심(active center)에 철 분자를 지닌 금속단백질이다. 식물에 두 유형의 리폭시제네이스가 있으며 유형 I은 라이페이스 작용에 의해 형성된 유리지방산에만 작용을 하고 유형 II는 중성지방에 직접 작용한다.

리폭시제네이스는 리놀레산(linoleic acid), 리놀렌산(linolenic acid), 아라키돈산(arachidonic acid)에 있는 cis−cis−1,4−pentadiene(−CH=CH−CH$_2$−CH=CH−)에 대한 반응 특이성이 크다 그림 5-14.

이 효소 반응의 특이성은 2개의 이중결합이 시스(cis)형이어야 하고 1,4−pentadiene 그룹의 중간 메틸렌 그룹이 지방산 사슬에서 오메가 8번(ω−8) 위치에 있으며 중간 메틸렌 그룹에서 수소가 제거되어 자유라디칼을 형성한다. 자유라디칼이 이성질화되고 이중결합이 중합(conjugate)되어 트랜스(trans)형으로 이성질화되면서 오메가6(ω−6) 하이드로과산화물(hydroperoxide)을 생성한다. 리폭시제네이스의 최적 pH는 리놀레산을 기질로 하였을 때 약 9이며 등전점은 5.4이다.

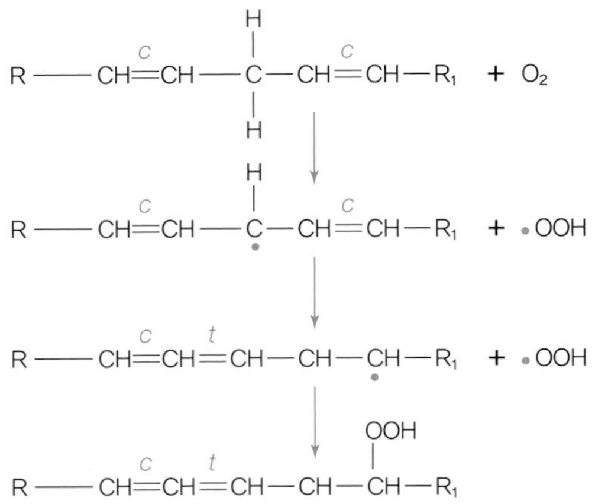

그림 5-14 리폭시제네이스에 의한 1,4−pentadiene 그룹의 산화 기작

식품에서 리폭시제네이스에 의한 대부분의 작용이 바람직하지 못하나, 밀가루에 콩가루를 첨가하면 잔토필 색소의 산화로 표백효과를 얻을 수 있다. 두유를 만들 때 생콩을 물과 함께 마쇄하면 강한 비린내로 불쾌한 냄새가 나는데 끓는 물에서 데치면 효소가 불활성화되어 비정상 향미가 제거될 수 있다.

4) 색 변화 관련 효소

(1) 페놀분해효소

이 효소는 효소적 갈변반응에 관여하며 폴리페놀산화효소(polyphenoloxidase)로 알려져 있다. 폴리페놀분해효소(polyphenolase), 페놀분해효소(phenolase), 타이로시네이스(tyrosinase) 또는 카테콜산화효소(catechol oxidase)라고 불리기도 한다. 모든 효소들은 페놀 화합물을 오쏘퀴논(o-quinone)으로 변환시킨다.

폴리페놀분해효소의 작용은 손상을 입었거나 부서진 식물 조직의 갈변을 일으켜 바람직하지 못한 경우도 있지만, 차와 커피 가공에서는 유용하다. 이 효소는 거의 모든 식물에 존재하며, 감자. 버섯, 사과, 복숭아, 바나나, 아보카도, 차 잎들과 커피빈에 함량이 높다.

폴리페놀산화효소들의 기질은 식물 조직에 있는 페놀 화합물로 주로 플라보노이드다. 손상된 식물 조직의 효소적 갈변을 막기 위하여 여러 접근 방법이 사용될 수 있는데, 산소 분자를 배제시키거나 오쏘퀴논의 축적을 방지할 수 있는 환원제를 첨가하고, 열처리를 사용하여 효소를 불활성화시키는 것이다.

가장 유용한 방법 중의 하나는 환원제로 아스코브산(L-ascorbic acid)을 사용하는 것으로 과일 주스와 퓨레를 상업적으로 생산하는데 사용하고, 아스코브산은 오쏘퀴논에 작용하여 오쏘다이페놀(o-diphenols)로 변환시킨다 그림 5-15 .

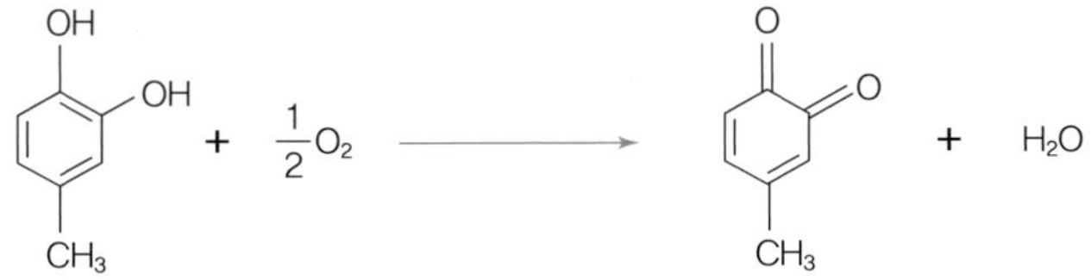

4−메틸카테콜   4−메틸 o−벤조퀴논

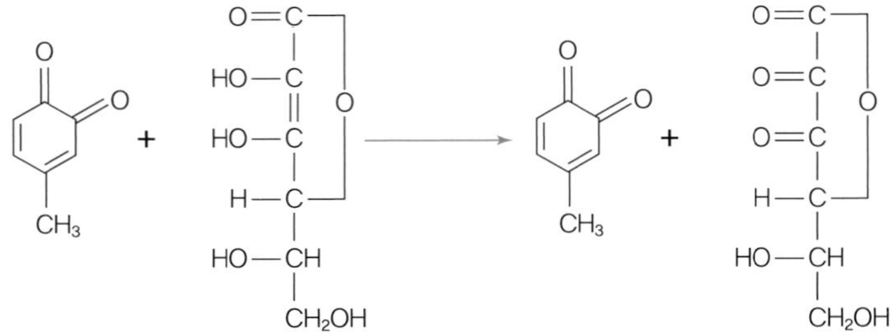

L−아스코브산   L−디하이드로아스코브산

그림 5-15 효소적 갈변을 방지하기 위한 아스코브산의 오쏘퀴논과의 반응

(2) 과산화효소

이 효소는 과산화수소가 수용체(acceptor)로, AH_2가 수소공여체(hydrogen donor)로 반응하는 데 촉매역할을 한다.

$$H_2O_2 + AH_2 \xrightarrow{\text{과산화효소}} 2H_2O + A$$

과산화효소(peroxidase)는 철을 포함하는 과산화효소와 플라보단백질(flavoprotein) 과산화효소 두 그룹으로 분류될 수 있다. 일반적인 식물(겨자무, 무화과, 순무)에 있는 과산화효소는 전자에 속하며 동물성 우유의 락토퍼옥시데이스(lactoperoxidase)는 후 자에 속한다. 식물세포에 과산화효소가 널리 분포되어 있어 에틸렌(ethylene) 생성에 관여하여 식물세포의 성장과 쇠퇴에 관여하고, 배의 석세포의 형성에도 관여한다. 과일 이나 채소가 제대로 데쳐졌는지 알 수 있는 하나의 지표로 과산화효소 시험이 사용되고 있다.

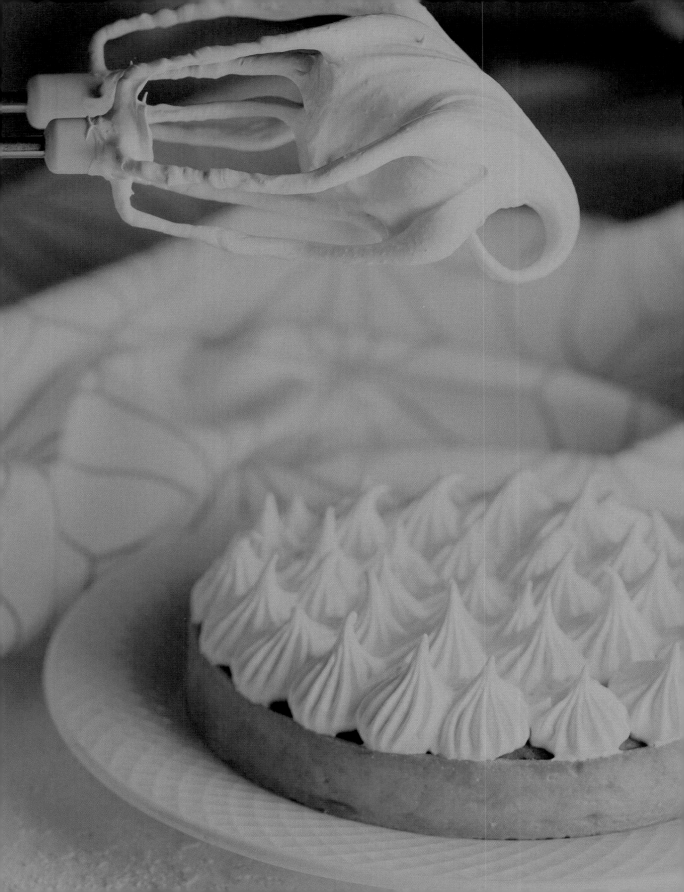

CHAPTER 06

식품의 분산계

CHAPTER 06

식품의 분산계

식품의 물리화학적 성질을 이해하거나 가공식품의 제조과정을 관리해야 할 때 식품의 분산계(dispersed system)에서 나타나는 여러 양상은 중요하다. 물, 음료와 식용유 같은 균질한 용액도 있지만 우리가 소비하는 식품 중 많은 식품이 분산계로 되어 있다. 예로 맥주는 용액과 거품 층, 우유는 콜로이드와 유화상태로 되어 있는 분산계이다. 이런 분산계는 고체, 액체, 기체의 서로 다른 상태의 물질로 이루어져 있다.

분산계란 고체입자들과 이들을 둘러싼 연속매질(continuous medium)로 구성된 시스템을 말한다. 입자는 분산상(disperse phase)이 되고 둘러싼 매질은 연속상(continuous phase)이 된다. 이런 분산된 시스템으로 이루어진 식품의 화학변화 속도, 향미, 외관, 조밀도 및 안정성 등에 영향을 준다.

1. 분산계란

1) 식품과 분산계

식품을 구성하는 성분은 고체, 액체 및 기체 상태의 물질로 들어 있는데 이들은 서로 혼합되어 구조를 형성하고 조직화한다. 자연식품인 식물성이나 동물성식품의 경우 물이라는 액체에 다양한 영양소가 고체입자로 또는 액체로 용해 또는 분산되어 있다. 식품분산계의 성질은 화학성분에 의한 것이 아니라 물리적 구조에 의존한다고 할 수 있다. 식품에서 나타나는 분산계와 식품의 예는 표6-1과 같다.

표6-1 분산계의 종류와 식품의 예

분산상	연속상	분산계	식품의 예
고체	기체	분말, 먼지	전분, 설탕, 밀가루 등
	액체	현탁액	물에 푼 전분, 코코아 차
		콜로이드액	우유, 두유, 전분호화액
액체	액체	유화액	마요네즈, 우유, 샐러드드레싱
	기체	에어로졸	안개/연무, 분무 코팅
기체	액체	거품	생크림, 아이스크림, 머랭, 휘핑크림
	고체	고체거품	마시멜로, 빵, 카스텔라

2) 분산계의 특성

분산계는 분산된 고체입자의 크기, 밀도, 표면적, 외부의 힘 및 형태가 이화학적 성질에
영향을 주며 분산계에서의 반응속도는 분산질과의 친밀도에 의해 달라진다. 일반적으
로 분산질 입자 크기는 분산계를 결정할 뿐만 아니라 성질을 이해하는데 중요하다. 분
산질 입자 크기가 10^{-7} m보다 크면 비중에 의해 쉽게 분리되는데 이때 연속매질이 물이
면 현탁액(suspension)이라고 한다. 입자의 크기가 10^{-7}–10^{-9} m이면 콜로이드 분산액
(colloidal dispersion)으로 존재하게 되어 분산계의 안정성이 증가된다. 입자 크기가
10^{-9} m보다 작으면 물에 용해되어 분산계 범위에 포함되지 않는 진용액(true solution)
이다.

식품에 함유된 성분이나 구조요소들의 크기는 표6-2와 같다.

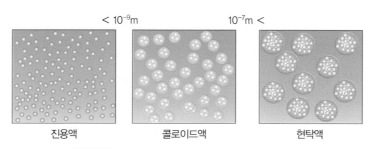

$< 10^{-9}$m 10^{-7}m $<$

진용액   콜로이드액   현탁액

그림6-1 분산된 고체입자 크기에 따른 용액과 분산액

식품의 구성성분과 미생물의 크기 비교

물질	구성성분	크기(m)
우유	카세인 마이셀	$10^{-8} - 10^{-6}$
	지방구	$10^{-7} - 10^{-5}$
식물	전분입자	$10^{-6} - 10^{-4}$
	아밀로스	$10^{-7} - 10^{-5}$
	펙틴	$10^{-7} - 10^{-6}$
	핵	10^{-5}
	세포	$10^{-5} - 10^{-3}$
미생물	바이러스	$10^{-8} - 10^{-6}$
	세균	10^{-6}
	이스트	$10^{-6} - 10^{-5}$
	곰팡이	$10^{-5} - 10^{-3}$
단백질	효소	$10^{-8.5}$
	면역 글로블린 M	$10^{-7.5}$
	마이오신	10^{-6}

2. 분산액

1) 분산액이란

식품에는 여러 종류의 분산액(dispersion)이 존재하는데 상태가 다른 두 물질이 혼합되어 있을 때를 말하며 대체적으로 액체에 고체입자가 혼합되어 있는 상태를 분산이라 한다. 분산액의 안정성은 고체입자 크기와 입자 배열의 변화에 따라 달라진다 그림 6-2 . 입자 간에 응집(coalescence)이 일어날 수 있고 입자 크기가 작아지면 용해되며 입자의 크기가 성장하는 것은 물질의 농도, 용해도, 확산에 의존하여 Ostwald ripening이 일어난다. 또한 분산질 입자 배열의 변화로 회합이나 콜로이드 형태로 풀림이 일어나거나 침강으로 부유되는 크리밍이나 가라앉는 침전이 나타난다.

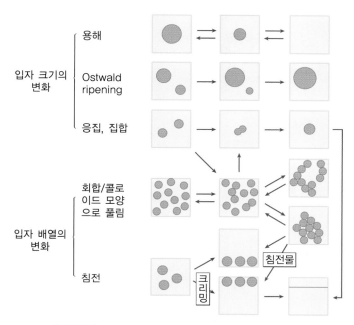

입자 크기의
변화
- 용해
- Ostwald ripening
- 응집, 집합

입자 배열의
변화
- 회합/콜로이드 모양으로 풀림
- 침전

침전물

크리밍

그림 6-2 분산액의 분산질 입자 크기와 배열에 따른 변화

2) 침전

(1) 침전이란

콜로이드 분산액은 다양한 특성을 보이는데, 분산매에 분산된 콜로이드 입자에 의한 빛의 산란 때문에 발생하는 틴들 현상과 분산매를 구성하는 분자들이 열운동에 의해 분산질 입자와 충돌하여 발생하는 콜로이드 입자의 불규칙한 브라운 운동으로 인해 콜로이드 분산액은 안정성이 유지된다. 하지만 안정화된 상태가 파괴되어 불안정해지면 침전이 일어난다.

콜로이드 분산액에 전해질을 넣으면 입자가 뭉쳐 가라앉는 침전이 일어난다. 친수성 콜로이드에 다량의 전해질을 가하면 침전물이 생기는 현상을 염석(salting out)이라고 하며 두유에 간수를 혼합하여 두부를 얻는 과정이 그 예이다. 소수성 콜로이드에 소량의 전해질을 가하면 침전물이 생기는 현상은 엉김(flocculation)이라고 한다. 그 예로 강물에 떠다니던 진흙이 바닷물을 만나 삼각주가 되는 현상이 속한다.

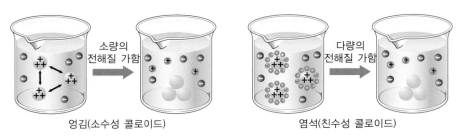

엉김(소수성 콜로이드)　　　　　　염석(친수성 콜로이드)

그림6-3 콜로이드 분산액의 침전의 예

온도가 증가하여 점도가 감소하면 침전 속도가 증가한다. 분산상과 연속상의 밀도의 차가 음의 값이면 입자가 위로 뜨는데 이를 크리밍(creaming)이라 하며, 아래로 침전되면 침전물(settling)이라 한다.

(2) 침전 속도

식품에서 일어나는 침전은 여러 요인에 의해 영향을 받는다.

① 식품에 함유된 분산질 입자는 모두 균질한 구형이 아니므로 침전 중에 마찰력에 의해 침전 속도가 감소한다.

② 분산액 온도가 급변하면 1 μm 이하의 작은 입자의 침전이 강하게 방해를 받는다.

③ 입자의 부피분율(volume fraction, φ)에 따라 침전이 방해를 받는데 φ=0.1일 때 침전 속도는 57%까지 감소된다.

④ 입자가 집합체(aggregation)를 형성하면 침전 속도는 증가한다.

3) 분산액의 안정화

콜로이드 분산액의 안정화 기술에는 정전기적 안정화와 입체 안정화를 들 수 있다.

(1) 정전기적 안정화

콜로이드 분산액을 구성하는 작은 입자의 응집을 방지하는 안정화 기술이다. 즉 입자

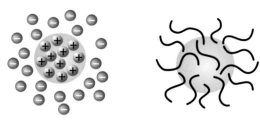

그림 6-4 콜로이드 분산액의 정전기적 및 입체적 안정화 기전

표면에 전기 이중층(electric double layer)을 형성하여 정전기적 반발력(electrostatic repulsive force)에 의해 입자간 반발력을 유도하는 정전기적 안정화(electric stabilization) 방식이다. 분산액에 전해질을 첨가하거나 입자 표면에 음이나 양의 하전층을 유도할 수 있는 기능기를 부여하면 가능하다.

(2) 입체 안정화

콜로이드 분산액을 구성하는 작은 입자의 엉김(flocculation) 현상은 판데르발스 분산력에 의한 비가역적인 과정이다. 이런 분산력은 입자간의 거리가 어느 정도 가까운 경우에 강하게 작용한다. 분산질 입자의 표면에 입체반발력(steric repulsion)을 갖는 고분자물질을 흡착시켜 입자들이 서로 접근하는 것을 방지하여 응집을 막는 기술을 말한다.

3. 겔

콜로이드 분산액이 안정한 졸(sol) 상태에서 불안정한 상태로 바뀌어 고체와 같은 성격을 띄는 것을 겔(gel)이라 한다. 겔은 고체의 네트워크와 액체의 매질 사이에 공존하며 자발적으로 흐르지 않고 고체 네트워크와 열역학적 평형에 있다.

겔은 분산질의 종류에 따라 가역적이거나 비가역적 반응을 보이는데 젤라틴과 한천에서의 졸-겔 변화는 온도와 분산매인 물에 따라 가역적으로 일어난다. 이와 달리 고아밀로스 전분이나 펙틴질, 난백단백질 등으로 형성된 겔은 비가역적이다.

1) 겔의 분리

겔을 형성하는 분산질은 대부분 고분자 또는 고분자 혼합물인데, 단백질과 다당류의 혼합물은 몰 질량이 클 때 높은 농도에서는 혼합되기 어렵다. 고분자 간의 반발력이 나타나거나 분산매에 대한 친화력이 다를 때 상분리가 나타난다.

상 분리에 영향을 주는 요인에는 식품에 함유된 고분자의 전하 밀도(charge density)와 배열(conformation)이 있으며 분산매의 pH, 이온강도, 염 농도도 영향을 준다.

2) 겔의 특성

(1) 겔의 구조

안정한 졸 상태의 콜로이드 분산액은 고분자의 긴 사슬구조의 정전기적인 반발력이 사라지고 수분 층이 없어지면 입체적인 구조의 불안정으로 겔이 형성된다.

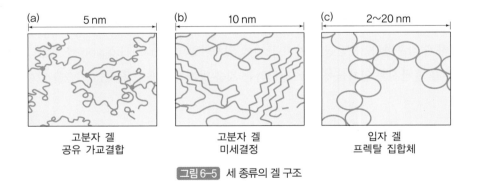

(a) 5 nm	(b) 10 nm	(c) 2~20 nm
고분자 겔 공유 가교결합	고분자 겔 미세결정	입자 겔 프렉탈 집합체

그림 6-5 세 종류의 겔 구조

① 고분자 겔

고분자 겔의 매트릭스는 분자와 사슬을 따라 다양한 위치에 연결된 가교결합으로 구성된다. 공유결합의 가교결합으로 이루어진 식품 겔의 가교결합 사이의 사슬이 유연하면 젤라틴 겔, 뻣뻣하면 다당류 겔이다.

② 입자 겔

부드러운 고체와 같은 집합화된 콜로이드 입자의 네트워크가 형성된 겔로 고분자 겔과 비교하면 입자 겔은 큰 구멍을 가지고 있고 거친 특성이 있다.

입자 겔은 구성하는 입자에 따라 구분하는데 지방을 구성하는 트리아실글리세롤 결정 같은 단단한 입자로 이루어진 겔과 카세인 미셀과 같이 변형될 수 있는 입자로 된 우유 겔로 나눈다.

(2) 겔화

겔이 형성되는 반응인 겔화(gelation)는 겔을 이루는 물질이 갖는 본래 성질에 의해 가열 후 냉각 시에 형성되는 겔(cold-set gels)과 가열에 의해 형성되는 겔(heat-set gels)로 나눈다.

① 냉각 시 형성되는 겔

네트워크를 형성하는 물질인 분산질 입자들이 분산액을 형성하는 온도로 가열한 다음 냉각 시에 물리적 가교결합의 형성 결과로 만들어지는 겔이다. 젤라틴, 카파 카라지난 및 플라스틱 지방질이 속한다.

② 가열로 형성되는 겔

구상 단백질 분산액이 변성 온도 이상으로 가열되었을 때 임계농도 이상의 농도에서 형성되는 겔로 냉각하면 견고성이 증가된다. 난백, 분리대두단백, 유장 단백질과 육류단백질이 포함된다.

이 외에 콜로이드 상호작용에 영향을 주는 pH, 이온강도, 염(Ca^{2+})과 효소작용에 의해 형성되는 겔에는 레닛과 산에 의한 우유의 카세인 겔이 있다.

(3) 리올로지와 깨짐의 요인

식품 겔의 리올로지는 섭취할 때 나타나는 기계적인 행동양상에 의해서 결정된다. 대부분의 겔은 그림6-6(a)와 같이 힘이 주어졌을 때 즉각적으로 변형되지 않고 어느 정도 힘이 주어지면 초기 탄성변형 후 스트레스가 계속 적용되는 동안 점차 변형된다. 또한 스트레스가 제거되면 겔은 바로 본래의 모양으로 되돌아가지 않고 시간에 영향을 받아 차이가 나타난다. 그래서 겔은 탄성과 점성의 합, 즉 점탄성을 나타낸다. 젤라틴과 카파 카라지난 겔은 탄성을 보이지만 레닛이나 산에 의한 우유 카제인 겔은 점탄성을 보인다.

강한 힘을 주면 겔은 스트레스가 증가하여 깨지거나 항복한다 그림6-6(b). 깨짐(fracture)은 스트레스를 받은 단편이 여러 조각으로 깨지는 것을 의미한다. 항복(yielding)은 어느 정도 이상의 스트레스가 주어진 후 겔이 다시 흐르기 시작하는 것을 의미한다. 버터, 마가린, 잼은 항복을 갖는 겔이고 젤라틴, 아가, 카파 카라지난은 깨짐을 갖는 겔이다.

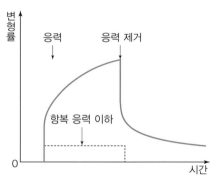

(a) 점탄성 물질이 갑자기 일정한 힘을 받을 때와 힘을 제거한 후의 시간과 변형의 관계(점선 : 항복 응력 이하의 스트레스)

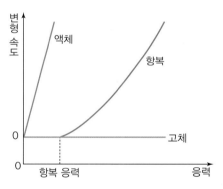

(b) Newtonian 액체, 항복치를 보여주는 soft solid, 탄성의 고체에 대한 스트레스와 변형률의 관계

그림6-6 점탄성

3) 식품 겔

(1) 다당류

다당류 분자로 이루어진 겔에서 나타나는 가교결합은 다음 세 가지 형태이다.

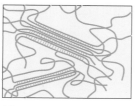
(a) 이중나선구조의 다발(카라지난의 stack of double helices)

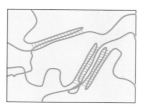
(b) 삼중 헬릭스(젤라틴)

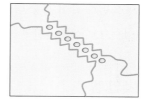
(c) Egg-box junctions(알긴산, 점은 Ca^{2+})

그림 6-7 고분자 겔에서의 다양한 연접(junctions)들

① Microcrystallites (type 1)

셀룰로스 구조에 해당되는 겔의 구조로 일반적인 형태는 아니다. 단일 아밀로스의 헬릭스 다발은 용액에서 microcystallite 영역을 형성할 수 있어 농도가 충분하면 겔화가 일어나며 아밀로펙틴도 유사한 행동이 관찰되며 이를 노화(retrogradation)라 한다.

② Double helices (type 2)

다당류인 카라지난, 아가, 젤란검은 일정온도 이하에서 이중나선구조를 형성할 수 있다. 각 헬릭스는 두 분자를 포함하지만 오직 고분자의 nonhairy 영역(거대한 곁가지 그룹이 없는 영역)에서 형성할 수 있다.

③ Egg-box junctions (type 3)

전하를 갖는 알긴산은 Ca 같은 2가 양이온이 있을 때 평행으로 있는 다당류 분자와 가교결합하면서 egg-box junction을 형성하여 겔을 이룬다. 이 junction zone(연접 부분)은 매우 단단하며 100℃ 근처 온도에서도 녹지 않는다. 고분자의 겔화, 겔 성질에 영향을 주는 요인에는 분자구조, 몰 질량, 농도, 용매의 질, 다가이온, pH, 이온강도 등이 있다.

(2) 젤라틴

젤라틴 겔은 가장 이상적인 엔트로피 겔에 가까우며 가교결합 사이의 유연한 분자 가닥이 길므로 신장성이 있다. 가교결합이 영구적이며 탄성이 있다. 콜라겐을 과도하게 처리해서 젤라틴을 제조해도 사슬길이를 유지하고 수용액에서 진한 점도를 보인다. 냉각

할 때 프롤린과 같이 삼중 헬릭스를 형성하는 경향도 있으나 펩타이드 결합은 360° 회전할 수 없으므로 이중나선구조는 만들 수 없다.

(3) 카세인 겔

우유는 카세인 미셸, 카세인 분자 104개가 포함되어 있는 평균지름이 120 nm인 단백질의 집합이다. 이 미셸은 pH 4.6 이하로 낮추어 전하에 의한 반발을 줄이거나 단백질 분해효소로 카파-카세인을 떨어뜨려 입체적인 반발을 줄이면 겔을 만들 수 있다.

(4) 구형단백질 겔

용해성 구형단백질의 임계농도 이상에서 가열에 의해 형성된 겔은 냉각되어도 변하지 않는다. 단백질이 변성된 분자는 구형이나 타원형 입자로 엉김이 일어나고 이 입자들은 space-filling 네트워크를 형성하여 겔을 만든다. 유장단백질과 대두분리단백에서 나타나며 β strands의 분자간 연접 부분에 −S−S−결합, 정전기적, 판데르발스, 소수성 및 수소결합이 형성된다. 겔의 구조나 리올리지 성질은 pH, 이온강도, 염 조성, 가열 정도에 따라 달라진다.

(5) 혼합 겔

혼합 겔은 구조나 성질이 매우 복잡하여 같은 검 물질도 농도에 따라 겔 구조가 달라진다.

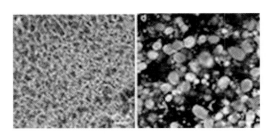

그림 6-8 10% 유장분리단백과 로커스트빈검(0.1%(좌)와 0.5%(우)) 겔의 구조

4. 유화액

1) 유화액의 정의

유화액(emulsion)은 하나의 액체에 섞이지 않는 다른 하나의 액체가 분산되어 있는 것이다. 유화액의 성질을 결정하는 중요한 요인은 형태, 방울 크기의 분포, 분산상의 부피 분율 등으로 다음과 같다.

(1) 형태

유화액은 수중유적형(oil in water, o/w)과 유중수적형(water in oil, w/o)으로 나뉜다. 우유, 유제품, 소스, 드레싱과 수프 등 대부분의 식품은 수중유적형이며 버터와 마가린은 유중수적형이다. 유중수적형은 물방울이 플라스틱 지방에 둘러싸여 있는 형태로 지방이 녹으면 분리되어 물 층 위에 지방 층이 생긴다.

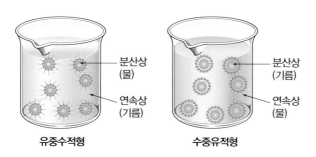

분산상
(물)

연속상
(기름)

분산상
(기름)

연속상
(물)

유중수적형   수중유적형

그림6-9 유화액의 두 가지 형태

(2) 방울 크기의 분포

방울의 크기가 작을수록 유화액은 안정하다. 에너지나 유화제는 방울의 크기를 감소시키며 일반적인 방울의 지름은 1 μm이다.

(3) 분산상의 부피분율

일반 식품에서 분산상의 부피분율(volume fraction, φ)은 0.01~0.4이다. 액체와 유사한 상태에서 농후한 페이스트로 가면 부피분율이 증가한다.

(4) 방울 표면층의 두께나 조성

계면의 성질이나 콜로이드 입자의 상호작용 힘에 의해 결정되며 콜로이드의 상호작용 힘이 물리적 안정성에 기여한다.

(5) 연속상의 조성

표면활성제, pH, 이온강도, 콜로이드 상호작용 등 용매의 조건과 연속상의 점도가 영향을 준다. 유화액의 방울(droplet)을 약하게 젓거나 방울크기가 작으면 분산질인 고체입자처럼 행동한다.

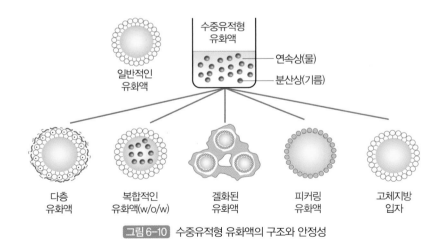

그림 6-10 수중유적형 유화액의 구조와 안정성

피커링 유화액(pickering emulsion)

고체입자들에 의해 안정화된 유화액이다. 이때 고체입자는 두 액체의 계면에 흡착된다. 프렌치 드레싱을 제조할 때에 후춧가루나 허브 분말을 첨가하면 안정성이 증가된다.

2) 유화액의 형성

유화액을 만들 때는 2개의 섞이지 않는 액체 중 하나의 액체 방울 크기가 작게 쪼개져야 하고 재응집이 일어나지 않도록 해야 한다.

(1) 작은 방울의 형성

유화액 제조에는 기름, 물, 유화제와 기계적 에너지가 필요하다. 방울은 만들기는 쉬우나 작게 하기는 어려운데, 이는 방울이 작아질 때 Laplace 압력이 커져 변형이나 붕괴가 어렵기 때문이다. 유화제 첨가는 Laplace 압력을 낮추므로 고압의 균질기로 방울 크기가 $0.1 \mu m$인 작은 방울을 만들 수 있다. 유화제가 방울을 완전히 덮지 못하면 재합체(recoalescence)가 이루어진다.

Laplace 압력

모든 유체는 정지해 있을 때 계면 장력에 의해 계면이 굽으며 이 양쪽의 장력에 차이가 나는데, 이를 Laplace 압력이라 한다. 방울을 작게 하려면 계면의 면적이 증가하고 이로 인해 계면에너지도 증가한다. 즉 방울을 작게 하려면 두 유체의 압력 차이인 Laplace 압력이 커져 변형이 어려워진다. 정지한 계면에서는 수직 방향의 힘만 작용하며 접선 방향의 힘은 없다.

(2) 유화제의 작용 기전

유화제(emulsifier)는 일반적으로 친수성기와 소수성기를 모두 가지고 있어 형성된 방울의 합체를 막는 물질이다. 그림6-11 과 같이 두 유체는 각각 장력을 가지고 있어 방울

간에 압력을 주는데(a), 첨가된 유화제나 계면활성제가 계면의 흡착되어 두 방울이 서로 압력을 주면 계면 사이로 액체가 빠져나오며 두 방울 간의 접근을 강하게 억제하여 합체를 막게 된다(b). 이 현상을 깁스-마란고니(Gibbs-Marangoni) 효과라 한다 그림6-11.

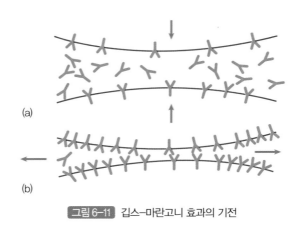

(a)

(b)

그림6-11 깁스-마란고니 효과의 기전

(3) 유화제의 선택

① 밴크로프트 규칙

기름, 물, 유화제로 유화액을 만들 때 표면활성제는 연속상에 최대로 용해될 수 있어야 한다. 유중수적형의 유화제(친수성과 소수성 균형, HLB 3-10)는 기름에 잘 녹아야 하

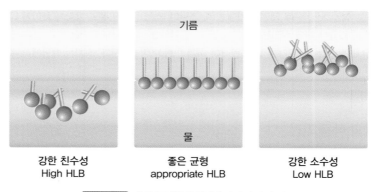

| 강한 친수성
High HLB | 좋은 균형
appropriate HLB | 강한 소수성
Low HLB |

그림6-12 수중유적형 유화액에서 유화제의 선택

고 수중유적형에 사용되는 유화제(HLB 10-18)는 물에 잘 녹아야 한다는 것이 밴크로프트(Bancroft) 규칙이다.

② 단백질

단백질은 물에 분산되고 먹을 수 있으며 계면활성 능력을 가지고 합체(coalescence)에 최대 저항성을 가지므로 o/w 유화식품에 사용할 수 있는 유화제이다. 단백질은 고분자이므로 같은 질량 농도에서 같은 세기로 저으면 작은 분자인 유화제보다 큰 방울이 얻어지며 방울의 재합체 가능성이 크다. 유화제는 유화액 형성뿐만 아니라 안정성을 제공해야 한다. 단백질은 작은 방울을 만들지 못하나 등전점 근처, 높은 이온강도, 고온 등의 조건에서 바람직한 표면활성제 작용을 한다.

3) 유화액의 불안정성

유화액은 여러 형태의 물리적 변화가 진행된다.

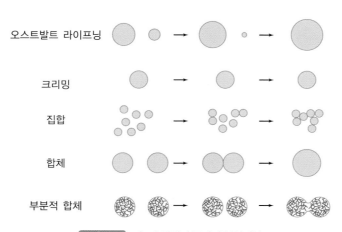

그림 6-13 o/w 유화액의 물리적 불안정성

w/o 유화액의 경우는 불안정해진 상태에서 크리밍이 아닌 침전이 일어난다.

오스트발트 라이프닝(Ostwald ripening)은 o/w 유화액에서는 물에 녹지 않는 트리아실글리세롤 기름이 사용되기 때문에 잘 일어나지 않으나 w/o 유화액에서는 일어난다.

4) 합체

(1) 필름 파괴

합체는 가까운 방울 사이의 얇은 막(lamella, 얇은 판)이 파괴(film rupture)되면서 일어난다.

(2) 합체에 영향을 주는 요인

① 합체가 일어날 확률은 방울이 서로 가까워지는 시간과 비례한다.
② 합체는 집합(aggregation)과 달리 시간에 비례한다(first-order rate process).
③ 방울 사이의 막인 필름의 파괴가 일어날 확률은 면적에 비례한다. 단백질은 종류에 관계없이 합체를 막는 데 적합하다. 냉동 중 얼음결정이 해동 중에 합체를 만들며 건조 후 재분산 시나 원심분리에 의해 만들어진다.

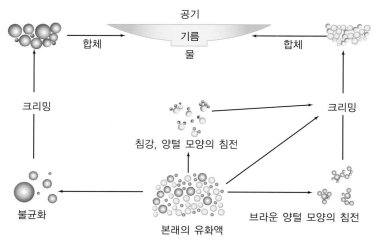

그림6-14 o/w 유화액에서 합체에 이르게 하는 기전

6. 거품

1) 거품 형성

거품은 유화액의 소수성인 기름방울 대신에 공기방울로 이루어진 구조로 되어 있다. 기체나 공기방울인 거품의 형성은 과포화 현상이나 기계적인 방법으로 만들어진다.

(1) 과포화

CO_2나 N_2O 같은 기체는 용해도가 높기 때문에 고압 하에서 수용액에 용해되며 과포화 (supersaturation) 상태에서 압력이 낮아지면 거품이 자발적으로 형성된다. 빵 반죽에서 과잉의 CO_2는 포집된 작은 공기 거품 위치에 모여 커지면서 거대한 거품 구조를 만들어 보이는 가스체가 된다.

(2) 기계적 힘

기체가 좁은 구멍을 통하여 용액으로 들어가면서 거품이 형성되고 액체 내에서 공기를 비팅(beating)하여 형성할 수도 있다. 난백의 거품은 비팅하여 거품이 형성되며 기계적인 힘은 거품의 크기나 부피분율(φ)에 영향을 준다. 표면활성제는 거품 형성에도 중요하다.

(3) 거품 구조

거품 사이 층의 두께는 매우 작아 보이지 않으며 비팅으로 거품이 만들어져 층이 형성된다. 3개의 거품 층이 만나는 곳에 프리즘 모양의 물 층이 형성되는데 이런 구조적 요소를 플래토 경계(Plateau border)라 한다 그림 6-15. 거품에서 물 빠짐이 계속되면 공기의 부피분율은 증가되고 거품 밑으로 액체 층이 형성된다. 거품을 갖는 식품인 머랭, 거품오믈렛, 식빵, 케이크 등은 초기 단계의 시스템 겔을 놔두면 젖은 거품인 구형 거품을 만들 수 있다.

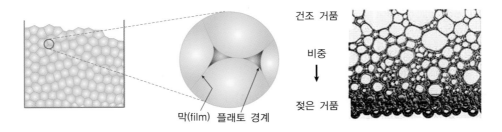

막(film)　플래토 경계

건조 거품

비중↓

젖은 거품

그림 6-15 거품의 구조와 젖은 거품

① 난백의 거품

난백의 거품 구형의 단백질이 비팅에 의해 기계적 에너지가 주어지면 단백질이 변성되어 섬유상의 형태로 풀어져 공기 버블을 둘러싸서 거품이 형성된다. 난백 거품을 머랭이라 하며, 공기, 물, 단백질로 형성된 구조라 수분에 의해서도 안정성이 영향을 받는다.

② 유지방의 거품

우유에서 유지방을 얻기 위해서는 젓기를 해야 하고 이렇게 얻는 크림에 공기 버블을 형성하면 공기 버블에 부분적 결정구조의 유지방구가 표면을 둘러싸서 거품을 안정화한다. 이때 카세인이나 유장단백질도 거품의 안정성에 기여한다.

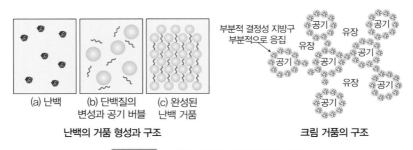

(a) 난백　(b) 단백질의 변성과 공기 버블　(c) 완성된 난백 거품

난백의 거품 형성과 구조

부분적 결정성 지방구 부분적으로 응집

공기　유장

크림 거품의 구조

그림 6-16 난백과 크림의 거품 형성 및 구조

2) 거품의 안정성

거품은 세 가지 형태로 불안정해진다.

① 오스트발트 라이프닝(disproportionation, 불균화). 작은 거품이 크게 되는 기체의 확산으로 작은 거품의 압력이 큰 거품보다 크기 때문에 일어난다.

② 중력에 의해 거품 층을 통해서 또는 거품 층으로부터 액체가 빠져나간다. 공기와 물 사이의 계면을 고정시키면 물 빠짐을 억제할 수 있으며 점도 증가도 물 빠짐을 줄일 수 있다.

③ 거품의 합체는 거품 사이 막의 불안정성에 기인된다. 거품의 합체는 거품 사이의 막이 파괴되었을 때 일어나지만 그 기전은 환경에 따라 다르다.

비타민과 무기질

비타민과 무기질

비타민(vitamin)은 생명체의 구성성분은 아니지만 생명체가 살아가는 데 중요한 역할을 하는 유기물이다. 인체 내 약 4%를 차지하는 무기질은 비타민과 같이 에너지원은 되지 않으나 체내 생리작용에서 중요한 역할을 한다. 비타민과 무기질은 체내에서 합성되지 않거나 충분한 양이 합성되지 않으므로 식품으로 섭취해야 하는 필수영양소이다.

1. 비타민

1) 비타민의 분류

비타민은 화학적 구조나 성질이 유사하지 않아 발견된 순서에 따른 명칭이나 화학명을 함께 사용한다. 현재 13종의 비타민이 인정되고 있으며, 용해성에 따라 지용성 비타민과 수용성 비타민으로 분류된다. 이들의 일반적인 특성을 비교하면 표7-1과 같다.

표7-1 비타민의 분류 및 특성

구분	지용성 비타민	수용성 비타민
종류	비타민 A, D, E, K	비타민 B군(티아민, 리보플라빈, 나이아신, 피리독신, 엽산, 판토텐산, 비오틴, 코발라민), C
용해도	지용성 용매에 용해	물에 용해
구성 성분	탄소, 수소, 산소로 구성	탄소, 수소, 산소 외에 황, 코발트 등을 함유하기도 함
대사	지방과 함께 흡수, 림프계를 통해 이동	당 및 단백질과 함께 소화, 흡수되며 간으로 들어감
저장	간 또는 지방조직에 저장	필요량 이상은 소변을 통해 배설, 저장하지 않음
공급	필요량을 매일 공급할 필요 없음	매일 필요량만큼 공급해야 함
과잉증	과잉 섭취 시 독성 유발 가능	체내 저장되지 않으므로 독성 유발하지 않음
결핍증	결핍증세가 서서히 나타남	결핍증세가 빨리 나타남

2) 지용성 비타민

(1) 비타민 A

비타민 A는 레티놀(retinol)이라고도 불리는 담황색의 결정으로, 그림7-1 과 같이 베타이오논(β−ionone) 핵과 아이소프렌(isoprene) 사슬로 되어 있다. β−이오논 핵을 가지고 있는 카로테노이드(carotenoids) 화합물은 체내에서 비타민 A로 전환할 수 있어서 프로비타민 A(provitamine A)라고 한다. 프로비타민 A에는 알파카로텐(α−carotene), 베타카로텐(β−carotene), 감마카로텐(γ−carotene), 베타크립토잔틴(β−cryptoxanthin)이 있다. 이중 인체 내 비타민 A의 효력은 β−카로텐의 활성이 가장 높고, 그 다음 β−크립토잔틴, α−카로텐, γ−카로텐 순이다. 이렇듯 비타민 A와 프로비타민 A 간에는 체내 활성도가 다르게 나타나므로 최근에는 비타민 A의 역가를 레티놀당량(retinol equivalent, RE)으로 표시하도록 권장하고 있다.

비타민 A는 주로 동물성 식품인 동물의 간, 난황, 유제품, 고지방 생선 등에 많이 들어 있다. 비타민 A는 열에 대해서는 비교적 안정하나 이중결합을 많이 가지고 있으므로 빛

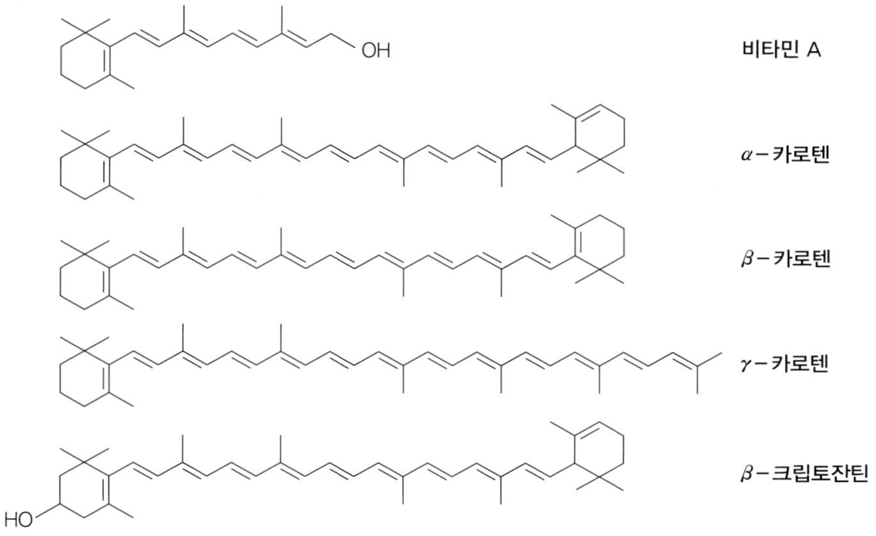

비타민 A

α−카로텐

β−카로텐

γ−카로텐

β−크립토잔틴

그림7-1 비타민 A 및 프로비타민 A의 구조

과 산소에 약하다. 식품 중의 비타민 A는 일반적인 건조에서 50~80%, 가열조리 상태에서는 10% 정도 손실된다. 카로테노이드는 주로 녹엽채소, 당근, 시금치, 풋고추 등의 식물성 식품에 많이 들어 있다. 카로테노이드의 흡수율은 식사 중 지방 함량에 따라 5~50%까지 증가한다. 비타민 A는 시각작용, 상피세포 및 각막보호, 면역, 항산화작용 등의 기본적인 생리기능을 유지하는 데 관여한다.

TIP

레티놀당량

- 레티놀 1 μg만큼의 효능을 지니는 비타민 A 전구체들의 환산 단위
- 섭취된 β-카로텐의 약 1/30이 흡수되고, 흡수된 β-카로텐은 약 1/2만 레티놀로 전환되므로, 섭취된 β-카로텐의 레티놀로의 생체전환율은 1/6이 된다.
- 1 RE=1 μg 레티놀 = 6 μg β-카로텐 = 12 μg 기타 카로테노이드

(2) 비타민 D

비타민 D는 무색의 결정으로 석회화(calcification)와 관계가 있어 칼시페롤(calciferol)이라고도 한다. 비타민 D에는 비타민 D_2, D_3, D_4, D_5, D_6 등이 있으나 중요한 것은 D_2와 D_3이다. 비타민 D_2와 D_3는 각각 식물성 스테롤인 에고스테롤(ergosterol)과 동물성의 7-데하이드로콜레스테롤(dehydrocholesterol)에 자외선을 조사하면 생성된다 그림7-2.

비타민 D는 햇볕을 쪼이면 피부에서 생합성될 수 있어 식품으로 섭취하지 않아도 문제가 되지 않지만, 실내 생활을 많이 하는 수험생이나 노인의 경우에는 비타민 D의 섭취가 부족할 경우 결핍될 수 있다. 비타민 D는 생선 간유, 마가린, 버터, 우유, 버섯, 달걀 등에 존재한다. 비타민 D는 가열에 안정하여 일반적인 가공 및 조리 시에는 손실이 적다. 산소, 빛에는 불안정하지만, 알칼리에서는 비교적 안정하다. 비타민 D는 칼슘 대사를 조절하여 체내 칼슘 농도의 항상성과 뼈의 건강을 유지하는 데 관여한다.

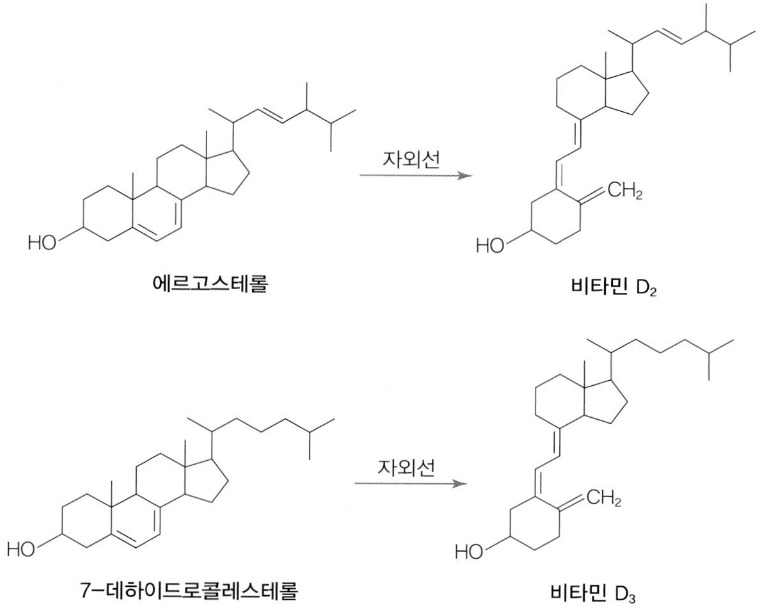

그림 7-2 비타민 D_2 및 D_3의 구조

(3) 비타민 E

비타민 E는 미황색의 점성이 있는 물질로 출산을 의미하는 그리스어 '토코스(tocos)'와 가져온다는 뜻의 '페린(pherein)'이 합쳐져 토코페롤(tocopherol)로 명명되었다. 자연계에 있는 토코페롤은 토콜(tocol)의 유도체로 크로만(chroman) 핵에 결합하는 메틸기의 수와 위치에 따라 알파(α), 베타(β), 감마(γ), 델타(δ) 형의 4가지 종류가 존재한다 그림 7-3 . 비타민 E의 활성은 $\alpha > \beta > \gamma > \delta$의 순(100 : 50 : 26 : 10)으로 감소한다.

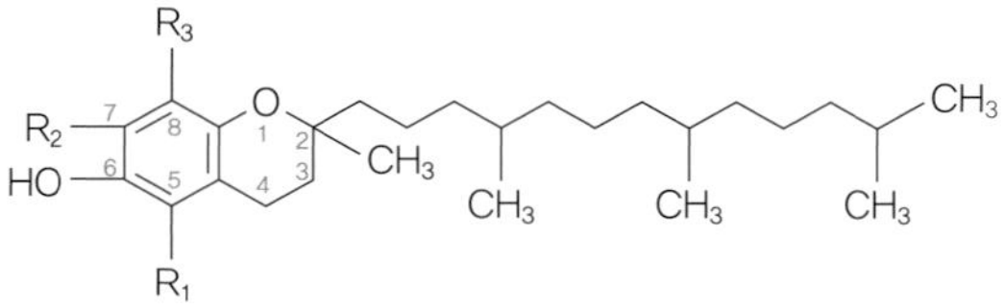

$\alpha -$토코페롤(5, 7, 8-trimethyltocol): R_1, R_2, $R_3 \rightarrow CH_3$
$\beta -$토코페롤(5, 8-dimethyltocol): R_1, $R_3 \rightarrow CH_3$
$\gamma -$토코페롤(7, 8-dimethyltocol): R_1, $R_3 \rightarrow CH_3$
$\delta -$토코페롤(8-methyltocol): $R_3 \rightarrow CH_3$

그림 7-3 비타민 E의 구조

비타민 E는 주로 식물의 종자 또는 식물성 기름에 많이 함유되어 있다. 비타민 E는 산과 열에는 비교적 안정하여 조리 중에도 손실이 적으나 자외선, 알칼리, 산소 등에는 약하다. 비타민 E는 항산화물질로서 식품 중의 불포화지방산, 비타민 A 등의 산화를 억제하고, 세포의 노화를 방지한다.

(4) 비타민 K

비타민 K는 담황색의 물질로 혈액응고와 관계가 있다. 식물에서 얻는 필로퀴논(phylloquinone, K_1), 세균에 의해 합성되는 메나퀴논(menaquinone, K_2), 화학적으로 합성된 메나다이온(menadione, K_3)이 있다 그림7-4.

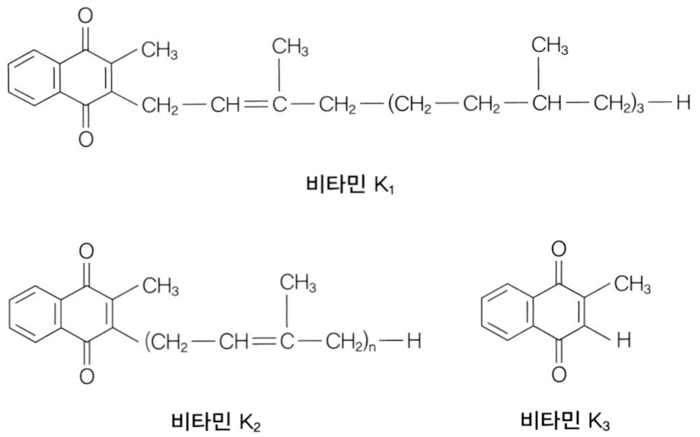

비타민 K_1

비타민 K_2 비타민 K_3

그림7-4 비타민 K의 구조

비타민 K는 녹색채소, 양배추, 토마토, 콩류, 해조류에 많이 함유되어 있다. 비타민 K는 열에는 안정하고 알칼리, 광선에는 불안정하다. 비타민 K는 식사 중에 많이 함유되어 있을 뿐 아니라 장내세균에 의해서도 합성되므로 결핍증은 흔하지 않다.

3) 수용성 비타민

(1) 티아민

티아민(비타민 B₁)은 가장 먼저 발견된 비타민으로 함유황성 아민이다. 티아민은 피리미딘(pyrimidine) 핵과 티아졸(thiazole) 핵이 메틸렌탄소에 의해 연결되어 있다 그림7-5 . 식품에는 티아민 파이로인산(thiamine pyrophosphate)으로 존재하며 인체 내에서는 탈인산화 효소에 의해 티아민으로 전환되어 흡수된다.

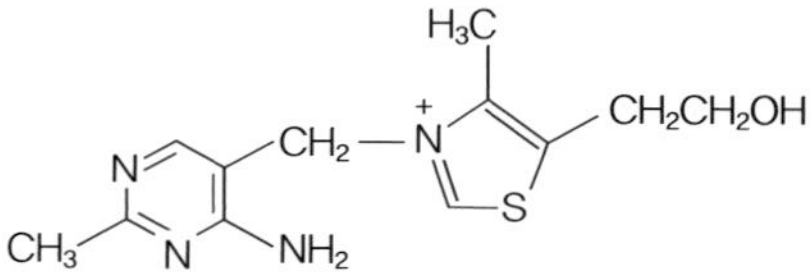

티아민은 흰색 결정으로 약간 쓴맛이 있는데, 열에 불안정하여 보통의 가열조리, 가공 시에 쉽게 파괴된다. pH 3.5 이하의 산성용액에서 가열할 경우에는 안정하나, pH 5.5 이상의 중성 및 알칼리성에서는 상온에서도 불안정하

그림7-5 티아민의 구조

다. 티아민은 광선에 의해서는 거의 분해되지 않으나 리보플라빈(riboflavin), 루미크롬(lumichrome), 루미플라빈(lumiflavin)과 같은 형광물질이 존재하면 쉽게 분해된다. 일반적인 가열조리에서는 20~30% 정도의 티아민이 파괴되며 냉동식품을 해동할 때 약 10%가 손실된다. 쌀을 씻을 때 20~50%, 밥을 할 때 40~50%, 채소를 가열할 때 70~80%의 티아민이 감소된다. 또한, 티아민은 곡류의 과피, 종피, 호분층 및 배아에 많이 존재하므로 도정과 제분 공정 중에 상당량이 손실된다. 티아민은 동물의 간, 돼지고기 등의 동물성 식품뿐만 아니라 종자, 두류와 같은 식물성 식품에 널리 분포되어 있다. 티아민은 탄수화물의 대사에서 조효소로 작용하므로 모든 세포의 에너지 대사에 관여한다.

(2) 리보플라빈

리보플라빈(비타민 B₂)는 미황색의 형광물질로 아이소알록사진(isoalloxazine)에 리비톨(ribitol)이 결합된 구조이다 그림7-6 . 단백질과 결합한 형태로서 우유, 달걀, 혈액에 락토플라빈(lactoflavin), 오보플라빈(ovoflavin), 헤파토플라본(hepatoflavon) 등으로 각각 존재한다.

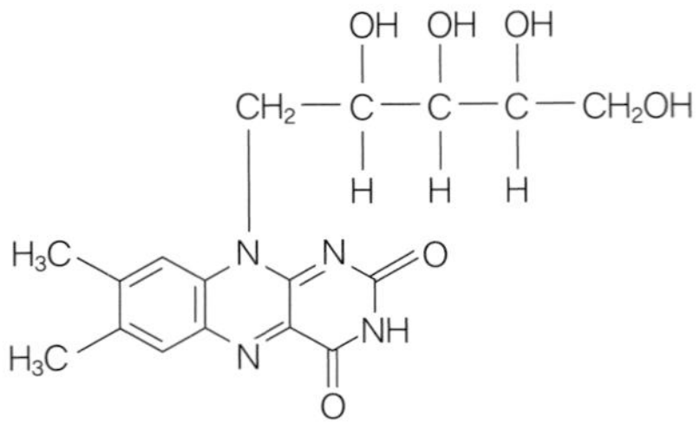

리보플라빈은 동식물 조직에 널리 분포하며 간, 효모에 특히 많고 우유, 달걀의 흰자, 녹엽채소 등에도 많이 들어 있다. 산과 열에 안정하여 보통의 가열조리에서는 파괴되지 않으나 알칼리와 빛에는 매우 불안정하다. 리보플라빈은 광선에 노출되면 알칼리에서는 루미플라빈, 산성에서는 루미크롬이라는 형광물질로 되어 비타민의 효력을 상실한다. 우유를 햇볕에 2시간 동안 노출시키면 50~70%의 리보플라빈이 파괴된다. 리보플라빈은 조효소로써 탄수화물, 지질, 아미노산의 에너지 대사에 필수적이다.

그림7-6 리보플라빈의 구조

(3) 나이아신

나이아신(niacin)은 백색의 결정으로 니코틴산(nicoinic acid)이라고 하며 자연계에는 니코틴아마이드(nicotinic acid amide) 형태로 존재한다 그림7-7. 나이아신은 열, 산, 알칼리, 광선, 산화에 안정하여 조리나 가공에 의한 손실이 거의 없으나 조리 중의 용출로 인한 손실이 있을 수 있다.

니코틴아마이드는 트립토판(tryptophan)으로부터 체내에서 전환되지만 전환율이 매우 낮아서 트립토판 60 mg에서 나이아신 1 mg이 합성된다. 트립토판을 다량 함유하고 있는 육류는 나이아신의 좋은 급원이 된다. 또한 버섯, 아스파라거스, 땅콩, 참치, 닭고기 등에 나이아신이 많이 함유되어 있다. 나이아신은 체내에서 조효소 형태로 탄수화물, 지질, 단백질의 에너지 대사에 관여한다.

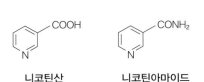

니코틴산   니코틴아마이드

그림7-7 나이아신의 구조

(4) 비타민 B₆

비타민 B₆는 무색 결정의 항피부염성 비타민으로 자연계에는 피리독신(pyridoxin), 피

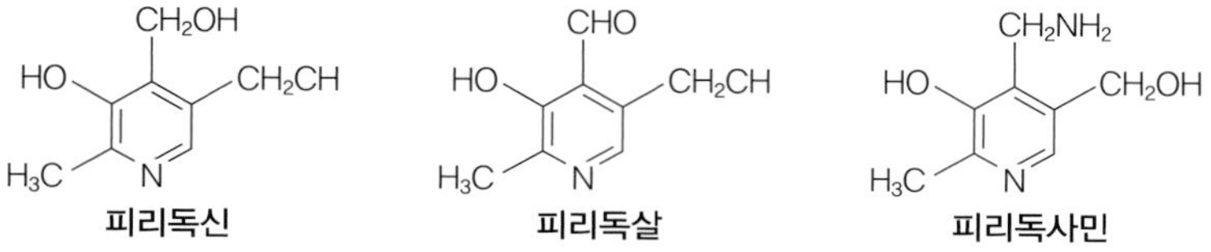

그림7-8 비타민 B$_6$의 구조

리독살(pyridoxal), 피리독사민(pyridoxamine)으로 존재한다 **그림7-8**. 이 세 화합물들은 체내에서 상호 전환될 수 있으므로 비타민 B$_6$의 효능은 동일하다.

비타민 B$_6$는 산성 조건에서는 열에 안정하지만 중성 또는 알칼리 조건에서는 열에 불안정하고 광선에 의해 빠른 속도로 분해된다. 비타민 B$_6$은 동·식물계에 널리 분포하고 장내세균에 의해서도 합성되므로 결핍증은 거의 나타나지 않는다.

(5) 엽산

엽산(folic acid, 폴산)은 엷은 황색의 결정으로 식물의 잎(folium)에 존재한다는 뜻에서 유래되었다. 엽산은 프페리딘(pteridine), 파라아미노벤조산(p−aminobenzoic acid, PABA), 글루탐산(glutamic acid)으로 구성되어 있다 **그림7-9**. 식품 내의 엽산은 글루탐산이 3~7개 결합된 폴리글루탐산 형태이다.

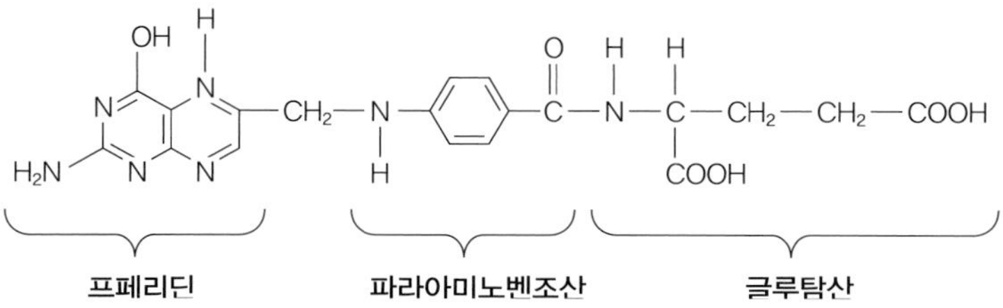

그림7-9 엽산의 구조

엽산은 동식물성 식품에 광범위하게 분포되어 있으며 특히 간, 난황, 녹엽채소에 많이 함유되어 있다. 엽산은 열과 산에 불안정하며 광선에 의해서도 파괴되므로 식품의 조리, 가공, 저장 중에 상당한 양이 손실된다. 엽산은 핵산과 아미노산 대사에 중요한 역할을 하며, 성장 및 조혈작용에 필요하다.

(6) 비오틴

비타민 H라고도 불리는 비오틴(biotin)은 무색의 결정으로 피부염과 관계가 있다. 비오틴은 요소(urea), 티오펜(thiophene), 발레르산(valeric acid)이 결합된 구조를 가지고 있다 그림7-10.

　비오틴은 난황, 우유, 간, 두류 등에 많이 함유되어 있으며, 열, 광선, 산에는 안정하나 알칼리와 산화에 불안정하다. 비오틴은 난백의 당단백질인 아비딘(avidin)과 쉽게 결합하여 흡수되기 어렵지만, 난백을 가열하면 아비딘의 변성으로 비오틴과 분리되므로 흡수·이용될 수 있다. 비오틴은 장내 세균에 의해 합성되므로 결핍증은 거의 나타나지 않는다.

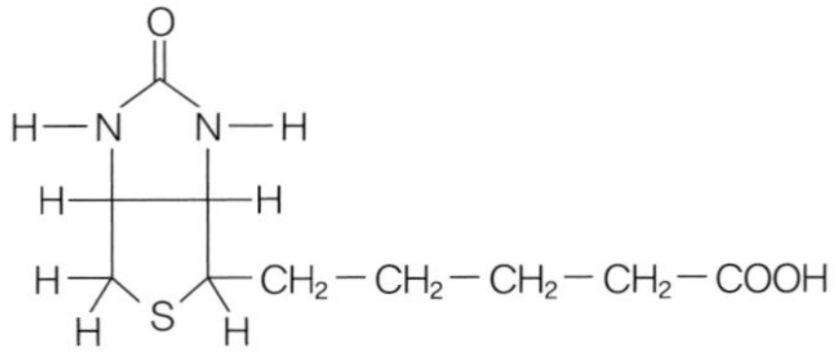

그림7-10 비오틴의 구조

(7) 코발라민

코발라민(cobalamin, 비타민 B_{12})은 암적색의 결정으로 분자 중에 포르피린 고리 중앙에 코발트(Co)를 가지고 있다 그림7-11.

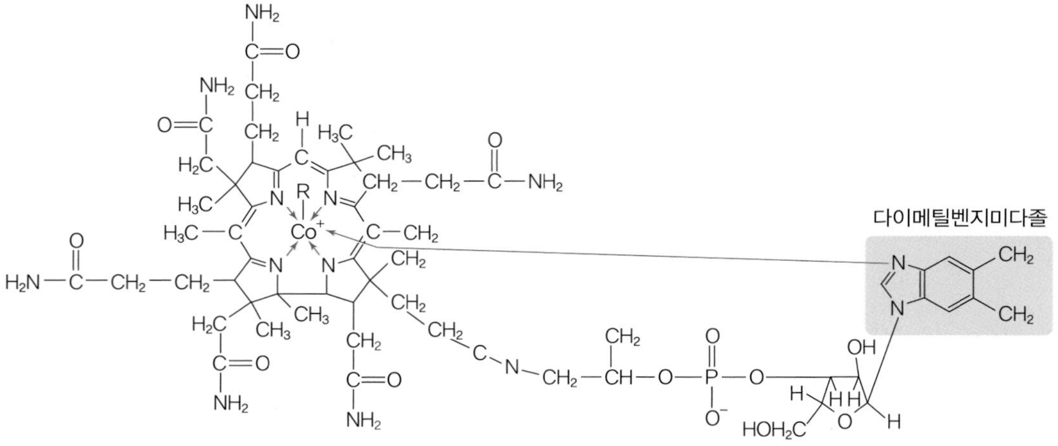

그림7-11 코발라민의 구조

코발라민은 강산이나 알칼리 용액에서 불안정하나 중성에서는 가열해도 파괴되지 않는다. 일반적인 조리, 가공 조건에서는 비타민 B_{12}의 손실은 거의 없다. 코발라민은 식물성 식품에는 거의 없으며, 소와 돼지의 간, 육류, 유제품 등의 동물성 식품에 다량 함유되어 있다. 코발라민은 핵산 합성이나 단백질 대사 등에 관여하고 성장촉진이나 조혈작용에 효과가 있다. 장내세균에 의해 합성되므로 사람에게는 결핍증이 잘 나타나지 않는다.

(8) 판토텐산

판토텐산(panthothenic acid, 비타민 B_5)은 미황색의 물질로 베타알라닌(β-alanine)과 파톤산(patonic acid)이 아마이드결합으로 연결된 구조를 가지고 있다 그림7-12.

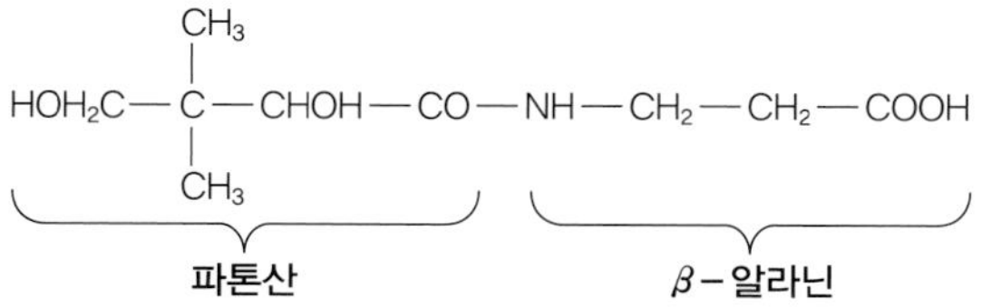

$$HOH_2C - \underset{\underset{CH_3}{|}}{\overset{\overset{CH_3}{|}}{C}} - CHOH - CO - NH - CH_2 - CH_2 - COOH$$

파톤산 β-알라닌

그림7-12 판토텐산의 구조

판토텐산은 동물성 식품에 널리 분포되어 있으나 특히 많이 들어 있는 것은 버섯, 소간, 땅콩, 난황 등이다. 판토텐산은 일반적인 조리나 가공조건에는 안정하지만, 산이나 알칼리에서는 분해되어 효력을 상실한다. 판토텐산은 보조효소 A(coenzyme A)의 구성성분으로 지질, 탄수화물, 단백질 대사와 에너지 생성에 관여한다. 장내세균에 의해 합성되고 일상적인 식사로 충분히 섭취되므로 결핍증은 거의 발생하지 않는다.

(9) 비타민 C

비타민 C는 무색의 결정으로 항괴혈병성(antiscorbutic)이라는 뜻에서 아스코브산(ascorbic acid)이라고 부른다. 비타민 C는 식품 중에서 환원형인 L-아스코브산(L-ascorbic acid)과 산화형인 데하이드로아스코브산(dehydroascorbic acid)의 두 가지 형태로 존재한다 그림7-13. 비타민 C는 락톤고리 중의 카르보닐기와 엔다이올

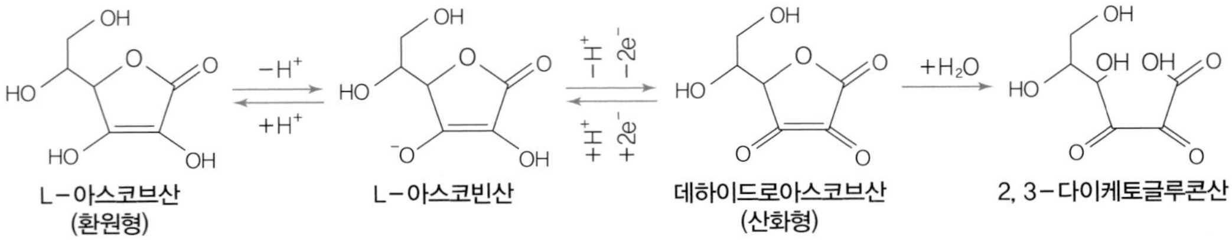

| L-아스코브산 | | L-아스코빈산 | | 데하이드로아스코브산 | | 2, 3-다이케토글루콘산 |
| (환원형) | | | | (산화형) | | |

그림 7-13 비타민 C의 구조 및 산화

(endiol) 구조로 인하여 강한 환원력을 지닌다. 또한 세 번째 탄소에 결합된 하이드록시기가 쉽게 이온화되기 때문에 수용액에서 강한 산성을 띠게 된다. 이에 환원형은 비타민 C의 강한 활성작용이 나타나지만, 산화형은 그 활성이 1/2로 감소하고 2,3-다이케토글루콘산(2,3-diketogulonic acid)으로 더욱 산화되면 효력을 상실한다.

비타민 C는 신선한 채소와 과일에 많이 함유되어 있지만, 동물성 식품에는 거의 없다. 비타민 C는 수용액 상태에서는 열에 불안정하고 공기에 의한 산화로 쉽게 파괴된다. 일반적인 가열조리에서는 50% 정도의 비타민 C가 분해되고 Fe, Cu 등과 같은 금속이 존재할 경우 산화가 촉진된다. 또한 식물 조직 중에 있는 아스코브산 산화효소(ascorbate oxidase)에 의해 산화되어 효력을 잃게 되는데, 건조 전 데치기를 통해 효소를 불활성화시키면 비타민 C의 손실을 막을 수 있다. 비타민 C는 생체 내에서 여러 효소 반응의 조효소로 쓰이며 콜라겐의 합성에 관여하고 산화·환원 조절작용을 한다.

2. 무기질

1) 무기질의 분류

무기질은 식품을 태운 후에 재로 남은 부분으로, 회분(ash)이라고도 한다. 식품 및 인체의 구성성분으로 인체 내 약 4%를 차지하고 있다. 무기질은 하루 필요량을 기준으로 다량 무기질과 미량 무기질로 나뉜다. 다량 무기질은 하루에 100 mg 이상을 필요로 하며 칼슘, 인, 칼륨, 염소, 나트륨, 황, 마그네슘 등이 있고, 하루에 10 mg 이하를 필요로 하는 미량 무기질에는 철, 아연, 구리, 망간, 요오드, 셀레늄, 코발트, 불소 등이 있다. 다량 무기질은 신체의 구성 성분으로 체액의 산, 염기 평형 유지나 삼투압 유지에 기여하고, 미량 무기질은 효소, 색소, 비타민, 혈색소, 근육색소, 단백질의 구성성분으로 각종 반응 및 식품의 색깔에 영향을 준다.

2) 다량 무기질

(1) 칼슘

칼슘(calcium, Ca)은 인체 내에 가장 많은 무기질로 인체의 골격과 치아 형성, 신경의 흥분과 자극전달, 혈액응고, 근육 수축과 이완, 심장의 규칙적인 박동, 효소의 활성화, 호르몬 분비 등 골격 구성과 중요한 생리조절기능을 가지고 있다. 칼슘은 대부분 뼈와 치아에 인산염[Ca(PO$_4$)$_2$]과 탄산염(CaCO$_3$)의 형태로 존재하고 1% 정도가 혈액과 근육 중에 분포되어 있다.

표7-2 칼슘 함유식품과 함유량

식품군	식품명	식품량	칼슘량(mg)	식품군	식품명	식품량	칼슘량(mg)
우유, 유제품	우유	1컵	224	채소류	달래	생것 1/3컵 또는 익힌 것 1/3컵	118
	요플레	1개	156		근대		53
	치즈	1장	123		시금치		29
어류, 해조류, 콩류	뱅어포	1장	158		고춧잎	생것 1/2컵 또는 익힌 것 1/4컵	182
	잔멸치	2큰술	90		무청		115
	고등어	한 토막	56		냉이		58
	물미역	2/3컵(생)	107		배추김치	9쪽	32
	두부	1/5모	145	과일류	귤	1개	89
육류	계란	1개	20		사과	중 1개	26
	쇠고기	탁구공 크기	4	견과류, 종실류	아몬드	20개	60
곡류	밥	1공기	21		땅콩	20개	50
	고구마	중 1개	30		깨소금	1/2큰술	49

자료 : 대한골대사학회, 골다공증 진단 및 진료지침, 2018

칼슘의 흡수는 함께 섭취하는 식품 성분에 따라 다르며 용해 상태에 있는 것은 흡수·이용되고 불용성인 것은 흡수되지 못한다. 칼슘은 산성에서는 가용성이지만 알칼리성에서는 불용성이기 때문에 락토스, 젖산, 단백질, 비타민 C 등 장내 pH를 산성으로 만드는 물질이 있으면 흡수가 촉진된다. 과일이나 시금치의 옥살산(oxalic acid), 곡류나 콩류에 많은 피트산(phytic acid)은 칼슘과 불용성 염(옥살산칼슘, 피트산칼슘)을 형성하여 칼슘의 흡수를 방해한다. 또한 식품 속 칼슘과 인은 어느 한 가지가 과잉으로 있을 경우 두 무기질 모두 흡수가 저하되므로 비율이 1 : 1 또는 1 : 1.5일 때 흡수율이 가장 높다. 비타민 D는 이 비율을 조정하여 흡수를 좋게 한다.

칼슘은 우유 및 유제품, 뼈째 먹는 생선에 다량 함유되어 있으며 해조류, 두류, 곡류 등에도 있다. 녹엽채소도 칼슘 함량은 높으나 칼슘 흡수를 방해하는 옥살산(oxalic acid, 수산)의 함량이 높아 동물성 급원식품에 비해 흡수율이 낮다. 보통 식사에서의 칼슘 흡수율은 30~40% 정도이다.

(2) 인

인(phosphorus, P)은 인체 내 함량이 약 0.8~1.2% 정도로 모든 조직에 존재하나 약 80%가 칼슘과 결합하여 뼈와 치아에 함유되어 있다. 인은 세포내에서 DNA, RNA 등의 핵산과 인지질의 구성요소이고, 산·알칼리 평형을 조절하는 중요한 완충제이며, 탄수화물의 산화와 에너지 대사에 관여하고 효소의 활성화 및 비타민의 조효소 형태로의 전환 등 세포의 기본활동에 필요한 여러 가지 기능을 수행한다. 인은 모두 인산의 형태로 곡류, 어패류, 육류 등의 식품에 풍부하게 함유되어 있어 정상적인 식사를 할 경우 인의 섭취량이 부족한 경우는 없다. 하지만, 가공식품 및 탄산음료 등으로 인한 인의 과잉 섭취는 무기질의 균형을 깨뜨려 체내 칼슘 부족을 유발할 수 있으므로 주의해야 한다.

(3) 마그네슘

마그네슘(magnesium, Mg)은 인체 내에 25 g 정도 함유되어 있는데, 이 중의 약 60%는 인산이나 탄산염 형태로 뼈와 치아에 존재하며, 나머지는 혈액과 근육에 있다. 마그네슘은 신경의 흥분을 억제하고 효소작용을 촉진시키며, 체액의 산·알칼리 평형에도 관여한다. 클로로필의 구성성분인 마그네슘은 녹엽채소에 많이 함유되어 있으므로 채소를 많이 섭취하면 부족한 경우가 거의 없다.

(4) 나트륨, 칼륨과 염소

나트륨(sodium, Na)은 인체 내에 60~75 g, 칼륨(potassium, K)은 100 g 정도 함유되어 있고, 염소(chlorine, Cl)는 이들의 염 형태로 존재한다. 나트륨은 세포외액, 칼륨은 세포내액의 주된 양이온으로써, 주된 체내 기능은 체액의 산·알칼리 평형 및 삼투압을 유지하며 근육의 수축과 신경의 자극 전달에 관여한다. 염소는 세포외액에 존재하는 음이온으로 나트륨, 칼륨과 함께 삼투압과 수분평형을 유지하고 위액을 만들며 아밀레이스를 활성화시킨다.

이들 세 원소는 동·식물성 식품에 널리 함유되어 있고, 특히 칼륨은 식물성 식품에 많다 표7-3. 식품에서 나트륨은 염화물인 소금(NaCl)의 형태로 향미 개선, 보존기간 연장을 위해서, 그리고 각종 식품첨가물에서의 염 형태로 다양하게 이용되고 있다. 세계보건기구(WHO)에서 권장하는 나트륨 하루 섭취량은 2,000 mg(소금 기준 5 g)인 데 반해, 우리나라 1인당 나트륨 섭취량은 해마다 감소하고 있지만 2016년 기준 3,669 mg으로 여전이 높은 상황이다 그림7-14. 나트륨을 장기적으로 많이 섭취하면 고혈압, 뇌졸

표7-3 식품 중의 나트륨 및 칼륨 함량

식물성 식품	함량(mg/100 g)		동물성 식품	함량(mg/100 g)	
	나트륨	칼륨		나트륨	칼륨
두부(생것)	1	132	닭고기(다리)	84	234
감자(생것)	1	412	달걀(생것)	131	131
시금치(생것)	54	502	우유	36	143
밀(통밀)	5	780	쇠고기(등심)	56	241
당근(생것)	23	299	바지락(생것)	383	121
풋고추(생것)	1	270	돼지고기(삼겹살)	55	231

자료 : 국립농업과학원, 농식품종합정보시스템

그림 7-14 우리나라 1인당 나트륨 섭취량의 변화
자료 : 보건복지부, 국민건강영양조사, 2017

중, 심근경색 등의 심장과 신장 질환의 발병을 촉진하고, 위암, 골다공증, 천식, 비만 발병률도 높이는 것으로 보고되고 있다.

(5) 황

황(sulfur, S)은 인체에 약 100 g 함유되어 있으며, 모든 세포에 존재한다. 메티오닌(methionine), 시스테인(cysteine), 시스틴(cystine), 비타민 B_1, 비오틴, 담즙산, 콘드로이틴황산(chondroitin sulfate) 등에 함유되어 있다. 황은 쇠고기, 콩, 생선, 달걀, 파, 마늘, 겨자유 등 일반식품의 단백질 중에 널리 분포되어 있다.

3) 미량 무기질

(1) 철

철(iron, Fe)은 인체에 약 3~4 g 함유되어 있는데 헤모글로빈과 마이오글로빈(myoglobin)의 구성성분이 된다. 식품 중의 철은 Fe^{2+}(제1철)과 Fe^{3+}(제2철)의 형태로 존재하는데 Fe^{2+}가 Fe^{3+}에 비해 인체 내 흡수율이 더 높다. 식품 중 비타민 C가 존재할 경우 Fe^{3+}가 Fe^{2+}로 바뀌므로 흡수가 잘 되지만, 피트산이나 인산을 많이 함유하고 있으면 철과 불용성 염을 형성하여 흡수가 억제된다. 철은 동·식물성의 식품에 널리 분포하고 있는데,

표7-4 식품 중 철의 함량

식물성 식품	함량(mg/100 g)	동물성 식품	함량(mg/100 g)
무청(생것)	7.3	쇠고기(등심)	2.2
고춧잎(마른 것)	31.6	돼지고기(삼겹살)	0.42
콩(대풍, 말린 것)	10.9	바지락	2.68
부추(재래종, 생것)	3.4	우유	0.05
풋고추(생것)	0.5	닭고기(다리)	0.6
시금치(생것)	2.6	달걀(생것)	1.8

자료 : 국립농업과학원, 농식품종합정보시스템

특히 육류, 가금류, 생선, 간, 두류, 전곡, 녹색채소에 다량 함유되어 있다 표7-4.

(2) 구리

구리(copper, Cu)는 인체 내 80 mg 정도 함유되어 있다. 몸속 철을 헤모글로빈으로 바꾸는데 필요하고 아스코브산산화효소, 폴리페놀산화효소 등 여러 효소의 구성성분이 된다. 구리를 많이 함유하고 있는 식품은 간, 내장, 조개, 굴, 곡류의 배아, 콩류, 감자, 포도, 토마토, 바나나, 버섯 등이다.

(3) 아연

아연(zinc, Zn)은 인체 내 2~3 g 정도 함유되어 있는데 단백질 합성과 콜라겐 형성에 핵심적 역할을 하며 췌장 호르몬인 인슐린 생성을 돕는다. 아연은 식품 중에 널리 분포하며 특히 굴에 가장 많이 함유되어 있다.

(4) 요오드

요오드(iodine, I)는 인체 내 30 mg 정도 함유되어 있는데 그 중 60% 이상이 신체 신진대사를 조절하는 갑상샘에 집중되어 있다. 갑상샘 호르몬인 티록신(thyroxine)의 합성 및 에너지 생성과 신경발달에 필요하다. 요오드는 간유, 대구, 굴, 해조류 및 무, 당근, 상추, 토마토 등에 많이 함유되어 있다.

(5) 셀레늄

셀레늄(selenium, Se)은 체내에서 항산화 작용, 비타민 E 절약작용 등에 관여하는데 육류, 곡류, 견과류에 많이 함유되어 있다.

(6) 코발트

비타민 B_{12}의 구성성분인 코발트(cobalt, Co)는 적혈구를 생성하는데 필수적인 무기질로 백미나 콩류에 많이 함유되어 있다.

(7) 불소

불소(fluorine, F)는 뼈와 치아에 존재하여 골다공증 및 충치 발생을 억제하는 효과가 있다. 불소는 육류, 달걀, 우유 등에 조금 함유되어 있으나 주로 음료수로 섭취하는 경우가 많다.

비타민과 무기질

색소

식품에는 붉은색, 보라색, 갈색, 노란색, 오렌지색, 녹색, 파란색, 검은색 등 색소 화합물
이 천연으로 함유되어 있어 식품의 신선도와 품질에 대한 시각적 평가 요인으로 작용한
다. 이러한 천연색소는 식물은 물론 동물과 미생물에 널리 분포되어 있다. 천연색소 외
에도 식품의 가공 또는 조리과정에서 생성되는 색소와 인위적으로 식품에 색을 내기 위
하여 첨가하는 합성색소도 있으나 이 장에서는 천연색소만을 다룬다.

1. 헴 색소

헴(heme) 색소는 철 이온이 포피린(porphyrin)에 배위결합을 하고 있는 헴을 기본구
조로 하는 색소이다 그림 8-1 . 식품에서는 고기에 붉은색을 제공하는 마이오글로빈
(myoglobin, Mb)과 헤모글로빈(hemoglobin, Hb)이 가장 중요하다. 보통 식육에는 마
이오글로빈이 80%, 헤모글로빈이 20% 정도 함유되어 있다.

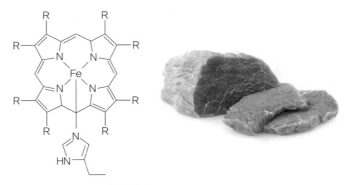

그림 8-1 헴의 구조(R : 알킬기)

1) 구조와 특성

마이오글로빈과 헤모글로빈은 헴에 폴리펩타이드 사슬인 글로빈(globin)이 결합된 화합물로 마이오글로빈은 단위체(monomer), 헤모글로빈은 사합체(tetramer)이다 그림8-2. 헴 색소의 철 이온은 2가(Fe^{2+}) 또는 3가(Fe^{3+})의 산화상태로 존재할 수 있다.

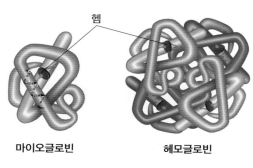

헴

마이오글로빈　　　헤모글로빈

그림8-2　마이오글로빈과 헤모글로빈의 구조

2) 마이오글로빈과 고기의 색

고기의 색은 마이오글로빈 함량에 따라 차이가 있는데 마이오글로빈 함량이 높을수록 고기의 색이 진하다. 예를 들어 닭고기, 돼지고기에 비해 마이오글로빈 함량이 높은 쇠고기가 짙은 색을 나타낸다. 또한 마이오글로빈 구조 중 포피린 고리의 철 이온의 산화상태와 중앙의 철에 결합한 리간드(ligand)에 따라 고기의 색이 달라진다 그림8-3.

　마이오글로빈과 헤모글로빈이 물 분자와 결합하면 암적색을 띠지만, 산소 분자(O_2)와 결합하면 각각 옥시마이오글로빈(MbO_2)과 옥시헤모글로빈(HbO_2)으로 전환되어 선홍색을 띤다. 이 반응을 산소화(oxygenation)라고 하며 헴 구조의 중앙에 있는 철 이온의 산화상태(Fe^{2+})는 변하지 않는다. 그러나 산소가 제한적으로 공급될 때는 마이오글로빈과 헤모글로빈이 산소화 대신 산화(oxidation)되어 중앙의 철이온이 Fe^{3+} 상태인 갈색의 메트마이오글로빈(metmyoglobin, Met-Mb)과 메트헤모글로빈(methemoglobin, Met-Hb)으로 전환된다. 또한 고기를 가열하면 헴 색소의 글로빈이 변성되어 분리되므로 헴은 유리되고 철 이온은 Fe^{3+}로 산화되어 헤마틴(hematin)을 생성한다. 헴이나 베이컨 등을 제조할 때 염지공정(curing)에서 사용하는 아질산염(nitrite)에서 유래한 산화질소(nitric oxide)는 마이오글로빈의 헴에 결합되어 밝은 분홍색의 산화질소마이오글로빈(nitric oxide myoglobin, NO−Mb)으로 전환되고 이후 가열공정에서 나이트로소헤모크롬(nitrosohemochrome)으로 전환되어 분홍색으로 고정된다. 이들의 철 이온 산화상태는 모두 Fe^{2+}이다.

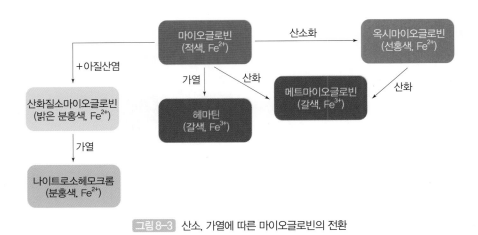

그림8-3 산소, 가열에 따른 마이오글로빈의 전환

2. 카로테노이드

카로테노이드(carotenoid)는 황색, 주황색, 적색 등을 띠는 지용성 색소로, 오렌지, 토마토, 당근 등의 식물, 새우, 게, 연어 등 동물, 미생물 등 자연에 널리 분포되어 있다. 카로테노이드는 식품에서 유리형태(free form)로 존재하거나 단백질과 결합된 형태(complex)로 존재한다.

1) 구조와 종류

카로테노이드는 대부분 아이소프렌(isoprene)을 기본 구조로 하는 40개 탄소로 구성된 터페노이드(terpenoid)로, 구조 내에

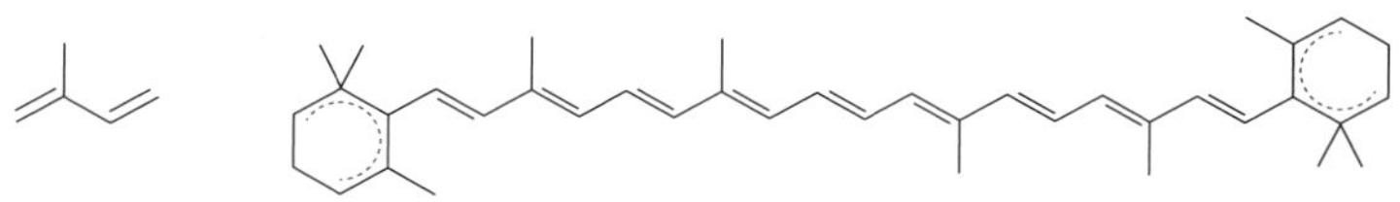

아이소프렌

카로테노이드

그림8-4 아이소프렌과 카로테노이드의 구조

9~11개의 트랜스형의 컬레 이중결합을 갖고 있다 그림8-4. 컬레 이중결합의 수가 많을수록 카로테노이드는 더 진한 적색을 나타낸다. 카로테노이드는 한쪽 또는 양쪽 탄화수소 사슬에 고리를 가지기도 한다. 카로테노이드는 탄소와 수소로만 구성된 전형적인 탄화수소인 카로텐(carotene)과 산소를 가진 하이드록실(hydroxyl), 에폭시(epoxy), 메톡시(methoxy), 알데하이드(aldehyde), 옥소(oxo), 카복실(carboxyl) 또는 에스터(ester)기 등 극성기가 결합된 잔토필(xanthophyll)로 분류한다. 표8-1는 식품에서 흔히 발견되는 카로텐과 잔토필의 예를 보여준다.

표8-1 식품에서 발견되는 카로테노이드의 종류와 구조

카로텐	알파카로텐 (α–carotene)	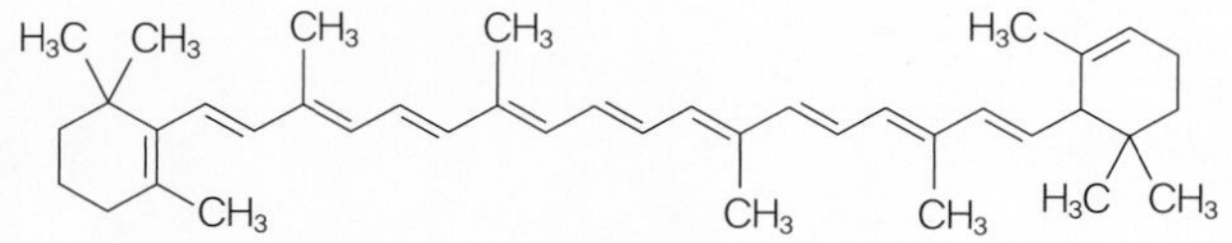
	베타카로텐 (β–carotene)	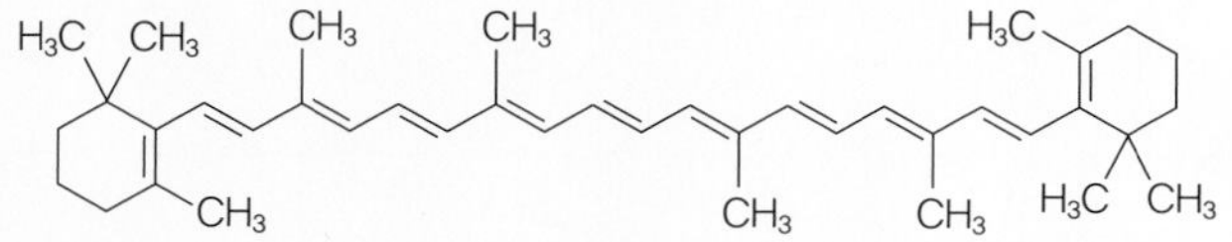
	감마카로텐 (γ–carotene)	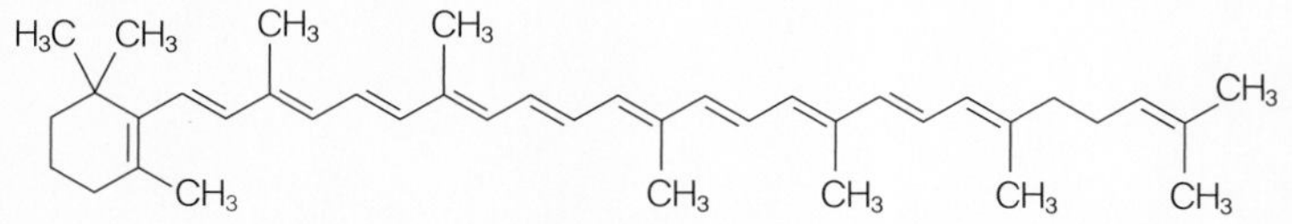
	라이코펜 (lycopene)	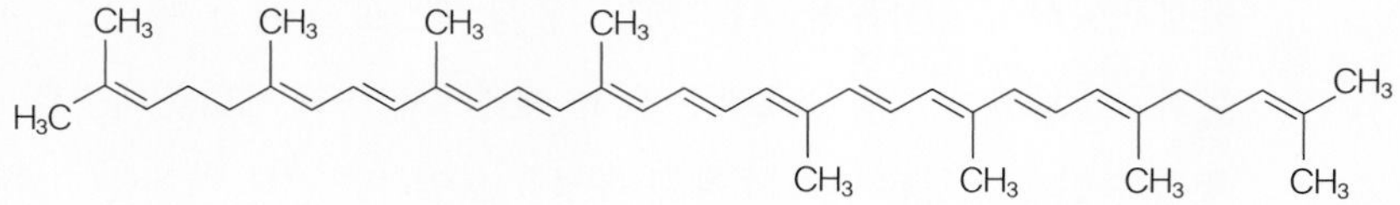

(계속)

잔토필	루테인 (lutein)	
	아스타잔틴 (astaxanthin)	
	퓨코잔틴 (fucoxanthin)	
	비올라잔틴 (violaxanthin)	
	칸타잔틴 (canthaxanthin)	

2) 특성

카로테노이드는 식품의 대표적인 지용성 색소로 물에 녹지 않고 유기용매에 용해된다.
탄화수소로만 구성된 카로텐은 석유 에테르에 녹고 에탄올에는 잘 녹지 않으나 비교적
극성을 띤 잔토필은 반대의 용해 특성을 보인다.

　카로테노이드는 조리 중 비교적 안정하지만 빛과 산화에 취약하여 산소에 의해 직접

산화되거나 지방질의 자동산화 중 산화방지제로서 과산화라디칼 등에 수소를 공여함으로써 자신은 산화된다. 빛과 금속 이온은 카로테노이드의 산화를 촉진하며 그 결과 색과 프로비타민(provitamin) A 활성을 잃는 등 품질과 영양 손실을 초래한다. 이외에도 카로테노이드는 산(acid)에 의해 이성질화(isomerization)가 발생하여 트랜스형에서 시스형으로 전환된다.

3. 엽록소

엽록소(chlorophyll)는 대부분 식물의 색소체(plastid), 녹조류(green algae), 시안박테리아(cyanobacteria) 등에 분포되어 있는 녹색 색소로, 광합성에 관여하는 매우 중요한 색소이다.

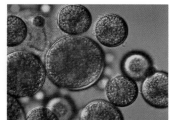

1) 종류와 구조

엽록소의 구조는 마이오글로빈의 구조와 유사하게 포피린(porphyrin) 고리구조를 갖고 있으나, 고리 중앙에 철 대신 마그네슘이, 글로빈 대신 피톨(phytol)기가 피롤(pyrrole) 고리에 에스터 결합을 하고 있는 것이 다르다 그림8-5. 엽록소는 구조에 따라 클로로필 a, b, c, d 등이 있는데 클로로필 a는 모든 생물에서 광범위하게 발견되지만, b는 주로 푸른 잎 식물, c와 d는 균류에 속하는 김 등의 해조류에서 발견된다. 푸른 잎 식물에는 엽록소 a와 엽록소 b가 보통 3 : 1의 비율로 들어 있다.

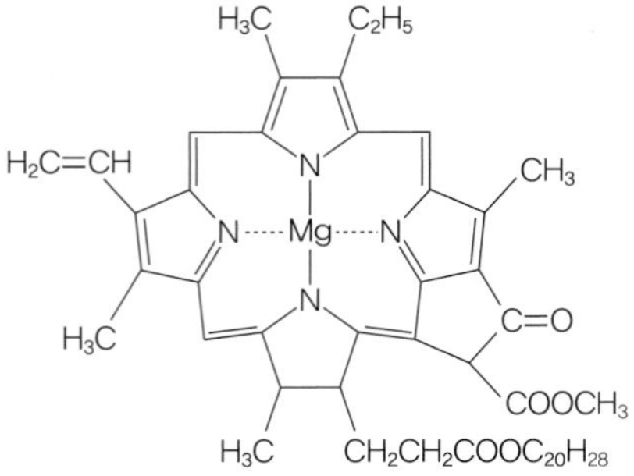

H₃C   C₂H₅
H₂C=CH
N···Mg···N
N
H₃C
CH₃
C=O
H₃C   CH₂CH₂COOC₂₀H₂₈   COOCH₃
클로로필 a

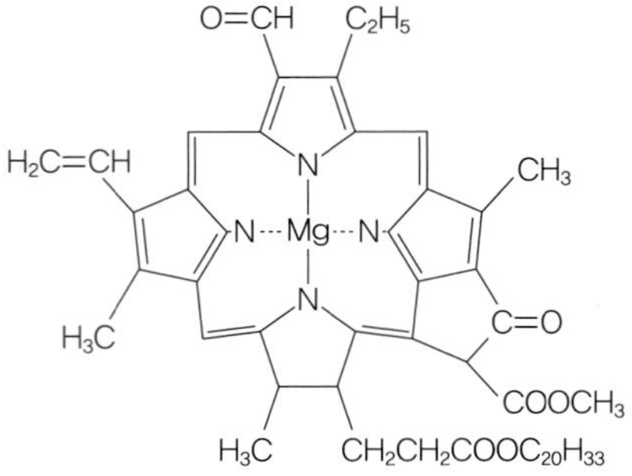

O=CH   C₂H₅
H₂C=CH
N···Mg···N
N
H₃C
CH₃
C=O
H₃C   CH₂CH₂COOC₂₀H₃₃   COOCH₃
클로로필 b

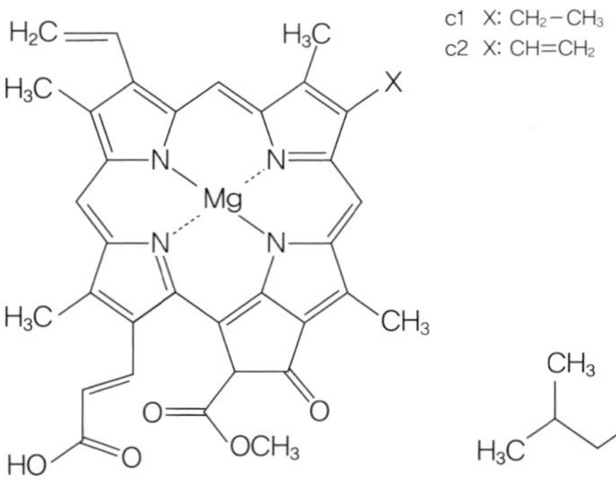

c1 X: CH₂−CH₃
c2 X: CH=CH₂

H₂C
H₃C
N   N   X
Mg
N   N
H₃C   CH₃
HO   O   O   CH₃
클로로필 c

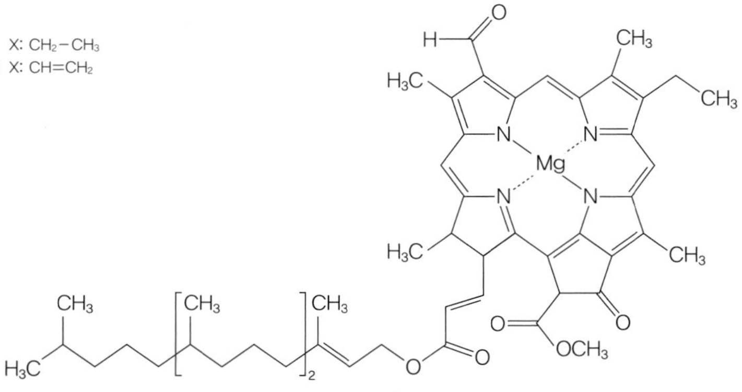

클로로필 d

그림 8-5 엽록소의 구조

2) 특성

엽록소도 카로테노이드와 마찬가지로 지용성 색소로, 물에는 녹지 않으나 아세톤, 에테르, 알코올 등에 용해된다. 엽록소는 식품의 조리, 가공 중 조건에 따라 구조가 변하여 색과 용해 특성이 달라진다 그림 8-6 . 즉 엽록소는 산에 불안정하여 조리 중 식품으로부터 유출된 유기산 등에 의해 구조 중의 마그네슘이 산의 수소이온으로 치환되어 암녹색 (dark green, olive green)의 페오피틴(pheophytin)으로 전환된다. 또한 엽록소 분해효소(chlorophyllase)가 엽록소를 가수분해하면 피톨이 제거되어 선명한 녹색의 수용성 클로로필라이드(chlorophyllide)로 전환된다. 엽록소 분해효소가 페오피틴을 가수분해하여 피톨까지 제거하면 암녹색의 페오포바이드(pheophorbide)로 전환되고, 클로로필라이드 역시 산과 반응하여 구조 내 마그네슘을 수소로 치환하면 페오포바이드로

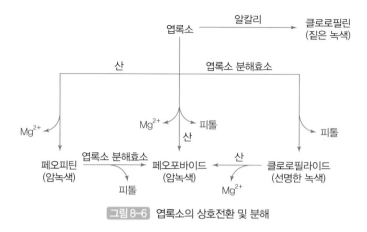

그림 8-6 엽록소의 상호전환 및 분해

전환된다. 한편, 엽록소는 알칼리로 처리하면 피틸 에스터 결합과 메틸 에스터 결합이 가수분해되어 선명한 짙은 녹색을 가진 수용성의 클로로필린(chlorophyllin)을 생성한다. 엽록소는 산 이외에도 빛, 산소, 가열에 의해 쉽게 분해되어 색을 잃어버린다.

엽록소를 구리이온과 함께 가열하면 구리가 엽록소의 마그네슘을 치환하여 클로로필린의 일종인 안정한 청록색의 동클로로필 그림8-7 을 만든다. 동클로로필은 현재 착색 목적의 식품첨가물로 허용되어 있다.

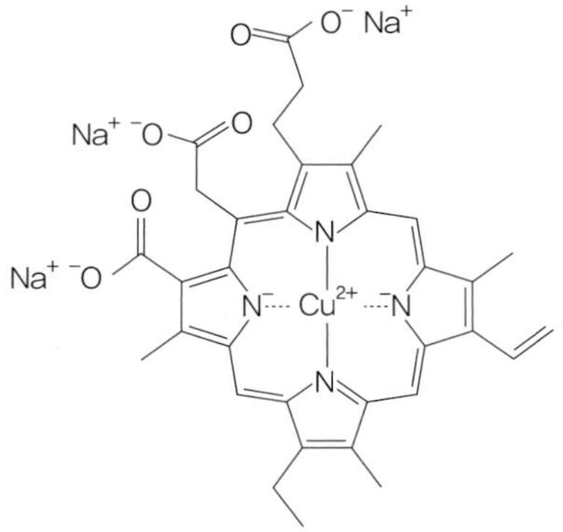

그림 8-7 동클로로필의 구조

201

4. 플라보노이드

플라보노이드(flavonoid)는 2개의 페닐고리(phenyl ring, A와 B)와 1개의 헤테로고리 (heterocyclic ring, C)를 가진 15개 탄소 구조를 기본으로 하는 화합물이다. 구조에 따라 플라본(flavone), 플라본올(flavonol), 플라반온 (flavanone), 플라반올(flavanol), 아이소플라본(isoflavone) 등을 포함하는 안토잔틴(anthoxanthin)과 안토사이아니딘 (anthocyanidin)으로 분류한다 그림8-8. 안토사이아니딘은 안토사이아닌의 아글리콘 (aglycone)으로 이들에 대해서는 안토사이아닌 색소에서 다루기로 한다.

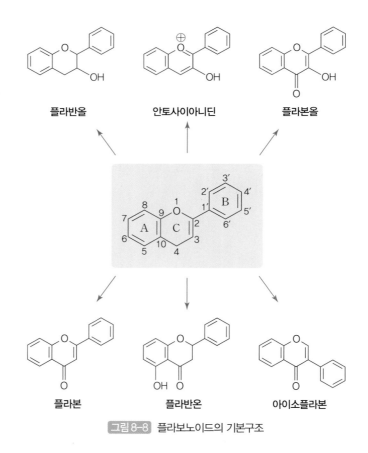

그림8-8 플라보노이드의 기본구조

1) 안토잔틴의 구조와 종류

안토잔틴은 2−페닐벤조피론(2−phenyl-benzopyrone)을 기본 구조로 하며 흰색 또는 무색에서 크림색 또는 황색까지 나타내는 수용성 색소이다. 플라본올에 속하는 쿼세틴(quercetin), 캄페롤(campferol),

미리세틴(myricetin)은 양파와 컬리플라워(cauliflower) 등에, 플라반온인 헤스페리틴(hesperitin)은 오렌지, 레몬 등의 감귤류에 배당체(헤스페리딘, hesperidin)로, 카테킨은 녹차와 코코아에 많이 함유되어 있는 등 식물에 널리 분포되어 있다 표8-2.

표8-2 자연에서 발견되는 안토잔틴의 종류

분류	명칭	구조
플라본(flavone)	루테올린(luteolin)	
	아피제닌(apigenin)	
플라본올(flavonol)	쿼세틴(quercetin)	
	캄페롤(campferol)	

(계속)

	미리세틴(myricetin)	
플라반온 (flavanone)	헤스페레틴(hesperetin)	
	나린제닌(naringenin)	
플라반올(flavanol)	카테킨(catechin)	
	갈로카테킨(gallocatechin)	
	에피카테킨(epicatechin)	
아이소플라본(isoflavone)	제니스테인(genistein)	
	다이제인(daidzein)	
	글리시테인(glycitein)	

안토잔틴은 자연계에서는 대부분 람노스(rhamnose), 글루코스(glucose), 루티노스(rutinose) 등의 당과 글리코사이드(glycoside) 결합을 이룬 배당체로 존재한다. 당은 A 고리의 C-7의 하이드록실기에 많이 결합되며, C-3, C-5의 하이드록실기에 결합되기도 한다. 헤스페레틴(hesperetin), 나린제닌(naringenin), 쿼세틴(quercetin)의 루티노스 배당체는 각각 헤스페리딘(hesperidin), 나린진(naringin), 루틴(rutin)이다 그림8-9.

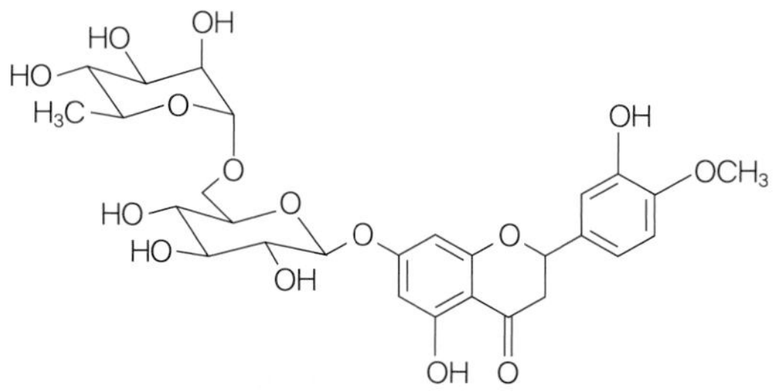

헤스페리딘

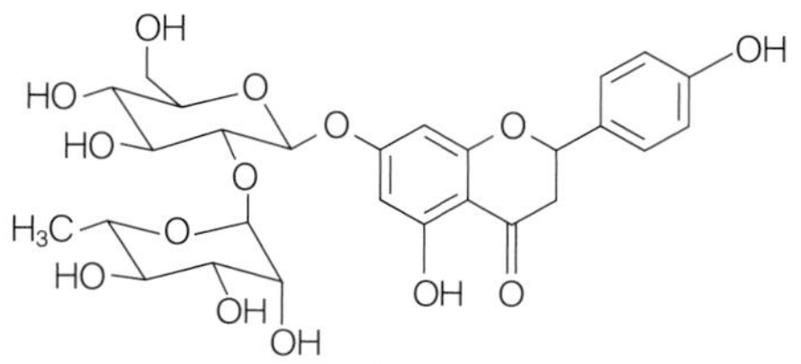

나린진

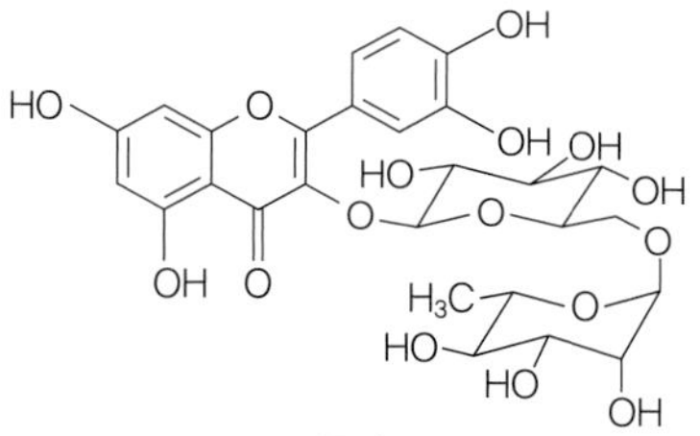

루틴

그림 8-9 여러 안토잔틴 배당체의 구조

2) 안토잔틴의 특성

안토잔틴은 물과 알코올에 잘 녹고, 일반적으로 산성 용액에서는 흰색이 더 짙어지며, 알칼리성 용액에서는 노란색을 나타낸다. 또한 안토잔틴은 금속 이온과 무기물에 의해 변색되는데, 철 이온과 반응하면 녹색, 청갈색 또는 암청색의 불용성 착화합물을 만든다. 따라서 안토잔틴은 금속 이온의 킬레이터(chelator)로 작용할 수 있다. 이외에도 산과 베타글루코시데이스(β-glucosidase) 등의 효소는 안토잔틴 배당체의 글리코사이드 결합을 분해하는데, 나린지네이스(naringinase, rhamnosidase)와 글루코시데이스가 감귤의 쓴맛 성분인 나린진(naringin)에 차례로 작용하면 람노스, 글루코스, 나린제닌으로 가수분해되어 감귤의 쓴맛이 감소된다. 플라보노이드 배당체는 가열 조리과정 중 비교적 안정하다.

5. 안토사이아닌

안토사이아닌(anthocyanin)은 블루베리, 포도, 딸기, 망고, 가지 등 과일과 채소를 포함한 거의 모든 식물에 함유되어 있는 적색, 청색, 보라색, 검정색 색소로서 세포질에 용액상태로 들어 있다.

1) 구조와 종류

안토사이아닌 구조는 아글리콘인 안토사이아니딘과 당으로 구분된다. 안토사이아니딘은 양이온인 플라빌리움(flavylium)을 기본구조로 하고, C-3, C-5, C-7의 세 자리에 하이드록실기를 가지고 있다. 천연에서 흔히 발견되는 종류로는 사이아니딘(cyanidin), 델피니딘(delphinidin), 말비딘(malvidin), 펠라고니딘(pelargonidin), 페오니딘(peonidin), 페투니딘(petunidin) 등이 있다 그림8-10 .

안토사이아닌은 안토사이아니딘이 당과 글리코사이드 결합을 이룬 색소로 대부분 글루코스, 갈락토스, 람노스, 자일로스(xylose), 아라비노스(arabinose)가 플라빌리움의 C-3 하이드록실기에 결합되어 있다 그림8-11 . 따라서 1개의 당이 결합된 안토사이아닌은 C-3의 하이드록실기에, 2개의 당이 결합된 안토사이아닌은 모두 C-3 하이드록실기 또는 C-3과 C-5 하이드록실기에 하나씩 결합된다. 또한 안토사이아니딘에 결합된 당은 아세트산, 시트르산, 아스코브산, 석신산(succinic acid), 말산(malic acid), 카페산(caffeic acid), 쿠마르산(coumaric acid) 등 유기산과의 아실 결합을 통해 아실 안토사이아닌(acylated anthocyanin)을 만들기도 한다.

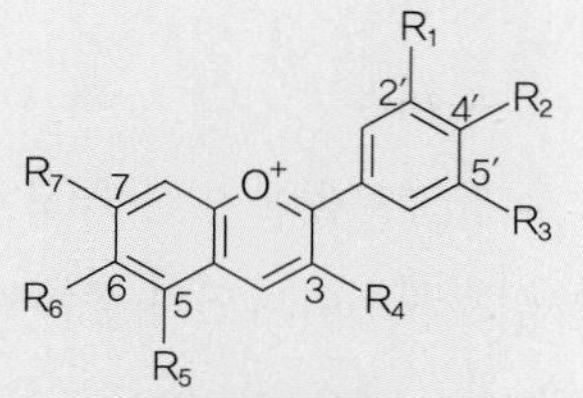

플라빌리움 이온

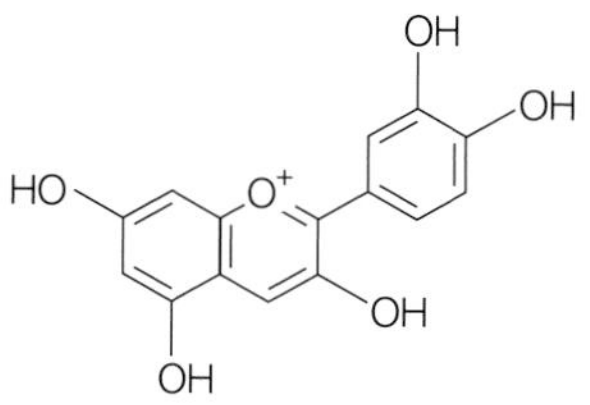

사이아니딘(cyanidin)

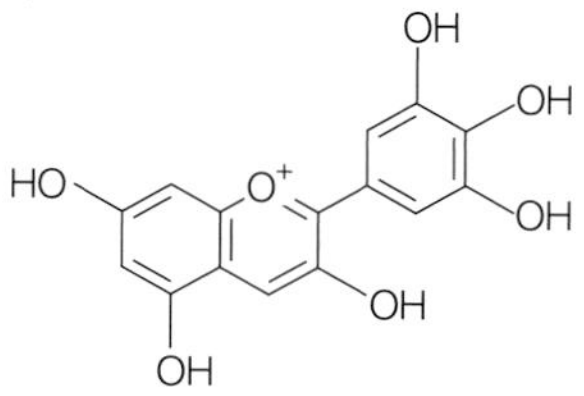

델피니딘(delphinidin)

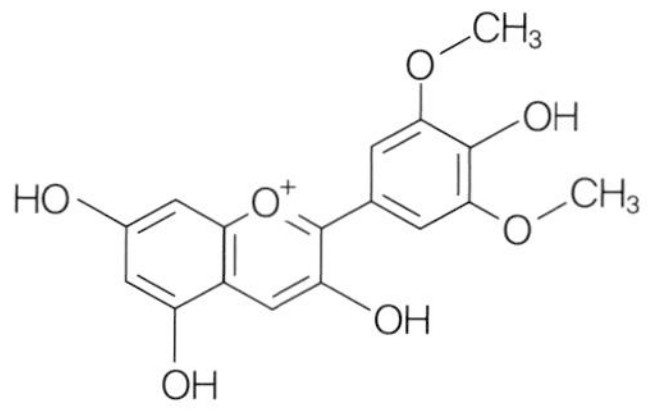

말비딘(malvidin)

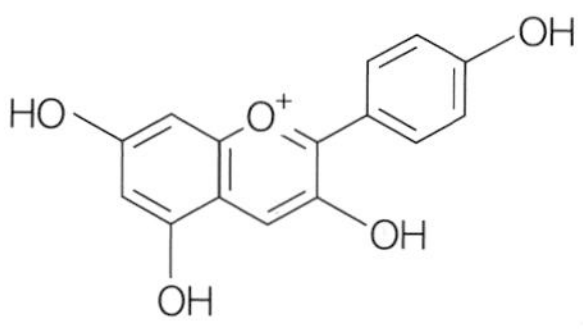

펠라고니딘(pelargonidin)

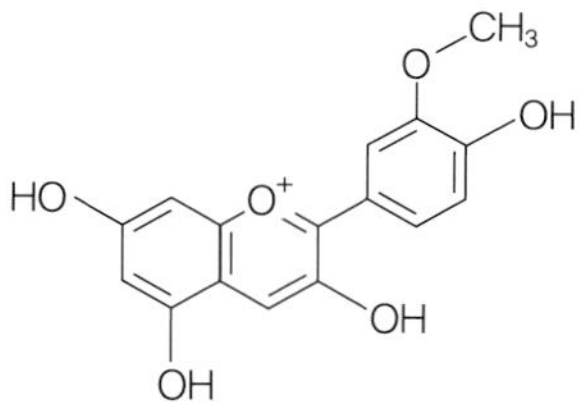

페오니딘(peonidin)

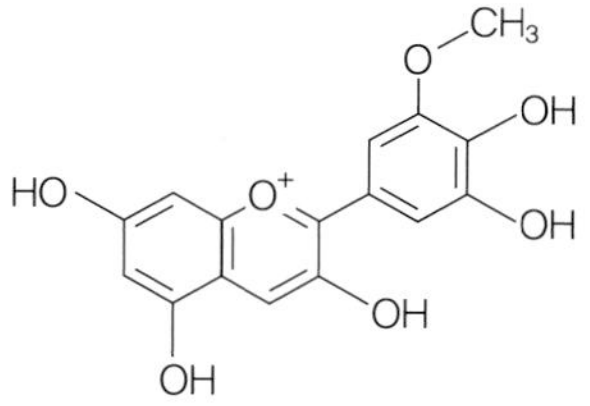

페투니딘(petumidin)

그림 8-10 플라빌리움 이온과 안토사이아니딘의 구조

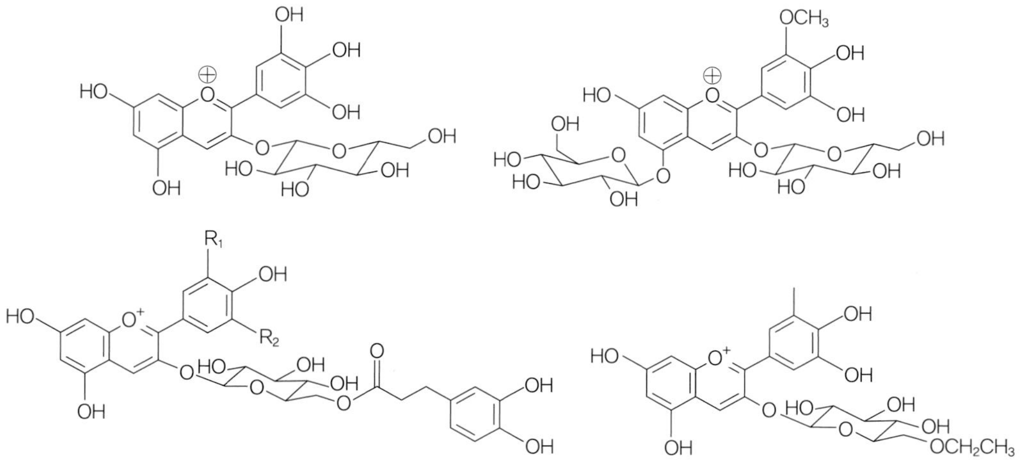

그림 8-11 다양한 안토사이아닌의 구조

2) 특성

안토사이아닌은 수용성 색소로 물과 알코올에는 잘 녹고 비극성 유기용매에는 녹지 않는다. 안토사이아닌의 용해도는 안토사이아니딘의 종류와 구조의 극성에 따라 달라지는데, 델피니딘, 펠라고니딘은 말비딘, 페오니딘, 페투니딘에 비해 물에 대한 용해도가 높다. 알코올에서의 용해도는 안토사이아닌 아글리콘이 배당체에 비해 높으며, 말비딘은 알코올보다는 물에 대한 용해도가 높다. 또한 안토사이아닌의 용해도는 낮은 pH에서 높다.

안토사이아닌은 일반적으로 반응성이 높아 쉽게 분해되며, 색과 안정성은 안토사이아닌의 구조, pH, 온도, 빛, 산소, 금속 이온 등에 따라 달라진다. 빛과 온도 증가는 안토사이아닌의 분해를 증가시키므로 낮은 온도에서 빛을 차단하고 저장하는 것이 좋다. 안토사이아닌은 중성 또는 염기성 pH보다는 산성 pH에서 안정한데, 일반적으로 산성에서는 적색, 알칼리성에서는 청색을 나타낸다. pH에 따른 색의 차이는 안토사이아닌 구조 변화와 관련이 있다. 즉, 안토사이아닌은 산성에서 적색의 플라빌리움 양이온(flavylium cation) 구조가 우세하며, pH가 4~6에서 수소를 잃고 무색의 카비놀 유사염기(carbinol pseudobase)로 전환된다. pH를 더 증가시키면(pH=8) 무색의 칼콘(chalcone)이 생성되고 이후 pH가 더 증가하면 퀴논 음이온 생성이 크게 증가하여 청

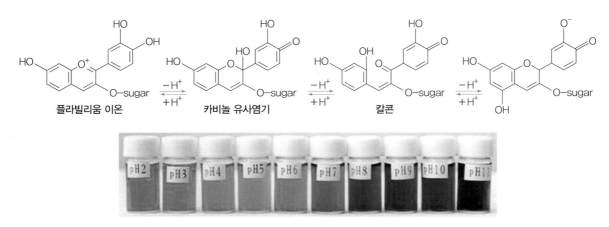

플라빌리움 이온   카비놀 유사염기   칼콘

그림 8-12 pH에 따른 안토사이아닌의 구조 변화와 색

자료 : Wahyuningsih S, Wulandari L, Wartono MW, Munawaroh H, Ramelan AH. The Effect of pH and Color Stability of Anthocyanin on Food Colorant. IOP Conf. Ser.: Mater. Sci. Eng. 193 012047(DOI https://doi.org/10.1088/1757-899X/193/1/012047). 2017.

색을 나타낸다 그림8-12. 따라서 강산성에서 안토사이아닌 용액은 플라빌리움 양이온이 우세하여 적색을 띠지만, pH 4~6에서는 별로 색을 띠지 않는다. 염기성이 강해지면 퀴논 음이온 생성이 많아지면서 청색을 나타낸다. 안토사이아닌의 pH에 대한 안정성은 안토사이아니딘 구조에 따라 다르다. 높은 pH에서의 안정성은 페오니딘이 사이아니딘, 델피니딘, 펠라고니딘에 비해 높다.

플라보노이드와 철, 주석, 아연, 구리, 알루미늄 등의 금속이온은 안토사이아니딘과 불용성 착화합물을 형성함으로써 색을 안정화시키는데, 이를 공색소화(copigmentation)라고 한다. 그 결과 가시광선에 대한 흡광도가 증가하고 최대흡수파장이 길어진다. 한편 아실 안토사이아닌은 안토사이아닌에 비해 안정성이 높다.

6. 베타레인

베타레인(betalain)은 적색 또는 황색의 수용성 색소로 비트(*Beta vulgaris*) 등의 식물과 담자균강(*Basidiomycetes*) 등의 균류에서 발견된다.

1) 구조와 종류

베타레인은 질소를 함유한 인돌(indole) 구조를 갖고 있으며, 적색에서 보라색을 나타내는 베타사이아닌(betacyanin)과 황색에서 오렌지색을 나타내는 베타잔틴(betaxanthin)으로 분류한다. 베타사이아닌에는 베타닌(betanin), 아마란틴(amaranthin), 필로칵틴(phyllocactin) 등이 있다. 베타잔틴에는 미라잔틴(miraxanthin), 인디카잔틴(indicaxanthin) 등이 있는데 그림8-13, 베타닌이 가장 많이 알려져 있다. 베타사이아닌은 안토사이아닌과 마찬가지로 보통 배당체로 존재하며, 베타닌은 아글리콘인 베타니딘(betanidin)에 글루코스가 결합되어 있다.

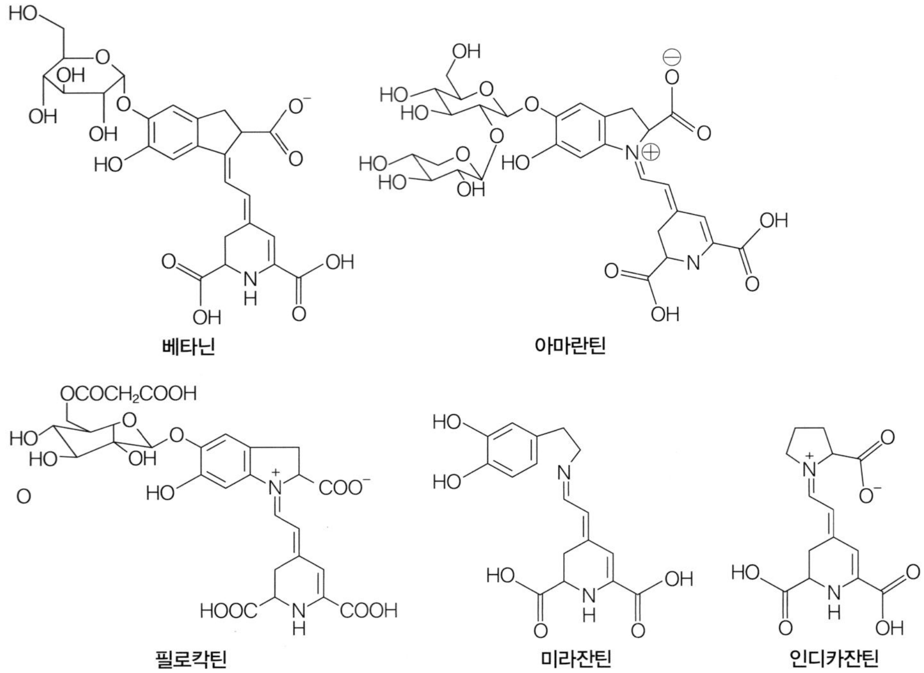

베타닌 **아마란틴** **필로칵틴** **미라잔틴** **인디카잔틴**

그림 8-13 베타레인의 구조

2) 특성

베타닌은 pH 3~7에서는 비교적 안정하며, 산성 pH에서는 적색을 띠다가 pH가 증가함에 따라 보라색으로 변하는데 알칼리성에서는 가수분해되어 황색-갈색을 나타낸다. 수분은 가수분해를 촉진한다. 또한 베타닌은 빛, 열, 산소에도 취약하여 분해되며 수분함량이 높거나 철 또는 구리 등의 금속 이온이 함께 있을 때 산화에 더욱 취약하다. 그러나 건조 상태에서는 산소에 비교적 안정하다. 베타닌은 좋은 수소 또는 전자주개(hydrogen/electron donor)로 라디칼 소거활성을 나타내며, 특히 중성과 알칼리성에서 높은 활성을 보인다.

7. 타닌

타닌(tannin)은 차, 커피, 미성숙 과일, 나무껍질 등에서 발견되며 쓴맛과 떫은맛을 내는 수용성 색소이다.

1) 구조와 종류

타닌은 폴리페놀 화합물로서 12개 이상의 하이드록실기와 5개 이상의 페닐기를 가진 고분자화합물로 타닌산(tannic acid)이 대표 화합물이다. 타닌은 가수분해성 타닌(hydrolyzable tannin), 플로로타닌(phlorotannin)과 축합타닌(condensed tannin)으로 분류할 수 있다 표8-3.

　가수분해성 타닌은 파이로갈롤형 타닌(pyrogallol-type tannin)이라고도 부르며 산과 함께 가열하면 갈산(gallic acid) 또는 엘라그산(ellagic acid)을 내는 타닌이다. 이 타닌의 중심에는 글루코스 등의 당이 페놀산의 하이드록실기와 에스터 결합을 이루고 있다. 플로로타닌은 켈프(kelp) 등의 갈조류(brown algae)에서 발견되며 플로로글루시놀(phloroglucinol)의 소중합체(oligomer)이다. 축합타닌은 플라반의 축합에 의해 만들어진 중합체로 선형(linear) 또는 분지형(branched) 구조를 가지며 당 잔기(sugar residue)는 가지지 않는다. 축합타닌은 산화되어 분해되면 안토사이아니딘을 생성하므로 프로안토사이아니딘(proanthocyanidin)이라고도 한다.

표 8-3 타닌의 분류와 단위구조

분류	단위구조	예
가수 분해성 타닌	 갈산(gallic acid)	
플로로 타닌	 플로로글루시놀(Phloroglucinol)	
축합 타닌	 플라반-3-올(Flavan-3-ol)	

2) 특성

타닌은 페놀기를 여러 개 가진 화합물로 아미노산, 단백질, 알칼로이드(alkaloid) 등을 침전시킨다 그림8-14 . 산 또는 염기와 함께 가열하면 가수분해성 타닌은 탄수화물과 페놀산을 만들지만 축합 타닌은 플로로글루시놀(phloroglucinol) 등의 플로바펜(phlobaphene)을 만든다.

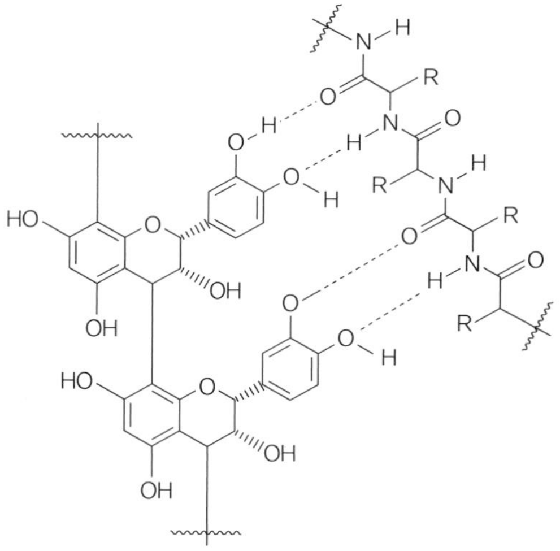

그림 8-14 타닌과 단백질 사이의 수소결합

자료 : Naumann HD, Tedeschi L, Zeller WE, Huntley NF. The role of condensed tannins in ruminant animal production : Advances, limitations and future directions. R. Bras. Zootec., 46 : 929−949. 2017.

8. 기타

1) 멜라닌

멜라닌(melanin)은 진한 갈색−검정색을 나타내는 색소로 식물, 동물, 미생물에서 발견된다. 식물에 존재하는 멜라닌은 카테콜 멜라닌(catechol melanin)이라고 하며, 폴리페놀산화효소(polyphenol oxidase) 등의 효소에 의한 갈변반응의 결과로 생성된다. 동물의 멜라닌은 주로 눈, 피부, 머리카락 등에 분포되어 있다.

2) 커큐민

커큐민(curcumin)은 강황(turmeric, *Curcuma longa*)에서 발견되는 밝은 황색의 지용성 색소로, 2개의 $\alpha,\beta-$

불포화 카보닐기 각각에 페놀이 결합된 구조를 가진다. 커큐민은 유기용매에서는 엔올(enol)형으로, 물에서는 케토(keto)형으로 존재하는 토토머(tautomer) 화합물이다 그림 8-15 . 커큐민은 빛에 노출되면 색이 바래지만 열에는 비교적 안정하다.

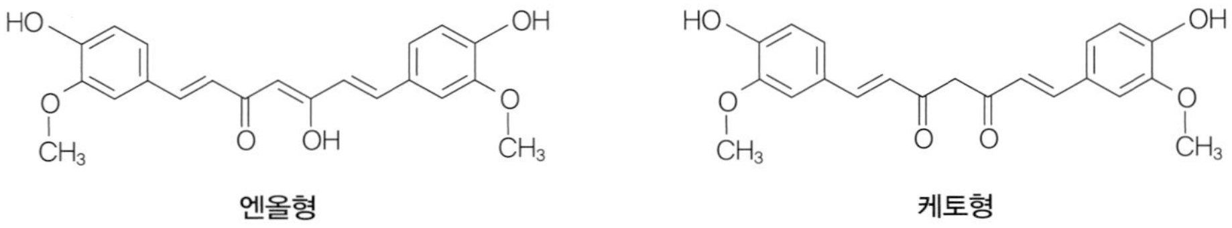

엔올형

케토형

그림 8-15 커큐민의 구조

3) 카민

카민(carmine)은 깍지벌레(cochineal insect, *Dactylopius coccus*) 암컷으로부터 얻는 수용성 색소이다. 카민산(carminic acid)의 알루미늄염 구조를 가지며 그림 8-16 밝은 적색을 띤다. 카민은 빛과 열에 안정하며 산화에 대한 저항성도 강하다.

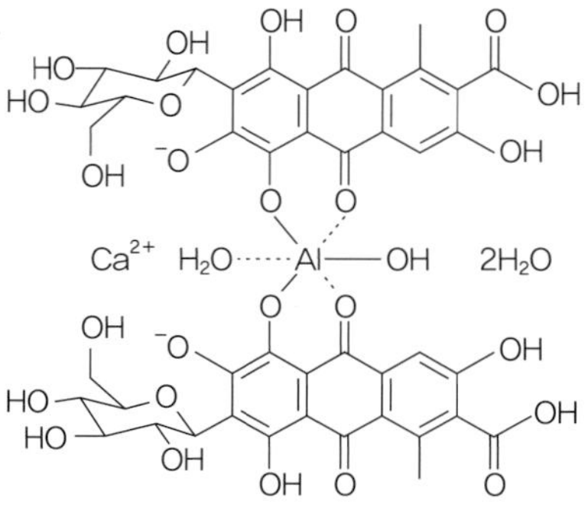

그림 8-16 카민의 구조

향미

CHAPTER

09 향미

모든 식품은 고유의 맛과 냄새를 가지고 있다. 일반적으로 식품의 맛과 냄새를 합쳐 향미(flavor)라고 한다. 향미는 맛(미각, taste), 냄새(후각, odor)뿐만 아니라 촉각(tactile), 통각(pain), 온열감각(thermal sensation) 등에 의해 식품이 부여하는 종합적인 감각(complex sensation)이다. 식품의 향미는 생산자나 판매자가 생산이나 유통 중의 품질관리를 위한 관능적 요소 중의 하나이면서 소비자들이 식품을 선택하는 기준이 되는 기호적 가치를 결정하는 중요한 요소이다. 일반적으로 식품의 비휘발성 성분은 미각으로, 휘발성 성분은 후각으로 인식되며 기타 성분이나 특성들도 구강이나 비강 안을 자극하여 기타 향미감각으로 나타난다 **그림9-1**. 향미성분은 대부분 비영양 물질인 경우가 많고, 낮은 농도로 존재하며 열에 의해 쉽게 변하는 성질이 있다.

1. 맛

식품은 각각 고유의 맛을 가지고 있고, 이러한 맛을 내는 성분들은 식품의 기호성을 결정하는 가장 중요한 요소이다. 일반적으로 맛을 나타내는 성분은 수용성이면서 비휘발성이고, 냄새 성분보다 높은 농도로 식품에 존재한다.

1) 맛의 인지

맛 감각은 혀의 미각수용체와 맛 성분인 화학물질의 상호작용에 의해 감지되는 화학적 감각이다. 혀의 표면에는 여러 종류의 유두(papillae)가 존재하고, 그 안에는 미뢰(taste bud)가 분포하며, 미뢰에는 미각수용체(taste receptor)가 있어 맛을 인지하게 된다.

　유두는 그 생김새에 따라 성곽유두(성곽형, circumvallate), 버섯유두(균상, fungiform), 잎새유두(엽상, foliate), 실유두(섬유상, filiform)의 네 가지가 있고, 혀의 위치에 따라 그 분포가 다르다. 유두의 밑에는 여러 개의 미뢰가 있고, 미뢰는 약 40개

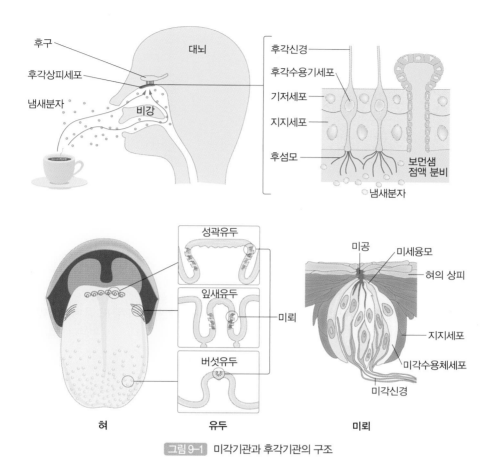

후구
대뇌
후각신경
후각상피세포
후각수용기세포
냄새분자
기저세포
비강
지지세포
후섬모
보먼샘
점액 분비
냄새분자

성곽유두
미공
미세융모
혀의 상피
잎새유두
미뢰
지지세포
버섯유두
미각수용체세포
미각신경

혀   유두   미뢰

그림 9-1 미각기관과 후각기관의 구조

의 미각세포와 지지세포로 구성되어 있다. 미각세포의 위쪽 끝에는 미세융모가 있고 그 안에 미각신경이 분포되어 있다 그림 9-1. 미뢰의 표면에는 미공(taste pore)이라는 작은 구멍이 있는데 맛을 내는 물질이 미공으로 들어가서 실모양으로 돌출되어 있는 미세융모와 접하게 되고, 그 내부에 있는 미각신경을 통하여 대뇌의 미각중추에 전달됨으로써 맛을 느끼게 된다.

맛을 감지할 수 있는 최소한의 농도를 미각역치(taste threshold)라고 하는데, 맛을 나타내는 성분의 미각과 그 정도는 종류에 따라 각각 다르기 때문에 미각의 정도를 비교하는 방법으로 사용한다. 역치는 감지방법에 따라 감각을 느낄 수 있는 최저 농도인 절대역치(absolute threshold)와 어떤 종류의 감각인지 뚜렷하게 인식할 수 있는 최저 농도인 인식역치(recognition threshold)가 있다.

2) 맛의 분류

(1) 기본 맛

어떤 맛이 기본 맛(basic taste)이 되기 위해서는 다른 기본 맛과는 다른 미각수용체 부위가 존재해야 하고, 맛의 질이 다른 기본 맛과 확실히 달라야 하며, 여러 기본 맛 성분을 혼합하더라도 그 맛을 나타낼 수 없어야 한다. 지금까지 단맛, 쓴맛, 신맛, 짠맛의 4원미설(four basic tastes)이 인정되어 왔으나 최근 들어 감칠맛(umami taste)이 기본 맛의 조건을 충족하는 것으로 인정되어 이를 포함한 총 5가지를 기본 맛으로 하고 있다.

① 단맛

단맛(sweet taste)을 내는 성분은 당류, 당알코올류, 아미노산류와 고감도 감미료가 있다.

가. 당류

일반적으로 단당류 및 이당류는 단맛을 가지고 있으며 같은 당이라도 온도에 따라 단맛이 변한다. 이는 α형과 β형의 입체구조 차이 때문인데, 수크로스(sucrose)는 비환원당으로 α, β형의 이성질체가 존재하지 않아 동일 농도와 온도에서는 항상 일정한 단맛을 가진다. 이에 수크로스는 단맛의 표준물질로 이용되는데 단맛 물질의 수크로스에 대한 상대적인 감미도는 표9-1 과 같다.

프럭토스(과당, fructose)는 꿀, 전화당의 성분으로 천연의 당류 중 단맛이 가장 강하다. β형이 α형보다 3배 정도 더 강한 단맛을 가지고 있는데, 온도가 내려가면 β형이 증가하고 올라가면 β형이 α형으로 변해 단맛이 감소한다. 따라서, 프럭토스를 함유하고 있는 과일은 차게 해서 먹는 것이 더 달다. 반면에 글루코스(포도당, glucose)는 α형이 β형보다 1.5배 단맛이 강하지만, α형이 온도에 불안정하여 가열하면 β형이 증가하여 단맛이 약해진다. 말토스(엿당, maltose)는 자연식품에 β형으로 존재하고 물엿이나 식혜의 단맛을 이루며, α형으로 변환되면 더 강한 단맛을 나타는데, 가열 시 α형이 증가하여 단맛이 강해진다. 락토스(젖당, lactose)는 천연의 당류 중 가장 약한 단맛을 지니고 있고, 포유동물의 젖에 존재하며 β형이 조금 더 달다. 분유가 습기를 흡수하면 β형이 α형

표 9-1 단맛 물질의 종류와 감미도

구분	단맛 물질	감미도	구분	단맛 물질	감미도
당류	수크로스	1	아미노산류	알라닌	0.6
	프럭토스	1.5~1.8		글리신	0.7
	글루코스	0.5~0.7	천연 고감도 감미료	글리시리진	50~100
	전화당	0.9~1.2		스테비오사이드	300
	락토스	0.2~0.3		페릴라틴	2,000
	말토스	0.5~0.6		필로둘신	500
	갈락토스	0.6		모넬린	1,500~3,000
	자일로스	0.4		토마틴	2,000~3,000
당알코올류	자일리톨	0.9~1	합성 고감도 감미료	사카린	300~500
	마니톨	0.7		수크랄로스	500~600
	소비톨	0.5~0.7		아스파탐	100~200
	에리스리톨	0.7		아세설팜포타슘	200

으로 변해 단맛이 감소한다.

나. 당알코올류

당알코올(sugar alcohol)은 단당류나 올리고당류가 환원된 형태의 화합물로, 하이드록시기(−OH)가 증가함에 따라 단맛이 증가한다. 단맛을 내는 대표적인 당알코올은 자일리톨(xylitol), 소비톨(sorbitol), 마니톨(mannitol), 에리스리톨(erythritol) 등이 있다.

다. 아미노산류

아미노산(amino acid) 중에는 글리신(glycine), 알라닌(alanine), 프롤린(proline), 루신(leucine) 등이 단맛을 가지고 있다.

라. 천연 대체감미료

대체감미료는 수크로스보다 달지만 열량이 거의 없고 당이 들어 있지 않아 다이어트를 하는 사람과 당뇨병에 걸린 사람이 많이 이용한다. 식물에서 발견되어 전통적으로 사용되고 있는 천연 대체감미료는 감초에 함유되어 있는 단맛 성분인 글리시리진

(glycyrrhizin), 스테비아(Stevia rebaudiana)에서 추출된 스테비오사이드(stevioside), 차조기(자소, Perrila frutescens) 유래의 페릴라틴(perillatine, 자소당), 감차(Hydragea macrophylla) 유래의 필로둘신(phyllodulcin) 등이 있다. 이 외에도 식물체에서 추출되는 단백질 중 단맛을 내는 성분인 모넬린(monellin), 토마틴(thaumatin)이 있는데 이들은 각각 아프리카에 서식하는 Dioscorephyllum cumminsii과 Thaumatococcus daniellii의 열매 성분이다.

마. 합성 대체감미료

인공적으로 합성되어 사용되고 있는 합성 대체감미료 중 국내 사용이 허가된 것은 사카린나트륨(sodium saccharine), 수크랄로스(sucralose), 아스파탐(aspartame), 아세설팜칼륨(acesulfame potassium) 등이 있다. 이들 외에도 국내에는 허가되어 있지 않지만 일부 국가에서 허용되고 있는 알리탐(alitame), 네오탐(neotame), 사이클람산나트륨(cyclamate sodium) 등이 있다.

② 쓴맛

쓴맛(bitter taste)은 식품에서 일반적으로 바람직하지 않게 생각되지만, 커피, 코코아, 차, 맥주, 초콜릿과 같이 소량의 쓴맛은 오히려 식품의 맛을 강화시켜 주기도 한다. 쓴맛을 내는 물질로는 알칼로이드, 배당체, 아미노산 및 펩타이드, 케톤류, 무기염류 등으로 매우 다양하다. 알칼로이드는 식물체에 존재하는 함질소염기성 화합물을 총칭하며, 이들은 대부분 쓴맛과 약리작용을 가진다. 대표적인 알칼로이드 쓴맛 성분은 카페인(caffeine), 테오브로민(theobromine), 퀴닌(quinine) 등이 있다 그림9-2 . 과실과 채소

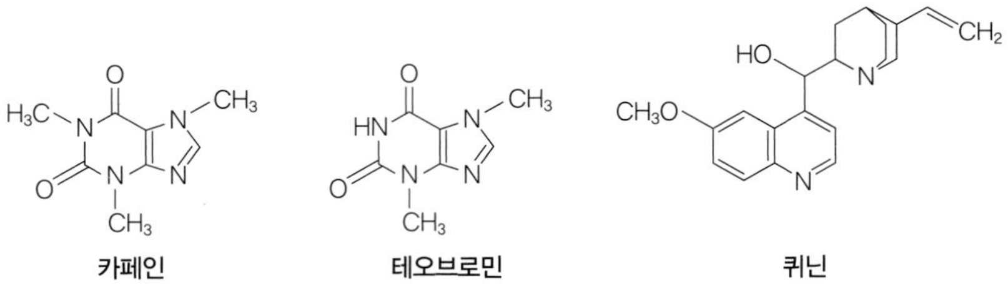

| 카페인 | 테오브로민 | 퀴닌 |

그림9-2 알칼로이드계 쓴맛 성분의 종류와 구조

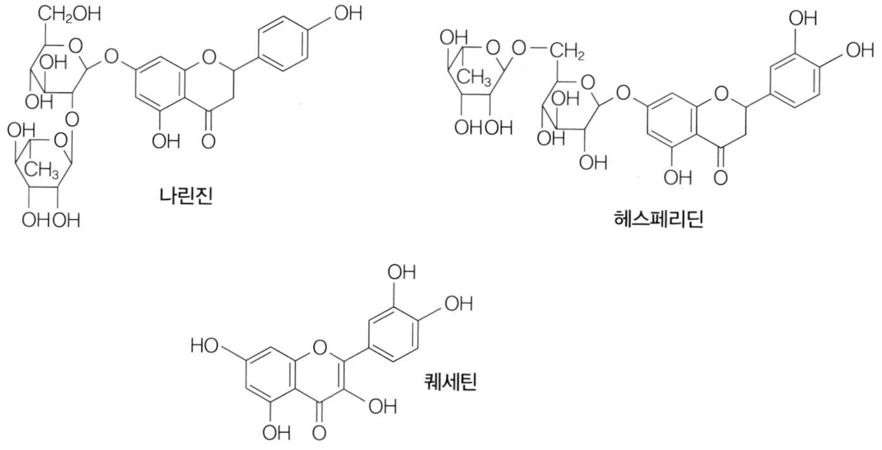

나린진

헤스페리딘

퀘세틴

그림 9-3 배당체 쓴맛 성분의 종류와 구조

에서 쓴맛을 유발하는 성분은 배당체인 나린진(naringin)과 헤스페리딘(hesperidin), 쿠쿠비타신(cucurbitacin), 퀘세틴(quercetin) 등이 있다 그림9-3.

케톤계 쓴맛 성분은 맥주의 쓴맛 성분인 후물론(humulone)과 루풀론(lupulone)이 있고, 아미노산류에는 루신(leucine), 아이소루신(isoleucin), 아르지닌(arginine), 메티오닌(methionine), 트립토판(tryptophan), 페닐알라닌(phenylalanine) 등이 있다. 염류의 쓴맛 성분은 두부 제조 시 단백질 응고제로 사용되는 간수에서 유래된 염화칼슘, 염화마그네슘 등이 있다. 각 식품별 쓴맛 성분은 표9-2와 같다.

표9-2 쓴맛 성분의 종류

맛	식품명	쓴맛 성분
쓴맛	차	카페인, 테오브로민, 타닌, 퀘세틴
	커피	카페인, 타닌, 클로로겐산
	코코아, 초콜릿	테오브로민
	감귤류	리모닌, 나린진, 헤스페리딘
	오이	쿠쿠비타신
	양파	퀘세틴
	호프	후물론, 루풀론, 아이소후물론, 아이소코후물론

표 9-3 유기산의 종류 및 함유식품

유기산	구조	함유식품
아세트산	CH_3COOH	식초, 김치
젖산	$CH_3CHOHCOOH$	김치, 발효유
타타르산산	COOH HO–CH HO–CH COOH	포도
말산	HO–CHCOOH H_2–CCOOH	사과, 감, 귤
시트르산	CH_3COOH HO–C–COOH CH_3COOH	감귤류

③ 신맛

신맛(sour taste)은 식품에 청량감을 부여함과 동시에 미각을 자극하고 식욕을 증진시키는 작용을 한다. 신맛 성분에는 아세트산(acetic acid, 초산), 젖산(lactic acid), 폼산(formic acid, 개미산), 타타르산(tartaric acid, 주석산), 말산(malic acid, 사과산), 시트르산(citric acid, 구연산), 탄산(H_2CO_3) 등이 있다.

신맛은 수용액 중에서 해리된 수소이온(H^+)과 해리되지 않은 산 분자에 의해 발생하지만, 그 강도는 pH와 반드시 정비례하지는 않는다. 같은 농도에서는 강산용액이 약산용액보다 더 신맛을 내고 그 강도는 폼산>시트르산>말산>젖산>아세트산의 순이다.

산이 해리되면 수소이온과 함께 음이온이 생성되는데 이 음이온이 신맛에 영향을 주기도 한다. 탄산(H_2CO_3)은 자극성을 띠는 약한 신맛으로 청량감을 주기 때문에 음료제품에 많이 사용한다. 유기산은 일반적으로 상쾌한 맛과 특유의 감칠맛을 주는데, 과일과 채소에 많이 함유되어 있다. 각 식품에 존재하는 신맛 성분은 표 9-3과 같다.

④ 짠맛

짠맛(salty taste)은 단맛, 신맛 등과 조화되어 음식의 맛에 큰 영향을 준다. 짠맛은 무기 및 유기의 알칼리염이 해리하여 생긴 이온의 맛으로, 주로 음이온에 의존하고 양이온은 짠맛을 강하게 하거나 쓴맛을 내기도 한다. 대표적인 짠맛 성분은 염화나트륨(NaCl)이고, 그 외 염화칼륨, 브로민화 나트륨, 아이오딘화 나트륨 등의 무기염류와 말산 나트륨염(disodium malate), 글루콘산 나트륨염(sodium gluconate) 등의 유기염류가 있다.

⑤ 감칠맛

감칠맛(umami taste)은 글루탐산(glutamic acid)이나 글루탐산소듐염(monosodium glutamate, MSG) 등이 내는 맛으로 맛난 맛, 구수한 맛 등으로도 알려져 있다. 고기국물, 간장, 된장, 버섯류, 해조류 등에서 느낄 수 있는 맛으로 아미노산, 펩타이드, 뉴클레오타이드, 유기산 등의 성분이 있다.

MSG는 오래 전부터 사용되고 있는 대표적인 감칠맛 성분으로 다시마를 열수 추출하여 얻는 성분이다. 밀, 옥수수 등의 단백질을 산으로 가수분해하여 생산해왔으나, 최근에는 글루탐산 발효균으로 당밀 등을 발효하여 생산하고 있다. 아미노산류의 감칠맛 성분은 MSG 외에도 글리신(glycine), 베타인(betaine) 등이 있다.

핵산계 조미료로 사용되는 뉴클레오타이드는 염기, 당, 인산의 세 가지 성분으로 이루어져 있다. 염기에는 푸린(purine)계와 피리미딘(pyrimidine)계가 있고, 당은 리보스(ribose)와 데옥시리보스(deoxyribose)계가 있다. 감칠맛을 내는 성분으로는 구아노신 5′-인산(guanone-5′-monophosphate, 5′-GMP), 이노신 5′-인산(inosine 5′-monophosphate, 5′-IMP), 잔틴 5′-인산(xanthine 5′-monophosphate, 5′-XMP) 등이 있으며 이들의 감칠맛 강도는 5′-GMP>5′-IMP>5′-XMP 순으로 알려져 있다

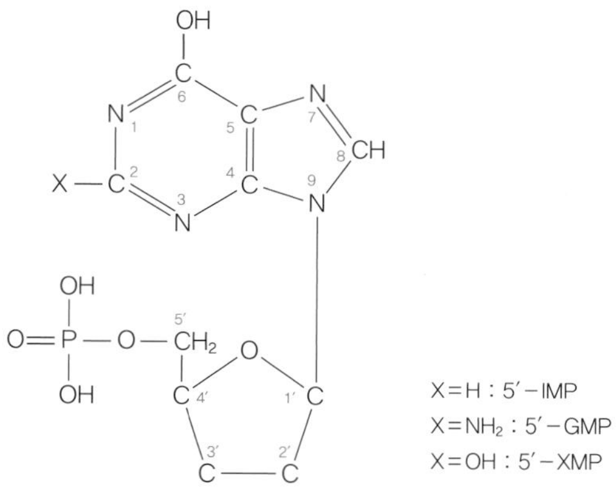

X=H : 5′-IMP
X=NH₂ : 5′-GMP
X=OH : 5′-XMP

그림 9-4 뉴클레오타이드 구조

그림9-4. 5′-GMP는 표고, 양송이에 함유되어 있고, 5′-IMP는 쇠고기, 닭고기, 어류에, 5′-XMP는 고사리에 함유되어 있는 감칠맛 성분이다. MSG와 뉴클레오타이드를 섞어서 사용하면 향미 증진작용이 증가하는데, 이러한 상승효과를 활용하여 현재 제품화되고 있는 조미료에는 MSG와 뉴클레오타이드가 함께 포함되어 있다.

(2) 기타

① 매운맛

매운맛(hot taste)은 미각 신경을 강하게 자극함으로써 느끼는 통각으로, 적당히 매운맛은 식욕을 증진시키고, 식품의 향미를 개선한다. 식품 중의 매운맛 성분은 화학구조에 따라 산아마이드류, 황화합물류, 방향족 알데하이드 및 케톤류, 아민류 등으로 나눌 수 있다.

산아마이드류 매운맛 성분은 고추의 캡시노이드(capsinoid)가 있는데, 캡사이신(capsaicin)과 그 유도체인 다이하이드로캡사이신(dihydrocapsaicin)이 전체 캡시노이드의 각각 70%, 20%를 차지하고 있다. 후추의 매운맛 성분은 피페린(piperine)과 그 이성질체인 차비신(chavicine)이 있다. 탄화수소 사슬의 이중결합이 트랜스형인 피페린이 차비신에 비해 더 매운맛을 가지고 있다. 후추가 빛에 노출되거나 장기간 저장되면 피페린이 차비신으로 전환되어 매운맛이 감소한다.

휘발성의 황화합물은 일반적으로 매운맛을 가지고 있다. 이들 매운맛 성분은 원래 배당체로 매운맛을 나타내지 않으나 효소작용에 의해 매운맛 성분이 된다. 겨자나 고추냉이의 시니그린(sinigrin)은 물을 넣고 마쇄하면 미로시네이스(myrosinase)의 효소작용으로 가수분해되어 매운맛 성분(allyl isothiocyanate)으로 변한다. 마늘의 알린(alliin)은 조직 중의 효소(alliinase)에 의해 매운맛을 가진 알리신(allicin)이 된다.

생강의 매운맛 성분은 진저롤(gingerol), 쇼가올(shogaol), 진저론(gingeron) 등의 케톤류이며, 울금의 쿠쿠민(curcumin), 계피의 시남산 알데하이드(cinnamic aldehyde) 또한 매운맛을 가지고 있다. 부패한 생선의 히스타민(histamine), 변질된 간장의 타이라민(tyramine)은 아민계 매운맛 성분의 예이다.

② 떫은맛

떫은맛(astringent taste)은 혀 표면에 있는 점막단백질이 일시적으로 변성·응고되어 미각신경이 마비됨으로써 일어나는 수렴성의 불쾌한 맛이다. 차, 감, 커피, 포도주와 같이 떫은맛은 적당히 존재하면 다른 맛과 조화되어 독특한 향미를 부여하게 된다. 떫은맛 성분으로는 주로 폴리페놀성 물질인 타닌류가 대표적이나 지방산, 알데하이드, 그리고 철과 알루미늄 등의 금속성분도 있다.

③ 아린맛

아린맛(acrid taste)은 쓴맛과 떫은맛이 복합적으로 섞여서 생기는 불쾌한 맛이다. 죽순, 고사리, 우엉, 토란, 가지 등에서 나타나며 조리 전 물에 담가 침출시킴으로써 제거할 수 있다. 아린맛을 구성하는 성분은 주로 칼슘, 칼륨, 마그네슘과 같은 무기염류, 타닌과 같은 알칼로이드, 유기산 등으로 알려져 있다. 죽순, 토란, 우엉의 아린맛 성분은 호모젠티스산(homogentisic acid)으로 알려져 있다.

④ 찬맛

찬맛(cooling taste)은 박하뇌(menthol)가 코나 구강세포를 자극할 때 느끼는 시원한 감각으로 청량감(cooling sensation)으로도 불린다. 박하뇌 외에 장뇌(camphor)도 비슷한 찬맛을 나타내며 자일리톨(xylitol)은 타액에 용해될 때 흡열반응으로 찬맛을 부여한다.

⑤ 금속맛

금속맛(metallic taste)은 구리, 철, 은, 주석 등의 금속 이온에 의한 맛으로 이들 금속으로 제조된 수저나 식기 등에서 느낄 수 있다.

⑥ 교질맛

교질맛(colloidal taste)은 식품이 혀의 표면과 입속의 점막에 물리적으로 접촉될 때 감각적으로 느끼는 맛이다. 주로 식품 중의 고분자화합물인 다당류와 단백질에서 유래한다.

⑦ 알칼리맛

알칼리맛(alkaline taste)은 하이드록시 이온(OH^-)에 의한 맛으로 나무의 재나 탄산수소나트륨($NaHCO_3$)에서 느낄 수 있는 맛이다.

3) 맛의 변화

인체가 감지하는 맛은 다른 맛 성분의 존재 여부에 따라 특정의 맛 성분 고유의 맛이 아닌 다른 맛으로의 변화가 일어난다.

(1) 맛의 대비

맛의 대비(contrast effect)는 서로 다른 맛 성분을 혼합하였을 경우 주된 맛 성분의 맛을 더 강하게 느끼는 현상으로 '강화현상'이라고도 한다. 수크로스용액에 소금용액을 소량 가하면 단맛이 증가하고, 소금용액에 소량의 시트르산과 같은 유기산을 가하면 짠맛이 증가한다.

(2) 맛의 억제

맛의 억제(inhibitory effect)는 서로 다른 맛 성분을 몇 가지 혼합하였을 때 주된 맛 성분의 맛이 약해지는 현상으로 커피에 수크로스를 넣으면 커피의 쓴맛이 약화된다.

(3) 맛의 상쇄

맛의 상쇄(compensating effect)는 두 가지 맛 성분을 혼합했을 때 각각의 고유한 맛이 약해지거나 없어지는 현상이다. 다량의 소금을 함유하고 있는 간장이나 된장이 감칠맛과 혼합되어 짠맛이 약화 또는 소실되고, 김치의 짠맛은 신맛에 의해, 청량음료의 단맛은 신맛에 의해 상쇄되어 조화된 맛이 된다.

(4) 맛의 상승

맛의 상승(synergistic effect)은 같은 종류의 맛을 가지는 두 가지 성분을 혼합하면 각각의 맛보다 훨씬 더 강하게 느껴지는 현상이다. 수크로스용액에 사카린을 넣으면 단맛이 훨씬 증가하고, MSG에 핵산계 조리료 5′-IMP를 넣으면 감칠맛이 훨씬 증가한다.

(5) 맛의 변조

맛의 변조(modulation)는 한 가지 맛을 본 직후에 다른 맛을 보면 그 맛이 정상적으로 느껴지지 않는 현상이다. 쓴 약을 먹은 후에 물을 마시면 달게 느껴지고, 오징어를 먹은 후에 밀감을 먹으면 쓴맛을 느끼게 된다.

2. 냄새

1) 냄새의 인식

모든 식품은 고유의 냄새(odor)를 가지고 있고 일반적으로 즐거움을 주는 냄새를 향기(aroma), 불쾌감을 주는 냄새를 취기(stink)라고 한다. 냄새는 휘발성 물질들이 후각수용체를 자극함으로써 감지된다. 냄새를 인식하는 과정은 아직 명확히 밝혀지지는 않았지만, 휘발성 물질이 공기와 함께 콧속으로 들어가서 후각기관에 도달하면 그곳에 존재하는 수많은 신경섬유들을 자극하고 흥분시킴으로써 후각중추에 전달되어 냄새를 느끼는 것으로 알려져 있다. 후각기관은 맛의 역치에 비해 1/10,000배 정도로 매우 예민하여 낮은 농도의 휘발성 물질의 냄새도 감지할 수 있다.

2) 냄새의 분류

냄새는 인식과정에 대한 기전이 아직 규명되지 않았고, 정확히 분류하기도 힘들어 여러 학자들에 의해 다양한 분류 방법이 제시되고 있다.

헤닝(Henning)은 매운 냄새(spicy odor), 꽃향기(flower odor), 과일향기(fruit odor), 수지향기(resinous odor), 썩은 냄새(foul stink), 탄 냄새(burnt stink)의 6가지 종류로 냄새를 분류하고, 이 6가지 냄새가 서로 결합하여 모든 냄새를 표현할 수 있다고 하였다.

아무어(Amoore)는 냄새를 장뇌냄새(camphoraceous), 사향(musky), 꽃향(floral), 박하향(peppermint), 에테르 냄새(ethereal), 자극적인 냄새(pungent), 썩은 냄새(putrid) 등의 7가지 기본 냄새로 나누었는데, 이 이론에 의하면 사람의 후각기관 끝에는 7개의 특정 형태와 크기, 전하를 가진 후각수용체들이 존재하며, 냄새를 내는 물질이 이 중의 어떤 수용체에 들어맞을 때 냄새를 인지하게 된다고 한다.

3) 냄새 성분

(1) 식물성 식품의 냄새 성분

식물성 식품의 냄새 성분은 알코올 및 알데하이드류, 케톤류, 에스터류, 방향유(essential oil)류, 황화합물 등이 관여하고 있다.

알데하이드는 다양한 식품에 포함되어 있는데, 중요한 풍미 특성으로는 식물의 풋내(green flavor), 각 채소나 과일의 냄새가 있다. 알코올류의 역치는 일반적으로 알데하이드보다 훨씬 높기 때문에 식품의 냄새에서는 덜 중요하지만, C_5 이하의 알코올은 과일, 채소, 송이버섯, 커피, 찻잎, 주류 등의 향기에 관여한다. 식품 중에 들어 있는 알코올 및 알데하이드류는 표 9-4 와 같다.

케톤기를 가진 냄새 성분에는 버터 유래의 다이아세틸(diacetyl), 아세토인(acetoin)과 식물성 방향성분인 터펜(terpen)계, 그리고 과실 향기 성분인 방향족 화합물이 있다. 버터 속에서 아세토인과 다이아세틸은 평형상태를 유지하고 있으나, 다이아세틸의 양이 증가하면 불쾌한 냄새가 난다 그림 9-5.

표 9-4 식물성 식품 중의 알코올 및 알데하이드계 냄새 성분

냄새 성분		구조	함유식품
알코올계	에탄올	CH_3CH_2OH	주류
	유제놀	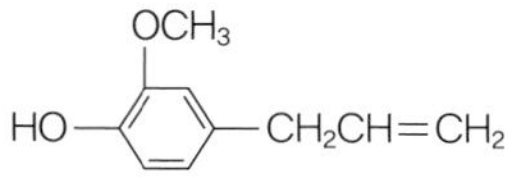 HO에 OCH_3 치환된 벤젠 고리—$CH_2CH=CH_2$	계피
	3-헥센올	$CH_3CH_2CH=CH(CH_2)_2OH$	찻잎
	2,6-노나다이엔올	$CH_3CH_2CH=CH(CH_2)_2CH=CHCH_2OH$	오이
알데하이드계	시남산 알데하이드	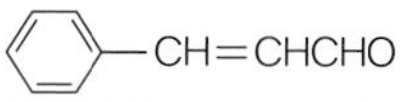 벤젠—$CH=CHCHO$	계피
	2-헥센알	$CH_3CH_2CH_2CH=CHO$	찻잎
	바닐린	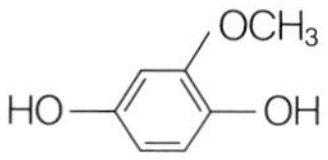 OCH_3, HO, OH 치환된 벤젠 고리	바닐라

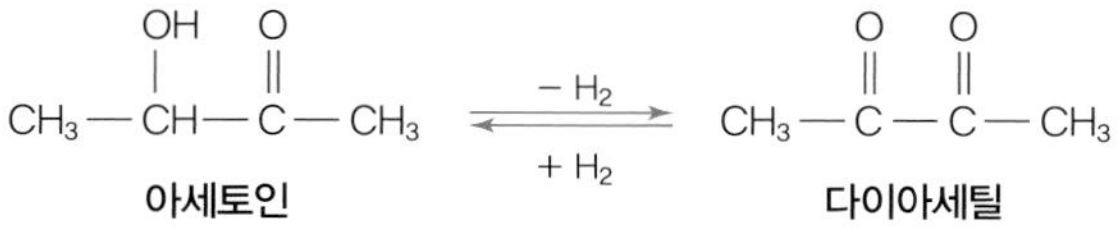

아세토인 ⇌ ($-H_2$ / $+H_2$) 다이아세틸

그림 9-5 버터의 케톤계 냄새 성분

표 9-5 식물성 식품 중의 에스터계 냄새 성분

냄새 성분	구조	함유식품
폼산아밀	$HCOOCH_2(CH_2)_3CH_3$	사과, 복숭아
아세트산에틸	$CH_3COOCH_2CH_3$	파인애플
아세트산아이소아밀	$CH_3COOCH_2CH_2CH(CH_3)_2$	배, 사과
폼산아이소아밀	$HCOOCH_2CH_2(CH_3)_2$	배
뷰티르산메틸	$CH_3CH_2CH_2COOCH_3$	사과
시남산메틸	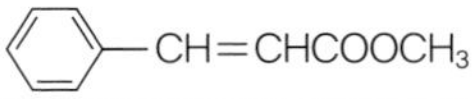 벤젠—$CH=CHCOOCH_3$	송이버섯
세다놀리드	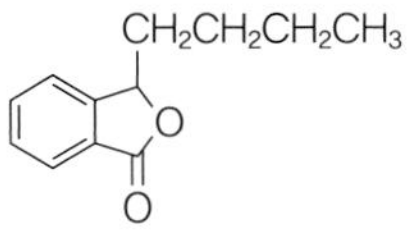 $CH_2CH_2CH_3$ 치환된 벤조퓨라논 구조	셀러리

에스터(ester)류는 주로 과일과 꽃의 주요한 향기 성분으로 저급지방산의 에스터가 주를 이루고 있다 표9-5.

방향유(essential oil)는 식물체의 꽃, 잎, 줄기 등을 수증기 증류하여 추출한 유상물질이다. 이들은 아이소프렌(isoprene)의 두 분자 또는 그 이상이 중합된 형태인 터펜유와 그 유도체인 알코올, 에스터, 알데하이드 및 케톤 등이 주성분이다. 방향유는 냄새를 갖는 동시에 매운맛과 같은 자극적인 맛을 가진 것들이 있다. 식물성 식품 중 방향유계 냄새 성분은 표9-6와 같다.

표9-6 식물성 식품 중의 방향유계 냄새 성분

냄새 성분	구조	함유식품	냄새 성분	구조	함유식품
시트랄		레몬, 오렌지	박하뇌		박하
제라니올		오렌지, 녹차	α-피넨		레몬, 당근
리모넨		레몬, 오렌지	투존		쑥

황화합물은 식품의 향기 성분으로 많이 존재하며, 특히 채소류 중 엽채류와 근채류의 향기 성분에 관여한다. 휘발성의 황화합물은 특유한 냄새를 내지만 미량 존재하면 식품의 냄새를 좋게 하기도 한다. 식물성 식품 중의 황화합물계 냄새 성분은 표9-7과 같다.

식물체 내에서의 황화합물은 냄새 성분의 전구체 형태로 존재하여 강한 냄새를 나타내지 않다가 조직이 파괴될 때 효소의 작용에 의해 매운맛과 냄새를 내는 성분으로 변화한다. 황화합물을 가지는 식물성 식품은 크게 양파, 마늘, 부추, 파 등의 백합과(*Allium family*) 식물과 겨자, 고추냉이, 배추 등의 겨자과(*Cruciferae family*) 식물로 나뉜다. 백합과 식물들의 경우 알린 가수분해효소(alliinase)에 의해 전구체 물질이 냄

표 9-7 식물성 식품 중의 황화합물계 냄새 성분

냄새 성분	구조	함유식품
메틸 머캅탄	CH_3SH	무
프로필 머캅탄	$CH_3CH_2CH_2SH$	양파
아이소티오사이안산 알킬	$RN=C=S$	무, 겨자, 고추냉이
황화알킬	$R-S-R'$	마늘, 파, 양파, 부추
다이메틸 머캅탄	$CH_3CH{<}^{SCH_3}_{SCH_3}$	단무지
푸르푸릴 머캅탄	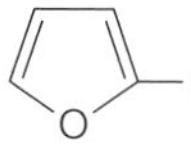 CH_2SH 푸란고리	커피
에스-알릴시스테인 설폭사이드	$CH_2=CHCH_2-S-CH_2-CH-COOH$ / O NH_2	마늘

새 성분으로 변하는데, 대표적으로 마늘을 썰거나 다질 때 알린(alliin, S-allyl-L-cysteine sulfoxide)이 알린 가수분해효소의 작용에 의해 매운 냄새 성분인 알리신(allicin, diallyl thiosulfinate)으로 변화한다 그림 9-6 .

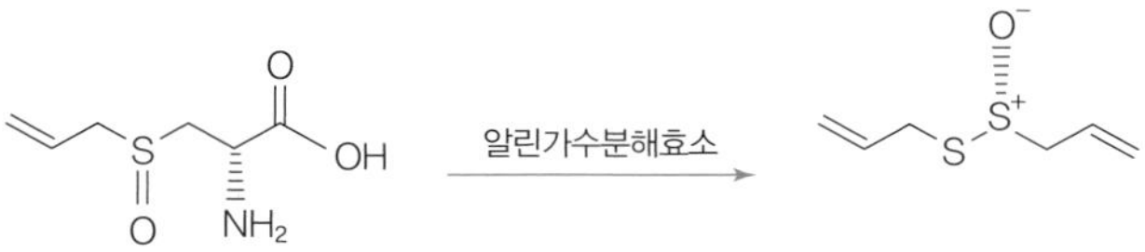

그림 9-6 마늘의 냄새 성분 생성과정

겨자는 겨자의 씨를 말려서 가루로 내어 향신료로 사용하는데, 강한 자극적인 냄새가 특징이다. 백겨자의 시날빈(sinalbin)과 흑겨자의 시니그린(sinigrin, allyl glucosinolate)은 종자 속의 조직이 파괴되면 미로시네이스(myrosinase)의 효소작용으로 각각 아이소티오사이안산아크리닐(acrinyl isothiocyanate)과 아이소티오사이안산알릴(allylisothiocynate)과 같은 냄새 성분으로 변하여 눈이나 코를 강하게 자극한다 그림 9-7 .

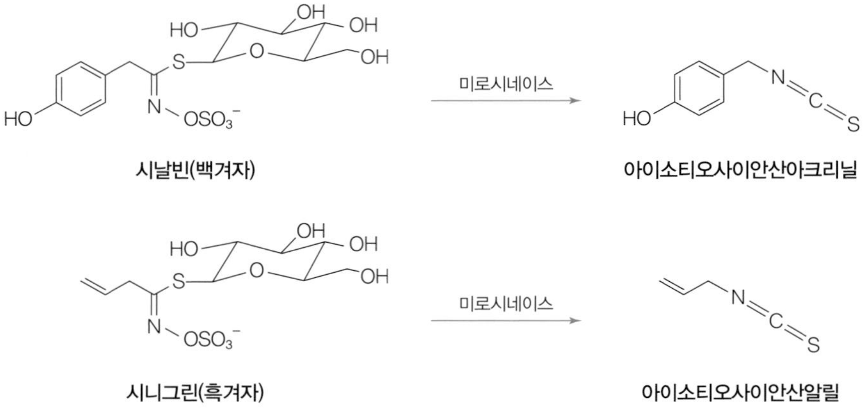

시날빈(백겨자) → 미로시네이스 → 아이소티오사이안산아크리닐

시니그린(흑겨자) → 미로시네이스 → 아이소티오사이안산알릴

그림 9-7 겨자의 냄새 성분 생성과정

(2) 동물성 식품의 냄새 성분

동물성 식품 중 육류나 어류는 신선한 상태에서는 냄새가 강하지 않지만, 신선도가 떨어짐에 따라 불쾌취가 만들어진다. 단백질, 아미노산, 기타 질소화합물 등의 분해에 의한 휘발성 아민류가 주로 관여하고 있다.

① 어류의 냄새 성분

어류의 비린내는 해수어와 담수어에 따라 다르다. 해수어의 비린내는 트라이메틸아민(trimethylamine, TMA)에 의한다. TMA는 원래 무취였던 트라이메틸아민옥사이드(trimethylamine oxide, TMAO)가 어류의 사후 신선도 저하에 따라 발생하는 세균의 환원작용에 의해 생성된다 그림 9-8. 해수어의 TMAO 함량은 담수어에 비해 10~100배 더 많기 때문에 해수어가 더 빨리 비린내가 발생한다. 반면에 담수어에서 발생하는 비

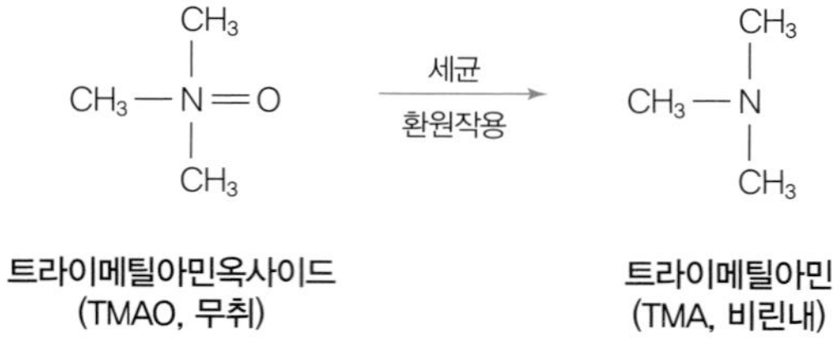

트라이메틸아민옥사이드
(TMAO, 무취)

트라이메틸아민
(TMA, 비린내)

그림 9-8 어류 중의 비린내 생성 과정

린내의 원인은 아미노산인 라이신(lysine)으로부터 형성되는 피페리딘(piperidine)이다. 이들 비린내 성분은 대부분 염기성이 때문에 식초와 같은 산으로 처리하면 냄새를 어느 정도 없앨 수 있다.

② 육류의 냄새 성분

신선한 육류의 냄새는 주로 아세트알데하이드(acetaldehyde)에 기인한다. 육류의 신선도가 떨어지면 불쾌한 냄새가 발생하는데 이는 주로 단백질이나 아미노산이 세균 작용에 의해 휘발성아민, 머캡탄(mercaptan), 황화수소(H_2S) 등으로 변화하기 때문이다.

육류를 가열하면 지질의 산화반응, 캐러멜화(caramelization), 메일라드반응(Maillard reaction) 등에 의해 알데하이드, 케톤, 알코올, 유기산, 황화합물, 암모니아 등의 다양한 휘발성 냄새 성분이 발생한다. 육류의 주된 냄새물질은 황아미노산에서 분해된 티아졸(thiazole), 티아졸린(thiazoline)과 같은 헤테로고리화합물(heterocyclic)로 알려져 있다. 쇠고기, 돼지고기, 양고기 등은 아미노산과 당의 구성물질이 비슷하여 가열할 때 생성되는 냄새가 기본적으로 유사하지만, 지방조성의 차이에 의해 각 육류 고유의 냄새를 가지게 된다.

(3) 조리 · 가공한 식품의 냄새 성분

식품의 조리·가공 중에 생성되는 성분은 대부분 당류와 아미노산 및 질소화합물 간의 갈변반응인 메일라드반응에 기인한다. 메일라드반응에 의해 생성되는 냄새 성분은 퓨란(furan), 파이론(pyron), 카보닐(carbonyl), 산(acid), 피롤(pyrrole), 피라진(pyrazine), 옥사졸(oxazole), 티아졸(thiazole), 황화합물 등으로 다양하다. 또한, 당류를 고온에서 계속 반응시킬 경우 캐러멜화 반응(caramelization)에 의해 캐러멜 향이 형성되는데 이 향에도 퓨란, 카보닐 화합물과 같은 다양한 냄새 성분이 함유되어 있다. 단백질은 고온에서 처리될 경우, 아미노산이나 펩타이드의 열분해로 탈탄산 또는 탈아미노 반응이 일어나 알데하이드, 탄화수소, 나이트릴(nitrile), 아민 등이 생성된다. 지질은 자동산화, 광산화, 가열 및 효소에 의한 분해 등에 의해 알데하이드, 알코올, 케톤, 에스터 등의 다양한 냄새 성분을 생성한다. 이러한 성분들은 산패취와 같은 바람직하지 않은 냄새를 형성하기도 하지만, 알데하이드나 케톤 성분들은 여러 종류의 아미노산과 반응하여 육류식품 등에서 중요한 향미를 부여하기도 한다.

CHAPTER 10
식품의 위해물질

식품의 위해물질

급속한 산업화 및 도시화로 식품오염의 가능성이 높아짐에 따라 식품안전에 대한 관심이 한층 높아지고 있다. 식품은 가공, 조리 과정에서 위해물질에 노출되거나 새로운 위해물질이 생성되기도 한다. 위해물질은 독성이 강해 급성독성을 나타내는 것도 있고 독성은 약하지만 장기간 섭취하면 건강에 문제를 일으키는 것도 있다. 식품에 존재하는 위해물질이 극미량이어도 음식을 통해 지속적으로 섭취하면 만성독성을 일으킬 수 있으므로 주의가 필요하다.

1. 천연유독물질

1) 식물성 유독물질

(1) 시안배당체

청매실, 살구씨, 쓴아몬드(bitter almond, 야생아몬드) 등에 존재하는 시안배당체는 식물조직이 파괴되면 가수분해가 일어나 독성이 높은 시안화수소(HCN, 청산)를 생성한다 그림10-1. 시안화수소는 구토, 복통, 경련, 호흡곤란, 청색증 등을 일으키며 심하면 사망할 수도 있다. 시안배당체는 가열하여 가수분해효소를 불활성화하거나 물에 담가 시안배당체를 용출시키면 시안화수소의 생성을 억제할 수 있다. 식품 중에는 20여 종의 시안배당체가 존재하는데, 아미그달린(amygdalin), 듀린(dhurrin), 리나마린(linamarin) 등이 대표적 물질이다 표10-1. 아미그달린은 청매실, 살구씨, 복숭아씨, 쓴아몬드에 존재하며, 듀린은 수수에, 리나마린은 카사바, 아마씨, 리마콩(오색콩)에 함유되어 있다. 청매실은 덜 익은 열매로 씨앗뿐만 아니라 과육에도 시안배당체가 존재하므로 날것으로 먹지 않도록 한다. 매실주나 매실청을 담근 후 1년 정도 발효 숙성시키면 시안배당체가 분해, 제거되며, 알코올 농도가 낮은 담금주를 이용해야 시안배당체가 적게 빠져나온다.

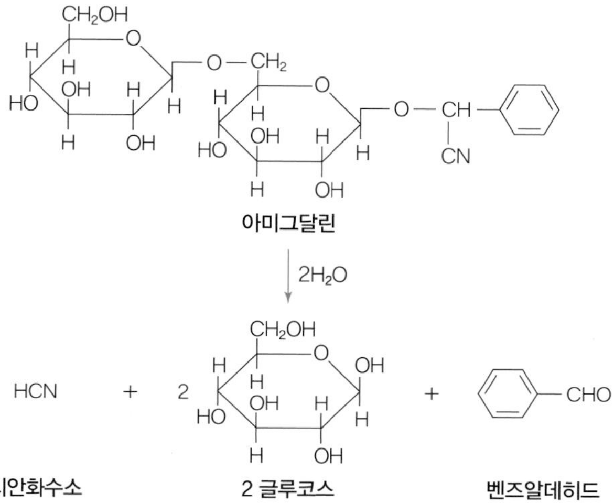

아미그달린

시안화수소   2 글루코스   벤즈알데히드

그림 10-1 아미그달린의 가수분해과정

표 10-1 시안배당체의 종류와 함유식품

시안배당체의 종류	결합된 당	함유식품	구조
아미그달린 (amygdalin)	젠티오비오스	청매실, 살구씨, 복숭아씨, 사과씨, 쓴아몬드	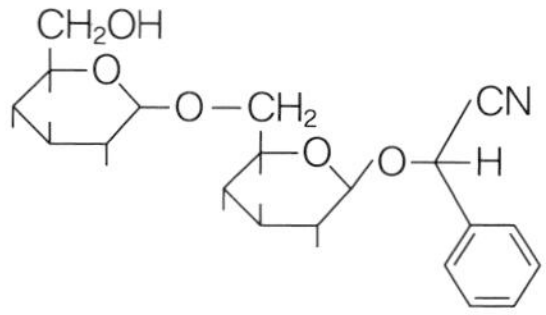
듀린 (dhurrin)	글루코스	수수	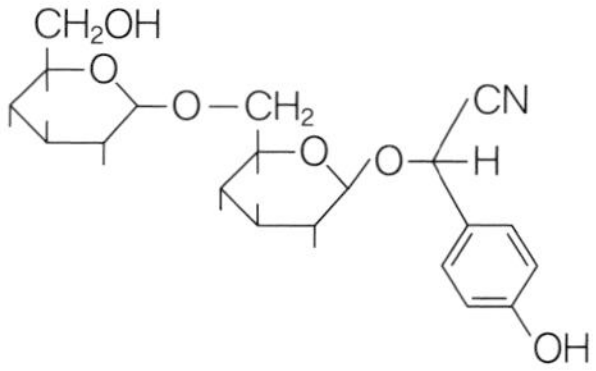
리나마린 (linamarin)	글루코스	카사바, 아마씨, 리마콩	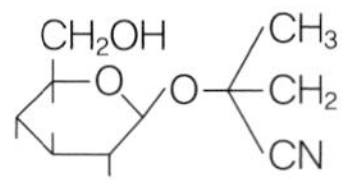
로토오스트랄린 (lotoaustralin)	글루코스	카사바, 아마씨, 리마콩	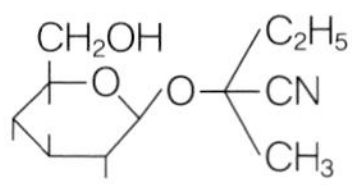

아마씨에도 시안배당체가 함유되어 있어요!

아마씨는 아마(flax)의 씨앗으로 오메가-3 지방산과 리그난(식물성 에스트로겐)이 풍부하다. 아마씨에는 시안배당체가 함유되어 있어 물에 장시간 담가 두거나 볶아서 시안배당체를 제거한 후 섭취해야 한다.

(2) 글루코시놀레이트

글루코시놀레이트(glucosinolate)는 배추, 무, 겨자, 브로콜리, 콜리플라워 등 십자화과 채소에 존재하는 황을 함유한 배당체로, 겨자의 시니그린이 대표적 물질이다. 시니그린은 식물조직이 파괴되면 티오글루코시데이스(thioglucosidase, 미로시네이스)에 의해 가수분해되어 이소티오시아네이트(isothiocyanate, 겨자유), 니트릴(nitrile), 티오시아네이트(thiocyanate)를 생성한다 그림10-2. 이들 화합물은 갑상샘에서 요오드 흡수를 방해하여 갑상샘호르몬인 티록신 합성을 저해하고 갑상선종과 성장억제를 일으키는데, 사람에 미치는 영향은 크지 않다. 글루코시놀레이트는 물에 잘 녹고 티오글루코시데이스는 열에 약하므로 배추 등을 물에 넣고 가열하면 이들 물질의 생성을 억제할 수 있다.

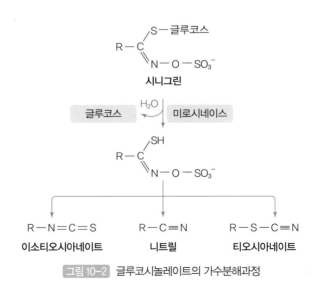

그림10-2 글루코시놀레이트의 가수분해과정

(3) 솔라닌

솔라닌은 감자의 싹, 녹변 및 상처 난 부위, 껍질에 많이 함유되어 있으며, 솔라니딘이라는 알칼로이드에 글루코스, 갈락토스, 람노스 등이 결합한 배당체로 존재한다 그림 10-3 . 솔라닌은 감자의 아린 맛을 증가시키며 30 mg 이상 섭취하면 설사, 구토, 복통, 현기증, 두통, 언어장애 등을 유발하고 심한 경우 호흡곤란, 의식장애 등이 일어난다. 솔라닌은 열에 강해서 조리 시 파괴되지 않고 물에도 녹지 않으므로 감자의 싹, 녹변 및 상처 부위, 껍질을 제거한 후 조리해야 한다. 감자는 어둡고 서늘한 곳에 보관하여 발아하거나 녹변이 일어나지 않도록 해야 한다.

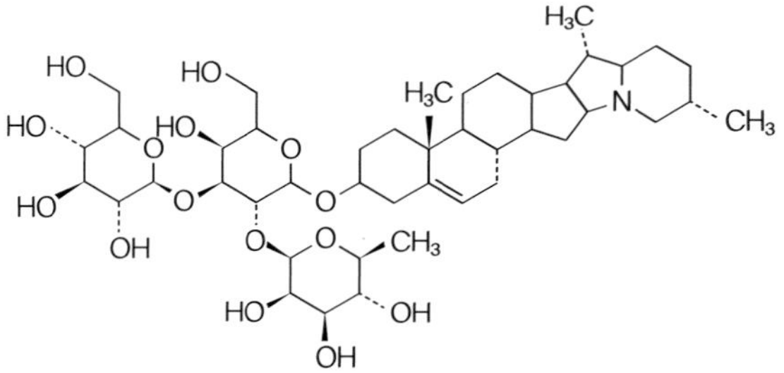

그림 10-3 솔라닌의 구조

(4) 단백질 가수분해효소 저해제

단백질 가수분해효소 저해제는 대두에 많이 존재하며 완두콩, 땅콩, 오이, 시금치, 감자 등에서도 발견되는 비교적 분자량이 작은 단백질이다. 단백질 가수분해효소 저해제는 효소와 쉽게 결합하고 안정한 화합물을 형성하여 효소 작용을 방해한다. 대표적인 물질인 대두의 트립신 저해제는 동물실험에서 췌장비대와 성장억제를 일으키지만 사람에 대한 효과는 명백하지 않다. 트립신 저해제는 가열에 의해 쉽게 변성되어 불활성화한다.

(5) 렉틴

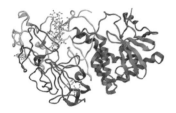

그림 10-4 리신의 구조

그림 10-5 아주까리 열매와 씨앗

렉틴은 콩류, 피마자씨(아주까리씨) 등에서 발견되며 적혈구와 응집반응을 일으켜 염증을 유발하기 때문에 적혈구응집소(hemagglutinin)라고도 한다. 렉틴은 소장 점막세포에 결합하여 영양소 흡수를 방해하거나 소장 상피세포의 괴사를 일으키며 구토, 설사, 두통, 소화장애 등을 유발한다. 피마자씨에는 유독 단백질인 리신(ricin)과 알칼로이드인 리시닌(ricinine)이 함유되어 있다 그림 10-4 , 그림 10-5 . 독성이 강하나 열에 약하여 쉽게 파괴되는 리신은 피마자유 제조 시 제거된다. 리시닌은 리신에 비해 독성이 약하고 함량도 많지 않다.

(6) 고시폴

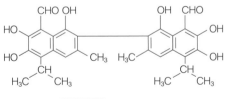

그림 10-6 고시폴의 구조

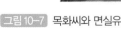

그림 10-7 목화씨와 면실유

고시폴(gossypol)은 목화의 씨, 줄기, 잎 등에 존재하는 노란색 폴리페놀화합물이다 그림 10-6 , 그림 10-7 . 고시폴은 라이신(lysine)과 결합하여 라이신의 효소 분해를 저해하고 철과 불용성 염을 형성하여 흡수를 방해하며 피로, 현기증, 식욕부진, 호흡장애, 복부팽만 등을 유발한다. 고시폴은 면실유박에 잔존하므로 식품 원료나 사료로 이용이 제한되며 면실유에 혼입된 것은 정제과정에서 제거된다.

(7) 사프롤

사프롤(saffrol)은 식물에 널리 분포된 노란색의 방향성 페놀 화합물로 육두구(nutmeg)에 많이 함유되어 있고 녹나무, 생 강, 육계(시나몬), 바질, 후추 등에서도 발견된다 그림 10-8 . 향

그림 10-8 사프롤의 구조

료로 사용되었던 사프롤은 동물실험에서 간암을 유발하는 발암물질로 분류되어 미국, 우리나라 등에서 식품 원료로 사용을 금지하였다.

상한 생강 먹어도 될까?

생강이 썩으면 사프롤이 많아질 뿐 아니라 섬유조직을 타고 안쪽으로 퍼지며, 독성이 있 지만 육안으로 확인할 수 없다. 사프롤은 물에 녹지 않고 가열해도 분해되지 않으므로 상 한 생강은 먹지 않도록 한다.

---

(8) 버섯독

우리나라에 자생하는 버섯 중 식용 가능한 것은 400여 종이며 독버섯이 160여 종이다. 특히 야생버섯 중 채취해서 먹을 수 있는 것은 20~30종에 불과하고 버섯의 형태는 환 경, 계절 등에 따라 변화하기 때문에 구별이 매우 어렵다. 버섯이 건강에 좋은 식품으로 알려지면서 야생버섯의 채취가 증가하고 있으나 버섯의 독소는 가열조리에 의해 파괴 되지 않고 생명을 위협할 정도로 강력한 것도 있으므로 야생버섯을 함부로 채취하여 먹 지 않도록 한다. 장마철인 7~10월은 야생버섯이 자라기 좋은 환경이므로 비슷한 모양 의 식용버섯과 독버섯이 동시에 발생하기 때문에 야생 독버섯에 의한 중독 사고가 많 다. 독버섯 섭취로 인해 구토, 설사, 오심, 오한, 발열, 호흡곤란 등이 나타난다.

TIP

독버섯과 식용버섯

일부 독버섯은 자주 접하는 식용버섯과 매우 비슷하기 때문에 야생버섯이 식용인지 여부를 판단하는 것은 버섯 전문가도 쉽지 않다고 한다. 대표적 독버섯 구별법인 '화려하고 벌레가 먹지 않는다', '세로로 찢어지지 않는다', '은수저로 문질렀을 때 변색된다' 등은 잘못된 정보이다. 실제로 흰알광대버섯, 독우산광대버섯은 평범한 모양의 흰주름버섯과 닮아서 화려한 독버섯보다 더 많은 사고를 낸다. 노란다발버섯, 화경버섯, 붉은싸리버섯, 마귀곰보버섯 등도 식용버섯과 생김새가 유사한 독버섯이므로 주의가 필요하다.

흰주름버섯(식용버섯)　　독우산광대버섯(독버섯)　　싸리버섯(식용버섯)　　붉은싸리버섯(독버섯)

자료 : 국립산림과학원, 숲에서 독버섯을 조심하자

2) 동물성 유독물질

(1) 테트로도톡신

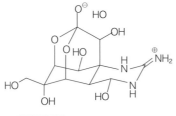

그림 10-9 테트로도톡신의 구조

테트로도톡신은 복어의 난소에서 처음 분리된 신경독으로 간, 알, 내장, 껍질 등에 많이 분포되어 있다 그림 10-9 . 복어는 특히 산란기인 4~6월에 더 많은 독이 생성되어 독성이 매우 강해진다. 복어독은 냄새나 맛이 없고 산에 안정하며 물에 녹지 않을 뿐 아니라 중성 pH에서는 열에 매우 안정하여 120℃에서 1시간 이상 가열해도 파괴되지 않는다. 중독증상은 섭취 후 30분~4시간 내에 나타난다. 입술과 혀끝의 감각이 둔해지고 두통, 복통, 지각마비, 언어장애, 호흡곤란 등이 일어나며 치사율이 50% 정도로 매우 높다. 복어독은 체외로 배설되는 특징이 있어 중독 초기의 응급처치가 중요하며 반드시 복어요리 전문가가 조리해야 하고 조리에 사용한 가구는 철저히 세척해야 한다. 식용 가능한 복어는 20여 종으로 황복, 자주복, 검복, 까지복은 독성이 강하고 거북복, 가시복, 밀복은 독성이 약한 편이다.

TIP

양식 복어와 테트로도톡신

자연산 복어는 해양 세균이 생산한 테트로도톡신이 먹이사슬을 통해 축적되어 독화된다. 양식 복어는 일반적으로 양식장의 플랑크톤 일부만 유입되어 독성은 약하지만 조리과정에서 내장의 독소가 근육으로 침투할 수 있고, 자연산과 같은 수조에 넣으면 피부를 통해 독소가 옮겨져 강한 독성을 보일 수 있으므로 주의가 필요하다. 복어요리는 전문가가 조리한 것이 안전하다.

(2) 시구아톡신

카리브해, 태평양과 인도양의 (아)열대해역에 서식하는 해조류와 산호초 표면에 시구아톡신을 생성하는 플랑크톤(*Gambierdiscus toxicus*)이 부착하여 생육하고 이를 섭취한 방어, 꼼치, 농어, 능성어 등의 체내에 독소가 축적되어 유독화된다. 독화된 어류를 섭취하면 발생하는 시구아테라(ciguatera) 식중독은 소화기계 증상(설사, 복통, 구토, 메스꺼움)이나 신경계 증상(마비, 근육통, 온도인지장애)을 일으키고 호흡곤란 및 마비로 인한 저혈압으로 사망하기도 한다. 시구아톡신은 지용성이고 열에 강해서 조리 시 파괴되지 않는다.

(3) 조개독

껍질이 2개인 조개류(이매패)는 먹이사슬에 의해 유독 플랑크톤을 섭취하여 체내에 독소를 축적하여 독화된다. 조개독에는 마비성, 설사성, 기억상실성, 신경마비성 등이 있으며 우리나라는 마비성 조개독에 의한 중독이 많이 발생한다.

① 마비성 조개독
마비성 조개독(paralytic shellfish poisoning, PSP)은 섭조개, 홍합, 가리비, 대합조개 등이 유독 플랑크톤을 섭취하여 체내에 독소(삭시톡신, 고니아톡신)를 축적하게 된다

그림 10-10. 삭시톡신은 열에 안정하여 가열 조리에 의해 파괴되지 않으며 수용성이므로 조리수에 넣고 조리하는 과정에서 다른 조직이나 식품을 오염시킬 수 있다. 마비성 조개독은 섭취한 지 30분이 지나면 입술, 얼굴, 목 등에 마비가 오며 두통, 메스꺼움이 나타나고 심하면 언어장애, 근육마비, 호흡곤란 증세를 보이고 사망하게 된다. 이 조개독은 적조가 지속되는 동안 독성이 증가하며 적조가 끝나면 3주 내에 독을 배설하거나 분해한다.

② 기타 조개독

- **설사성 조개독**(diarrhetic shellfish poisoning, DSP) : 지용성 독소인 오카다산(okadaic acid) 등을 함유한 유독 플랑크톤에 의해 유독화된 모시조개, 굴, 진주담치 등을 섭취한 후 수시간 내에 설사가 주 증상인 소화기 장애가 나타나며 대부분 3일 정도 지나면 회복된다.
- **기억상실성 조개독**(amnesic shellfish poisoning, ASP) : 유독물질인 돔산(domoic acid)은 중추신경계에서 글루탐산염에 길항적으로 작용하는 흥분성 아미노산으로 홍합, 게, 바닷가재, 가리비 등에 축적된다 그림 10-10.
- **신경마비성 조개독**(neurotoxic shellfish poisoning, NSP) : 지용성 독소인 브레베톡신(brevetoxin)을 함유한 플랑크톤에 의해 유독화된 조개를 섭취하면 수초 내에 구토, 설사, 손발저림이 나타나는데 대부분 24시간 이내에 회복된다 그림 10-10.

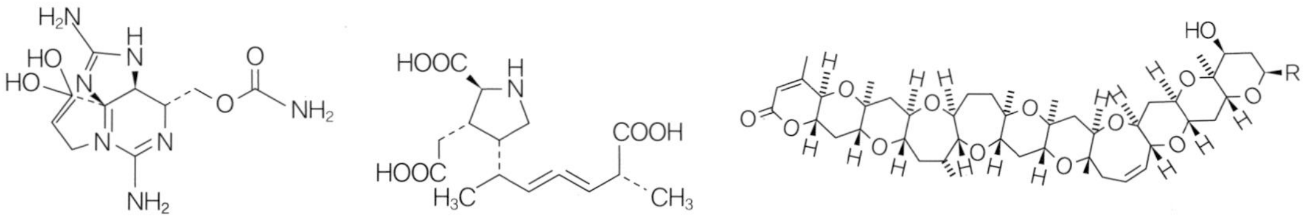

| 삭시톡신 | 돔산 | 브레베톡신 B |

그림 10-10 주요 조개독의 구조

(4) 미생물이 생산하는 유독물질

곰팡이독소(mycotoxin)는 곡류, 두류, 견과류, 향신료 등 건조식품에서 부착되었던 곰팡이가 고온다습한 조건이 되면 증식하여 생성하는 대사산물이다. 곰팡이독소는 간장장애, 신장질환, 뇌신경장애, 피부질환 등을 일으키며 아플라톡신 B$_1$과 같이 강력한 발암성(간암)을 보이는 것도 있다. 물에 씻거나 가열해도 제거되지 않으므로 주의가 필요하다. 2019년 현재 우리나라에서는 8종의 곰팡이독소(총아플라톡신, 아플라톡신 B$_1$, 아플라톡신 M$_1$, 오크라톡신 A, 푸모니신, 제랄레논, 데옥시니발레놀, 파툴린)에 대한 기준과 독소별 관리대상 식품이 정해져 있다.

① 아플라톡신

아플라톡신(aflatoxin)은 아스퍼질러스속(*Aspergillus*) 곰팡이(*A. flavus, A. parasiticus*)가 생성하는 강력한 곰팡이독소로, 1960년 영국에서 곰팡이로 오염된 브라질산 땅콩 사료를 먹인 칠면조가 대량 폐사하면서 알려진 물질이다. 아플라톡신은 수분 16% 이상, 상대습도 80~85%, 온도 25~30℃일 때 잘 생성되며 쌀, 보리, 옥수수, 땅콩, 견과류 등에 생길 수 있다. 20여 종 중 아플라톡신 B$_1$은 발생률이 높고 가장 강한 독성을 보여 장기간 과량 섭취하면 간암을 유발할 수 있다 그림 10-11 . 아플라톡신 B$_1$에 오염된 사료를 사람이나 동물이 섭취하면 체내에서 아플라톡신 M$_1$으로 전환되어 유즙으로 분비되므로 우유나 유제품에서 발견되며, 이들 식품을 통해 사람에게 전달될 수 있다. 아플라톡신은 건조 상태에서 매우 안정하고 200~300℃의 고온으로 가열해야 분해되므로 일반적인 가열조리나 가공과정에서는 제거되지 않는다.

② 오크라톡신

오크라톡신(ocratoxin)은 아스퍼질러스속(*Aspergillus*) 곰팡이(*A. ocraceus*) 또는 페니실륨속(*Penicillium*) 곰팡이(*P. verrucosum*)가 생성하는 독소이다. 일반적으로 오크라톡신 A, B, C 중 가장 강한 독성을 보이는 A를 오크라톡신이라고 한다 그림 10-11 . 오크라톡신 A는 열에 비교적 안정하여 조리, 가공 시에 잘 파괴되지 않으므로 농산물과 그 가공품에도 잔류할 수 있다. 오크라톡신은 주로 곡류, 메주, 커피류, 고춧가루, 포도주스, 포도주스 농축액, 포도주, 건포도에서 발견되며 신장염, 신장암 등의 신장장애, 기형 등을 유발한다.

③ 데옥시니발레놀

데옥시니발레놀(deoxynivalenol)은 밀, 옥수수, 보리, 귀리, 호밀과 같은 곡류에서 주로 발견되며 특히 유럽과 같은 서늘하고 습한 지역에서 주로 발생한다. 데옥시니발레놀은 푸사리움속(*Fusarium*) 곰팡이(*F. graminearum, F. culmorum*)가 주로 생성하는 트리코테신(*tricothecene*) 곰팡이 독소의 일종이다 그림 10-11 . 급성 독성으로 구토를 일으켜 보미독신(vomitoxin)이라고도 하며 체중감소, 설사, 혈변, 현기증 등이 일어난다. 열에 매우 안정하여 210℃ 이상에서 40분 가열해야 분해된다.

④ 제랄레논, 푸모니신, 파툴린

- **제랄레논**(zearalenone, F−2 독신) : 푸사리움속(*Fusarium*) 곰팡이(*F. roseum, F. graminearum, F. culmorum*)에 의해 생성되며 옥수수, 보리, 귀리, 밀, 쌀, 사탕수수 등 다양한 곡물에 존재한다. 에스트로겐과 구조가 유사하기 때문에 에스트로겐 유사물질로 작용하여 생식계에 독성을 유발한다 그림 10-11 .
- **푸모니신**(fumonisin) : 푸사리움속(*Fusarium*) 곰팡이(*F. moniliforme, F. profileratum*)가 오염된 옥수수와 그 가공식품에서 흔히 발견되며, 푸모니신 B_1의 독성이 가장 강하다 그림 10-11 . 이 독소에 오염된 사료를 먹은 가축은 식욕부진, 피로감 등을 나타내고 심하면 폐부종, 간독성 등을 유발하지만 사람에게 미치는 영향은 확실하지 않다.
- **파툴린**(patulin) : 페니실륨 엑스판숨(*Penicillium expansum*)이 생성하는 독소로 주 오염원은 사과와 사과주스이다. 사과의 상한 부분에서 많이 발견되므로 비가열 사과주스 제조 시 상한 부위가 혼입되지 않도록 한다. 사과를 원료로 한 알콜성 음료와 과일 식초에서는 발견되지 않는다. 급성독성으로는 초조, 경련, 호흡곤란, 경련, 폐울혈, 부종, 소화기 궤양 및 출혈 등이 발생한다 그림 10-11 .

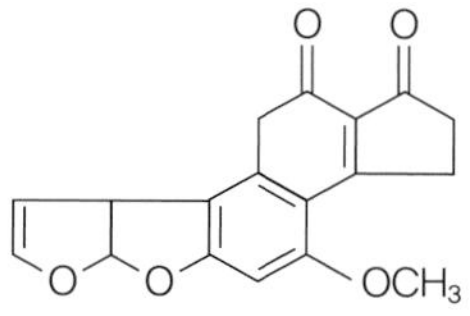

그림 10-11 주요 곰팡이독소의 구조

아플라톡신 B₁   오크라톡신 A 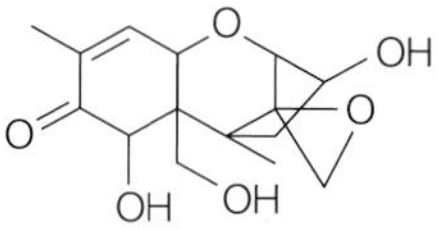   데옥시니발레놀

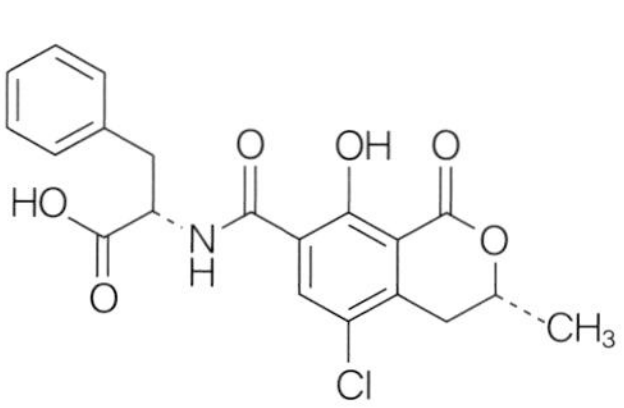

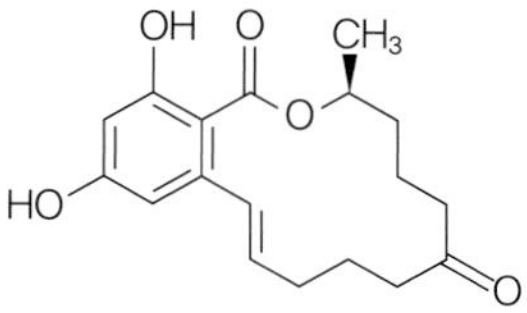

제랄레논 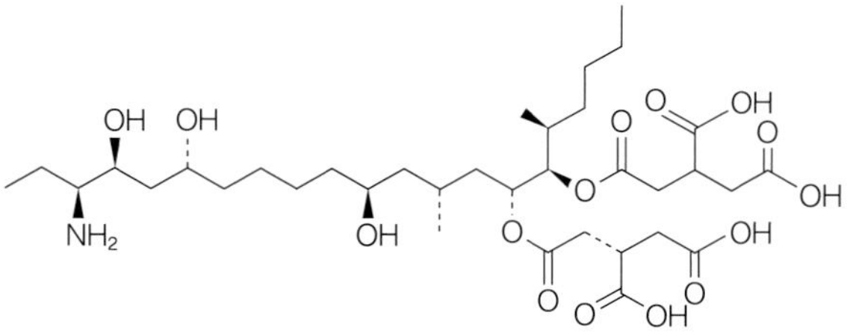   푸모니신 B₁   파툴린

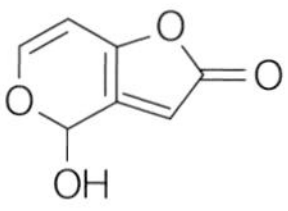

식중독성 무백혈구증 중독

식중독성 무백혈구증(Alimentary Toxic Aleukia, ATA)은 푸사리움속 곰팡이가 생산하는 곰팡이독소이다. 위염, 구토 등에 의해 급사하거나 인두염, 장기의 출혈, 백혈구의 급격한 감소 등 아급성중독을 유발한다. 1944년 구 소련 오렌버그 지방에서 주민의 약 10%가 발병해 60% 가까이 사망한 식중독 사고가 발생했다. 제2차 세계대전 중 노동력이 부족하여 농산물(주로 수수)을 밭에 장기간 방치하게 되었는데, 이 때 푸사리움 곰팡이가 번식하여 독소를 생산했고 이 농산물을 먹었기 때문이었다.

---

2. 조리·가공·저장 중 생성되는 유독물질

1) 아크릴아마이드

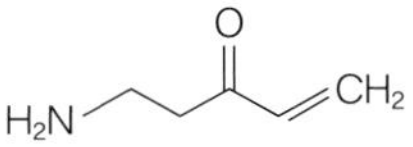

아크릴아마이드(acrylamide)는 감자, 곡류, 시리얼과 같이 탄수화물이 풍부한 식품에 존재하는 아스파라진과 환원당이 160℃ 이상의 고온으로 가열될 때 메일라드반응을 일으켜 생성하는 화

그림 10-12 아크릴아마이드의 구조

251

합물이다 그림 10-12 . 프렌치프라이, 포테이토칩, 감자 스낵류, 시리얼, 빵, 건빵, 비스킷, 누룽지, 커피 등에 상당량의 아크릴아마이드가 존재한다. 아크릴아마이드는 신경계와 생식계에 독성을 일으키며 암 유발가능성이 있는 물질로 알려져 있다. 아크릴아마이드는 튀김 온도를 160℃ 아래로, 오븐 온도를 200℃ 이하로 조절하면 생성을 억제할 수 있다. 120℃ 보다 낮은 온도에서 삶거나 끓인 식품에서는 아크릴아마이드가 검출되지 않으므로 튀기거나 굽는 요리는 피하는 것이 좋다. 감자는 냉장온도에서 오래 보관하면 환원당 함량이 높아지므로 냉장보관은 피하고 8℃ 이상의 서늘한 곳에 보관한다. 프렌치프라이는 진한 갈색이 될 때까지 튀기면 아크릴아마이드 생성량이 증가하므로 160℃ 보다 낮은 온도에서 노란색이 될 때까지 튀긴다.

TIP

커피와 아크릴아마이드

2018년 LA 고등법원은 모든 커피 제품에 '커피를 볶는 과정에서 발생하는 화학물질 아크릴아마이드가 발암의 가능성이 있다'는 경고문을 부착해야 한다는 판결을 내렸다. 커피 속 아크릴아마이드의 인체 유해성에 대한 논란은 계속되고 있으나 국내 커피 섭취량이 크게 증가하고 있어 주의가 필요하다.

2) 벤조피렌

벤조피렌(benzopyrene)은 5개의 벤젠고리가 결합한 다환방향족탄화수소(polycyclic aromatic hydrocarbon) 화합물이다. 벤조피렌은 식품의 주성분인 탄수화물, 단백질, 지방 등이 300~600℃에서 조리 및 가공 시 불완전 연소되어 생성되거나 훈제과정에서 연기에 의해 발생하는 물질이다. 벤조피렌의 두 이성질체, 즉 벤조[a]피렌(benzo[a]pyrene)과 벤조[b]피렌(benzo[b]pyrene) 중 벤조[a]피렌은 국제암연구소에서 1급 발암물질로 분류한 물질이며 체내에 오랫동안 잔류한다 그림 10-13 . 벤조피렌에 다량 노출 시 적혈구가 파괴되어 빈혈을 일으키고 면역력 감소가 일어나며 장기간 노출되면 생식계 독성을 보이고 암 발생률이 높아진다. 벤조피렌은 주로 고기를 굽거나 커피, 땅콩을 볶을 때 생성되는데, 고기를 구울 때 검게 탄 부위에 가장 많고 지방이 불꽃에 떨어져 생긴 연기에도 다량 함유되어 있다. 직화구이를 피하고 탄 부위는 먹지 않도록 하며 굽는 시간을 줄이고 조리 시 반드시 환기하여 벤조피렌에 노출되지 않도록 주의해야 한다. 벤조피렌의 최대 허용기준은 스페인 5 ppb, 중국 10 ppb이며, 훈제육과 훈제어육에 대해서는 EU 5 ppb, 중국 5 ppb로 규제하고 있다. 미국과 일본에서는 기준이 설정되어 있지 않고 저감화 관리만 하고 있다. 우리나라의 벤조피렌 허용기준은 식용유지 2.0 ppb 이하, 가다랑어포(가쓰오부시) 10 ppb 이하이다.

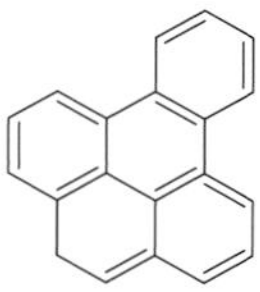

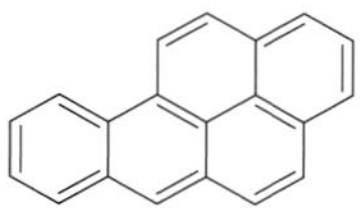

벤조[a]피렌   벤조[b]피렌

그림 10-13 벤조[a]피렌과 벤조[b]피렌의 구조

식용유지와 벤조피렌

벤조피렌은 2006년 올리브유에서 다량 검출되면서 식품 중 벤조피렌 문제가 주목을 받게 되었고 식용유에서 벤조피렌 과다 검출 사례가 빈번함에 따라 올리브유에만 적용되던 벤조피렌 기준이 2007년 모든 식용유지에 확대 적용되었다. 참기름과 들기름에서 벤조피렌 문제가 많이 발생하는 것은 향미유 제조 시 참깨 향이나 들깨 향을 많이 내기 위해 볶는 과정에서 생성되기 때문이다.

3) 퓨란

퓨란(furan)은 식품의 가공, 조리 과정에서 메일라드 반응에 의해 생성되는 중간반응물질로, 무색의 휘발성이 강한 액체이다 그림 10-14 . 퓨란은 가열하면 대부분 사라지지만, 캔이나 병 포장 식품 속 퓨란은 밀폐용기 내에 남아 있을 수 있다. 퓨란은 주로 오븐에서 구운 베이커리 제품, 밀봉된 채로 가열하는 수프, 소스, 통조림, 커피 등에서 발견된다. 조리 전에 캔이나 병 포장식품의 뚜껑을 수 분간 열어두어 증발시키면 퓨란 함량을 줄일 수 있으며 가능한 한 이와 같은 포장식품을 섭취하지 않는 것이 좋다.

그림 10-14 퓨란의 구조

4) 에틸카바메이트

에틸카바메이트(ethyl carbamate)는 식품의 저장, 숙성과정 중에 생성되며 알코올 음료와 발효식품에서 발견되는 독성물질이다. 에틸카바메이트는 알코올 음료인 포도주, 청주, 위스키 등에 많이 함유되어 있으며 특히 핵과류로 제조된 브랜디와 증류주에 많이 존재하고 발효식품인 장류, 김치류, 유제품(요구르트, 치즈)에도 소량 함유되어 있다. 일정 농도 이상의 에틸카바메이트에 단기간 노출되어도 구토, 의식불명, 출혈, 신장과 간 손상을 일으키며 암 유발 가능성이 있다.

TIP

매실주와 에틸카바메이트

매실의 씨와 알코올이 반응해 에틸카바메이트가 자연적으로 생성되므로 매실주를 담글 때는 매실의 씨를 제거하거나 100일 이내에 매실을 제거하는 것이 바람직하다. 식품의약품안전처는 매실주의 에틸카바메이트의 생성을 최소화하기 위해 과육이 손상되지 않은 신선한 매실과 알코올 도수가 낮은 술을 사용하고, 매실을 담그는 기간을 100일 이내로 하며, 직사광선을 피해 25℃ 이하의 서늘한 곳에 보관할 것을 권장하고 있다.

5) 바이오제닉아민

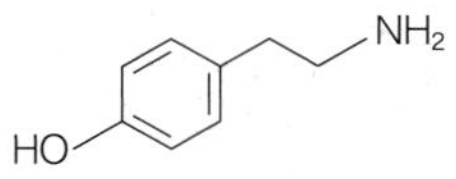

티라민

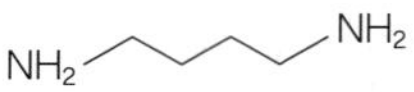

푸트레신

카다베린

그림 10-15 대표적인 바이오제닉아민의 구조

바이오제닉아민(biogenic amine)은 단백질이 풍부한 식품의 발효, 저장 과정에서 미생물의 탈탄산 작용에 의해 생성되는 독성물질로 어류제품, 육류제품, 유제품, 장류, 김치류, 포도주, 채소, 과일, 견과류 등 다양한 식품에서 발견된다. 일반적으로 사람은 바이오제닉아민을 분해하는 효소(모노/다이아민 옥시데이스)를 가지고 있지만 과량 섭취하거나 소량 섭취 시라도 과음, 일부 우울증 치료제 복용, 소장질환 등으로 효소가 잘 작용하지 않을 때는 유해한 증상이 일어날 수 있다. 대표적 바이오제닉아민에는 히스타민, 티라민, 푸트레신, 카다베린 등이 있으며 종류에 따라 다양한 중독증상을 보인다 그림 10-15 .

즉 히스타민은 설사, 복통, 두통, 저혈압 등을, 티라민은 혈관 수축에 관여하여 혈압 상승과 편두통을, 푸트레신과 카다베린은 저혈압과 서맥(분당 60 이하), 팔다리 마비를 유발하며 지속적으로 섭취 시 세포 돌연변이(암), 신경계 이상 등이 발생할 수 있다. 식품에 존재하는 바이오제닉아민에 의한 중독으로 가장 유해한 것은 히스타민 중독으로 고등어, 꽁치, 참치 등이 부패할 때 다량 생성되며 부패 시 함께 생성되는 푸트레신, 카다베린 등에 의해 독성이 더 강해진다 그림 10-16 .

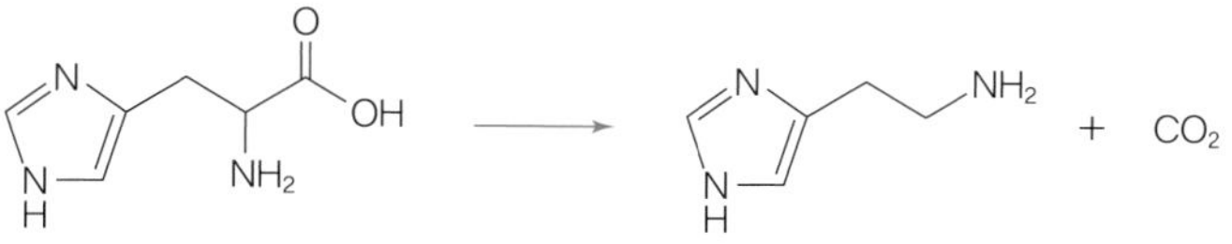

히스티딘 → 히스타민 + CO_2

그림 10-16 히스타민의 생성

치즈반응

1960년대에 치즈를 먹은 유럽인들에게 갑자기 편두통과 고혈압이 발생했다. 이는 치즈 발효과정에서 생성된 티라민에 의한 급격한 혈관수축에 의한 것으로 밝혀졌으며, 이를 치즈반응(cheese reaction)이라고 하였다. 치즈반응은 발효 중 잡균이 번식하여 발생했으며 이후 유럽에서는 원료유의 살균, 숙성조건, 탈탄산 효소활성이 낮은 스타터 개발 등으로 치즈의 바이오제닉아민 함량을 저감화하였다.

6) 3-MCPD

3-MCPD(3-monochloropropane-1,2-diol)는 식물성단백질 가수분해물(Hydrolyzed Vegetable Protein, HVP)로 제조하는 간장, 스프, 소스류 등의 제조 과정에서 생성되는 물질이다. 3-MCPD는 탈지대두를 염산으로 가수분해하여 산분해간장을 만들 때 1,3-DCP(1,3-dichloropropan-2-ol) 등과 함께 생성되는 클로로판올류 화합물로 치즈나 빵을 가열할 때도 생성된다 그림 10-17 . 3-MCPD는 동물독성실험에서 신장기능

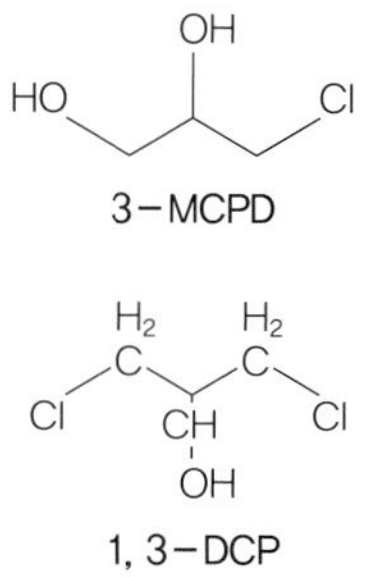

3-MCPD

1,3-DCP

그림 10-17 3-MCPD와 1,3-DCP의 구조

255

저해, 생식능력 감소 등을 유발하는 것으로 알려져 있다. 3-MCPD는 1993년 JECFA(FAO/WHO 합동 식품첨가물 전문가 위원회)에서 '불임 및 발암 가능성이 있는 바람직하지 않은 물질'로 규정되었으나 이후 발암성이 없다고 평가하였다. 우리나라는 산분해간장과 혼합간장의 3-MCPD를 0.3 mg/kg 이하, 식물성단백가수분해물(HVP)은 1.0 mg/kg 이하(건조물 기준)로 관리하고 있다. 혼합간장은 양조간장에 산분해간장을 혼합한 것으로 국내 유통되는 간장 중 80% 이상이 혼합간장이다.

식품첨가물

CHAPTER 11 식품첨가물

식품첨가물은 식품 본래 성분 이외에 식품에 첨가되는 물질로, 식품의 제조, 가공 과정 중 식품의 품질 유지 및 증진, 기호성 향상, 영양 강화 등의 효과를 얻기 위해 사용한다. 우리나라 식품위생법 제2조 2항에는 식품첨가물을 "식품을 제조·가공·조리 또는 보존하는 과정에서 감미, 착색, 표백 또는 산화방지 등을 목적으로 식품에 사용되는 물질을 말하며, 이 경우 기구·용기·포장을 살균·소독하는 데에 사용되어 간접적으로 식품으로 옮아갈 수 있는 물질을 포함한다."고 정의하고 있다. 현대사회는 식품과학기술의 발달로 가공식품과 간편·편의성이 증대된 즉석식품의 증가로 식품첨가물의 사용이 증가하고 있다. 하지만, 식품첨가물의 과량 섭취 시 인체에 유해할 수 있는 위험이 있으므로 과학적 근거에 따른 안전한 범위에서 목적에 맞게 사용해야 한다.

1. 식품첨가물의 분류

1) 제조방법에 따른 분류

식품첨가물을 제조방법에 따라 분류하면 화학적 합성품과 천연첨가물로 나눌 수 있다. 화학적합성품은 동물·식물·광물 등 천연물이나 그 추출물을 원료로 한 화학반응이나 화학물질로부터 합성하여 얻는 반면, 천연첨가물은 천연의 동식물 및 광물을 추출한 다음 첨가물로서의 유효한 성분만을 얻어서 사용한다. 인공적으로 합성된 화합물을 식품첨가물로 사용하기 위해서는 엄격한 독성 시험을 거쳐 정부 기관에 의해 안전성이 승인되어야 한다. 우리나라에서는 1962년에 식품위생법이 제정·공포되면서 식품첨가물은 217개 품목이 최초로 지정되었으며, 매년 식품첨가물에 대한 기준 및 규격을 지속적으로 제·개정하여, 현재(2019년 1월 기준) 총 618개 품목의 「식품첨가물의 기준 및 규격」을 각각 설정하여 관리하고 있다.

식품첨가물의 안전성 평가 | TIP

• FAO/WHO 합동국제식품첨가물전문가위원회에서는 식품첨가물에 대해 일생 동안 매일 섭취하더라도 유해한 작용을 일으키지 않는 양인 1일섭취허용량(Acceptable Daily Intake, ADI)을 설정하고 있다.
• ADI는 동물실험에서 독성을 나타내지 않는 양인 최대무독성용량(NOAEL)에 동물과 사람, 사람과 사람 간의 차이를 고려한 안전계수를 적용하여 NOAEL의 100분의 1 수준으로 설정하고 있다.
• 설정된 ADI를 근거로 다양한 식품을 통해 섭취되는 식품첨가물의 양이 ADI를 초과하지 않도록 식품첨가물의 사용기준을 설정하고 있다.
• ADI 표시 예 : 사카린나트륨 : 0~2.5 mg/kg, 안식향산나트륨 : 0~5 mg/kg

2) 용도에 따른 분류

식품첨가물은 사용목적과 용도에 따라 표11-1과 같이 분류하고 있다. 우리나라는 1996년부터 식품첨가물을 화학적 합성품과 천연첨가물로 구분하여 관리해오다가 2018년부터 사용목적을 명확히 하도록 용도 중심으로 분류체계가 개편되었다. 현재는 식품첨가물이 감미료, 산화방지제 등 31개 용도로 분류되어 각 식품첨가물의 사용목적을 쉽게 확인할 수 있다.

2. 식품첨가물의 종류 및 특징

1) 보존료

보존료는 식품 내 미생물의 생육 및 증식을 억제하여 식품의 보존기간을 연장하기 위해 첨가하는 물질이다. 허가된 보존료는 산형 보존료인 데히드로초산류(dehydroacetic acid), 소브산류(sorbic acid), 안식향산류(benzoic acid), 프로피온산류(propionic acid)와 비산형 보존료인 파라옥시안식향산에스테르류(p-oxybenzoic acid ester) 등이 있다. 산형 보존료는 중성의 pH에서 해리되지만 pH가 낮아지면 비해리분자가 증가하여 미생물의 세포막이나 원형질을 쉽게 투과하여 항균효과가 증가한다. 따라서, pH를 조절하여 보존료의 효과를 증가시킬 수 있다.

표 11-1 식품첨가물의 분류

	용도	정의	주사용 식품
1	감미료	식품에 단맛을 부여하는 식품첨가물	청량음료, 유산균음료, 발효유, 어패류 가공품, 간장, 된장, 식초
2	고결방지제	식품의 입자 등이 서로 부착되어 고형화되는 것을 감소시키는 식품첨가물	영양제, 알약 비타민제, 분말 수프, 조제커피, 분말 코코아
3	거품제거제	식품의 거품 생성을 방지하거나 감소시키는 식품첨가물	간장, 청주, 맥주, 시럽, 젤리, 물엿, 잼, 두부
4	껌기초제	적당한 점성과 탄력성을 갖는 비영양성의 씹는 물질로, 껌 제조의 기초 원료가 되는 식품첨가물	츄잉껌
5	밀가루개량제	밀가루나 반죽에 첨가하여 제빵 품질이나 색을 증진시키기 위해 사용하는 식품첨가물	식빵, 과자, 빵류, 국수
6	발색제	식품의 색을 안정화하거나 유지 또는 강화하는 식품첨가물	햄, 소시지, 어류 제품
7	보존료	미생물에 의한 품질 저하를 방지하여 식품의 보존기간을 연장시키는 식품첨가물	치즈, 초콜릿, 청량음료, 유산균음료, 칵테일, 고추장, 짜장면, 버터, 치즈, 마가린, 빵, 단무지, 어묵, 햄, 청주, 간장, 된장, 식초
8	분사제	용기에서 식품을 방출하는 가스 식품첨가물	스프레이 휘핑크림, 스프레이형 식용유
9	산도조절제	식품의 산도 또는 알칼리도를 조절하는 식품첨가물	청량음료, 과일통조림, 젤리, 맥주
10	산화방지제	산화에 인한 식품의 품질 저하를 방지하는 식품첨가물	어패류 건제품, 어패류 염장품, 유지류, 버터, 어패류 냉동품
11	살균제	식품 표면의 미생물을 단시간 내에 사멸시키는 작용을 하는 식품첨가물	두부, 어육제품, 햄, 소시지
12	습윤제	식품이 건조되는 것을 방지하는 식품첨가물	만두, 견과류, 아이스크림, 빵, 생면, 츄잉껌, 캔디류, 어묵, 푸딩, 냉동유제품류
13	안정제	두 가지 또는 그 이상의 성분을 일정한 분산 형태로 유지시키는 식품첨가물	햄, 치즈, 유제품, 잼, 젤리, 액상다류, 드레싱, 과일주스
14	여과보조제	불순물 또는 미세한 입자를 흡착하여 제거하기 위해 사용하는 식품첨가물	맥주, 식품용수, 소주, 간장, 식초, 민속주
15	영양강화제	식품의 영양학적 품질을 유지하기 위해 제조공정 중 손실된 영양소를 복원하거나 영양소를 강화하는 식품첨가물	제빵용 밀가루, 코코아, 분유, 껌, 국수, 두부, 비스킷
16	유화제	물과 기름 등 섞이지 않는 두 가지 또는 그 이상의 상(phases)을 균질하게 섞거나 유지시키는 식품첨가물	마가린, 쇼트닝, 케이크, 캐러멜, 껌, 초콜릿, 아이스크림, 비스킷, 두부, 케첩, 버터, 쿠키, 크래커

(계속)

17	이형제	식품의 형태를 유지하기 위해 원료가 용기에 붙는 것을 방지하여 분리하기 쉽도록 하는 식품첨가물	빵, 맛김, 과자류
18	응고제	식품 성분을 결착 또는 응고시키거나 과일 및 채소류의 조직을 단단하거나 바삭하게 유지시키는 식품첨가물	두부, 곤약
19	제조용제	식품의 제조·가공 시 촉매, 침전, 분해, 청징 등의 역할을 하는 보조제 식품첨가물	포도주, 간장, 마가린, 버터, 물엿, 글루코스
20	젤형성제	젤을 형성하여 식품에 물성을 부여하는 식품첨가물	약용 캡슐, 아이스크림, 젤리, 케이크
21	증점제	식품의 점도를 증가시키는 식품첨가물	젤리, 땅콩버터, 면, 마요네즈, 케첩, 샐러드드레싱
22	착색료	식품에 색을 부여하거나 복원시키는 식품첨가물	치즈, 버터, 아이스크림, 과자류, 캔디, 소시지, 통조림고기, 푸딩
23	추출용제	유용한 성분 등을 추출하거나 용해하는 식품첨가물	식용유지류, 건강기능식품
24	충전제	산화나 부패로부터 식품을 보호하기 위해 식품의 제조 시 포장 용기에 의도적으로 주입시키는 가스 식품첨가물	청량음료, 과자류, 냉동식품
25	팽창제	가스를 방출하여 반죽의 부피를 증가시키는 식품첨가물	빵, 케이크, 비스킷, 초콜릿
26	표백제	식품의 색을 제거하기 위해 사용하는 식품첨가물	과자, 빵, 빙과류
27	표면처리제	식품의 표면을 매끄럽게 하거나 정돈하기 위해 사용하는 식품첨가물	건강기능식품, 비타민제, 껌
28	피막제	식품의 표면에 광택을 내거나 보호막을 형성하는 식품첨가물	껌, 캔디, 과일류, 건강기능식품, 양갱
29	향료	식품에 특유한 향을 부여하거나 제조공정 중 손실된 식품 본래의 향을 보강하기 위해 사용하는 식품첨가물	과자, 통조림, 음료수, 캐러멜, 카레, 다시다, 맛소금
30	향미증진제	식품의 맛 또는 향미를 증진시키는 식품첨가물	탄산음료, 아이스크림, 사탕, 과일주스, 과자류
31	효소제	특정한 생화학 반응의 촉매 작용을 하는 식품첨가물	간장, 된장, 전통주, 과일주스

자료 : 식품첨가물의 기준 및 규격 고시 제2019-1호, 식품의약품안전처, 2019.

(1) 소브산

소브산은 무색의 결정성 분말로 광선과 열에 안정하다. 소브산, 소브산칼슘, 소브산칼륨의 형태로 가장 많이 사용한다. 소브산은 미생물 포자의 발아와 성장을 억제하여 미생물 세포의 생성을 막아 주는데, 주로 효모와 곰팡이에 효과적이며 세균에는 선택적으로 효과를 나타낸다. 주로 햄, 소시지, 절임류, 간장, 된장, 가공치즈에 사용한다.

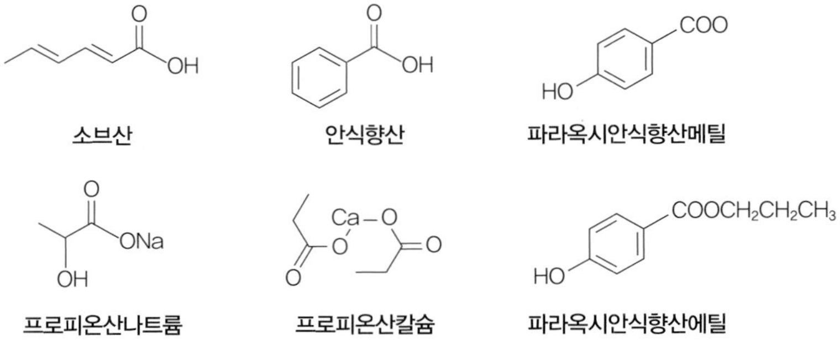

소브산   안식향산   파라옥시안식향산메틸

프로피온산나트륨   프로피온산칼슘   파라옥시안식향산에틸

그림 11-1 보존료별 구조

(2) 안식향산

안식향산은 흰색의 결정성 분말로 찬물에 잘 녹지 않지만 온도를 높이면 용해된다. 저렴한 가격에 독성이 낮고 적은 농도로도 효과가 있어 식품에 널리 사용한다. 주로 용해도가 높은 안식향산나트륨(sodium benzoate)을 많이 이용한다. 안식향산이 작용하는 최적 pH는 2~4로 사용 pH 범위가 좁기 때문에 탄산음료류(탄산수 제외), 과일·채소 음료, 기타 음료 및 간장 등의 산성식품에 적합하다.

(3) 파라옥시안식향산류

무색의 결정 또는 백색의 결정성 분말로 산과 알칼리 조건 모두에서 보존효과가 있다. 공기 중에서 안정하며 온도 변화에도 강하다. 물에 잘 녹지 않기 때문에 에탄올용액, 초산용액 또는 수산화나트륨용액에 녹여 이용한다. 여러 가지 미생물에 대한 발육 저지 효과가 있으며, 파라벤(paraben)이란 이름으로 알려져 있다. 현재 우리나라에서 사용이 허가된 것은 파라옥시안식향산메틸과 파라옥시안식향산에틸 두 종류가 있다.

(4) 프로피온산

프로피온산은 백색의 결정성 분말로 나트륨염, 칼슘염이 있다. 물에 잘 녹고, 곰팡이에 의한 2차적 발육을 억제하는데 효과가 커서 오래 전부터 보존료로 사용하고 있다. 나트

류염은 알칼리성으로 빵효모의 생지발효를 늦추는 경향이 있어 빵에는 칼슘염을 사용
한다. 칼슘염은 팽창제로 사용되는 탄산수소나트륨과 반응하여 탄산가스 발생을 억제
하여 생과자에는 나트륨염을 사용한다.

2) 살균제

살균제는 미생물을 사멸시키기 위해 첨가하는 물질이다. 표백분, 하이포염소산나트륨
(sodium hypochlorite) 등의 염소계 살균제와 과산화수소가 있다. 염소계 살균제는 특
유의 냄새가 있어 주로 음료수, 채소, 과일 등을 소독할 때 사용한다. 염소계 살균제의
살균력은 비해리형이 살균효과를 나타내기 때문에 pH가 낮을수록, 유효염소량이 많을
수록 살균력이 커진다. 과산화수소는 표백효과가 있어 표백제로 분류하지만, 살균제로
더 많이 사용한다.

3) 산화방지제

산화방지제는 식품의 산화를 늦추어 영양 손실, 색소 변질, 산패로 인한 유해물질 생성
등을 막아준다. 산화방지제에는 에리토브산(erythobic acid), 아스코브산 등의 수용성
과 뷰틸하이드록시톨루엔(butylated hydroxytoluene, BHT), 뷰틸하이드록시아니솔
(butylated hydroxy anisole, BHA), 갈산프로필(propyl gallate, PG) 등의 지용성이 있
다. 수용성은 색소의 산화방지에, 지용성은 유지의 산화방지에 주로 사용된다. 산화방
지제의 작용은 종류에 따라 차이가 있는데, 가장 많이 사용되는 BHT, BHA, PG 등의 합
성 산화방지제는 그림11-2 와 같이 모두 벤젠 고리구조를 가지고 있기 때문에 유지의 산

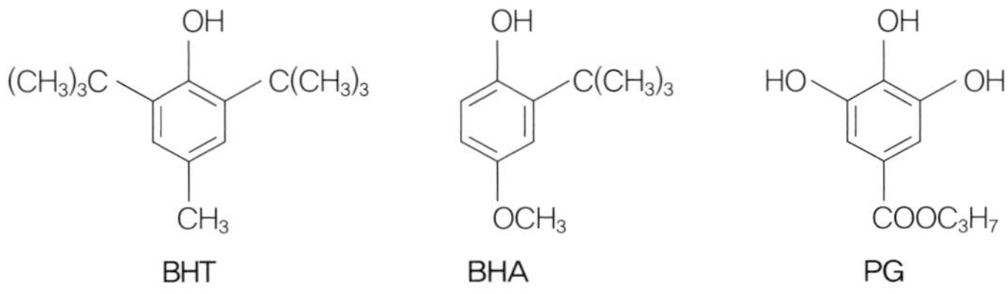

그림 11-2 산화방지제별 구조

화과정에서 생성된 자유 라디칼과 반응하여 유지의 산화를 지연한다.

4) 유화제

계면활성제 또는 표면활성제라고도 불리는 유화제는 분자 내에 친수성과 소수성의 두 특성을 모두 갖고 있다. 물과 기름처럼 서로 혼합이 잘 되지 않는 두 종류의 액체 또는 고체를 액체에 분산시키는 기능을 한다. 식품에 사용할 때에는 두 특성의 균형을 나타 내는 값인 HLB(hydrophilic—lipophilic balance)를 참고하여 용도에 적합한 유화제를 선택해야 한다. HLB값이 7 이하일 경우에는 소수성, 11~20은 친수성, 8~11은 중간 성 질을 갖는 것으로 분류된다. 대표적인 유화제로는 레시틴, 글리세린지방산에스터 (glycerine esters of fatty acids), 수크로스지방산에스터(sucrose esters of fatty acids), 소비탄지방산에스터(sorbitan esters of fatty acids) 등이 있는데, 서로 다른 HLB값을 가진 유화제를 적절히 배합하여 HLB를 조정하면 상승작용을 얻을 수 있다.

5) 영양강화제

영양강화제는 식품의 영양학적 품질을 개선하기 위해 제조공정 중 손실된 영양소를 복 원하거나 영양소를 강화시키는 첨가물로, 비타민, 무기질, 아미노산 등이 대표적이다. 주로 강화되는 비타민류는 비타민 A, 베타카로틴, 비타민 C, D, E, B_1, B_2, B_6, B_{12}와 나이 아신, 엽산, 판토텐산, 비오틴 등이며, 무기질은 칼슘, 철분, 마그네슘, 아연 등이다. 이 들은 시리얼, 영양강화 가공식품 또는 건강기능식품에 많이 사용된다.

6) 밀가루개량제

밀가루개량제는 밀가루나 반죽에 첨가하여 제빵의 품질이나 색을 증진시키는 식품첨가 물이다. 제분 직후 밀가루는 카로테노이드계 색소로 인해 누런색을 띠며 제빵성도 떨어 진다. 따라서 제분 후 밀가루의 품질을 개선하기 위해 과산화벤조일과 같은 밀가루개량 제를 사용한다. 과산화벤조일은 무색의 결정성 고체로 밀가루에 존재하는 카로테노이 드를 산화시켜 표백효과를 나타낸다.

7) 응고제

응고제는 식품 성분을 결착 또는 응고시키거나 과일 및 채소류의 조직을 단단하거나 아삭하게 유지시키는 식품첨가물이다. 두부응고제가 대표적으로 염화마그네슘, 염산칼슘, 글루코노델타락톤(glucono-δ-lactone), 황산칼슘 등이 사용되고 있다. 두부의 품질은 응고제의 종류, 첨가량, 첨가온도 등에 따라 다양해진다.

8) 팽창제

팽창제는 가스를 방출하여 반죽의 부피를 증가시키는 식품첨가물이다. 빵, 과자 등을 만들기 위한 밀가루 반죽에 인위적으로 첨가물을 섞어 탄산가스를 발생시켜 반죽을 부풀리는 데 사용한다. 대표적인 팽창제로는 천연품인 효모와 베이킹파우더, 합성품인 탄산수소암모늄, 탄산수소나트륨, 탄산수소칼륨 등이 있다.

9) 껌 기초제

껌 기초제(껌베이스)는 적당한 점성과 탄력성을 갖는 비영양성의 씹는 물질로 껌 제조의 기초 원료가 되는 식품첨가물이다. 원래는 천연수지인 치클(chicle)을 사용했으나 현재는 초산비닐(vinyl acetate) 등의 합성수지를 많이 쓰고 있다.

10) 감미료

감미료는 단맛을 증가시키는 물질로 합성감미료를 포함하여 다양한 설탕 대체품들이 있다. 합성감미료는 설탕에 비해 단맛이 강하지만, 영양가가 전혀 없고 쓴맛 같은 불쾌한 뒷맛이 있는 등의 단점이 있다.

• 제품명: XYLITOL 오리지날 • 품목보고
번호: 19690086003923 • 원재료명:
자일리톨60 %, 껌베이스(감미료(아세설팜
칼륨, 수크랄로스)), D-소비톨10 %, 합성
향료(애플민트향, 애플향, 멘톨향), 아리방
검, 리에나멜(제이인산칼슘, CPP, 후노
란), 혼합제제(쉘락, 가공유지), 유화제, 감미료
(아세설팜칼륨, 수크랄로스), 카나우바왁스,
용성비타민P • 우유 함유 • 부정, 불량 식
품 신고는 국번없이 1399 • 과량 섭취시
설사를 일으킬 수 있습니다. • 이 제품은
복숭아, 돼지고, 대두를 사용한 제품과 같은
제조시설에서 제조하고 있습니다.

그림 11-3 껌 제품의 식품첨가물 표시 사례

(1) 사카린

사카린(saccharine)은 설탕의 300~500배 정도의 단맛을 가지고 있는 가장 오래된 인공
감미료이다. 물에 녹지 않아 사카린나트륨과 같은 염의 형태로 사용한다. 사카린은 산,
알칼리, 열에 의해 분해되고 농도가 높아지면 뒷맛이 쓰다. 사카린은 한때 쥐에서 방광
암을 유발한다는 연구보고가 있어 사용이 금지되었다가 1995년 5월 FDA에서 인체에 무
해하다고 발표하였고, 이에 따라 우리나라에서는 2012년부터 일부 식품에 한해 사용이
허가되었다가 2017년에는 과일·채소 가공품 등 35개로 사용가능 품목이 늘어났다.

(2) 아스파탐

아스파탐(aspartame)은 페닐알라닌(phenylalanine)과 아스파트산(aspartic acid)으로
이루어진 인공감미료로 설탕의 약 100~200배의 단맛을 가진다. 아스파탐은 설탕과 유
사한 감미질을 가지고 있지만, 열이나 pH 안정성이 떨어지고 물에 잘 녹지 않는다. 따
라서, 제빵과 고온살균 제품과 같은 고온 처리 제품과 pH 3 이하 또는 6 이상의 조건에
서의 장기간 보존제품에는 적합하지 않다. 아스파탐은 가열조리가 필요 없는 식사대용
가공품이나 청량음료, 아이스크림, 빙과류, 잼, 주류 등에 사용한다. 단, 페닐케톤뇨증
(phenylketonuria) 환자가 섭취할 경우 유해할 수 있다.

(3) 아세설팜

아세설팜(acesulfame)은 칼륨염 형태인 아세설팜칼륨(acesulfame potassium)으로 사용하는데, 설탕의 약 200배의 단맛을 가진다. 아세설팜칼륨은 물에 잘 녹으며 산, 알칼리, 열에 안정하다. 수용액 상태에서 특유의 쓴맛이 남기 때문에 수크랄로스나 아스파탐과 같은 고감도 감미료와 잘 병용하여 사용된다.

(4) 스테비올글리코사이드

스테비아 잎의 단맛 성분으로 설탕의 200~300배의 단맛을 가진 천연감미료이다. 스테비올글리코사이드(steviol glycoside)는 물에 잘 녹으며 내열성, 내산성, 내알칼리성을 가지고 있고, 미생물에 의해 발효가 되지 않는다. 스테비올글리코사이드의 주성분은 스테비오사이드와 리바우디오사이드 A이다. 쓴맛이 거의 없고 청량감이 있기 때문에 차, 빙과류, 청량음료, 주류, 장류 등에 사용한다.

(5) 수크랄로스

수크랄로스(sucralose)는 설탕에서 만들어지는 인공감미료로 설탕의 500~600배의 단맛을 가진다. 설탕과 유사한 단맛을 나타내고 용해성과 안정성이 좋다. 열량이 거의 없고 소량 사용으로도 단맛을 낼 수 있어 설탕대체 용도로 식품의 제조 가공에 널리 사용되고 있다. 제과, 제빵, 잼, 음료, 유가공품, 설탕대체식품, 영양보충용식품 등에 쓰인다.

(6) 자일리톨

자일리톨(xylitol)은 자일로스 발효나 수소 첨가를 통해 제조되는 저칼로리 감미료이다. 설탕의 감미도와 유사하지만 칼로리는 60% 정도(2.4 kcal/g)로 저칼로리 식품에 설탕 대용으로 사용한다. 인슐린의 급격한 변화가 없어 당뇨 환자에게 이용할 수도 있다. 또한, 충치의 원인이 되는 뮤탄스균(*Streptococcus mutans*)이 이용할 수 없기 때문에 충치 예방에 효과적이다. 껌, 캔디, 타정제품 등에 많이 사용한다.

TIP

자일리톨의 충치 예방 효과

- 충치를 만드는 뮤탄스균의 생성을 억제하여 충치를 예방하는 것으로 알려져 있다.
- 2008년 식품의약품안전처로부터 건강기능식품 개별인정형으로 '플라그 감소, 산생성 억제, 충치균 성장을 저해시켜 충치 발생 위험 감소에 도움을 줌'의 기능성을 인정받았다.
- 단, 하루 10~25 g의 자일리톨(껌 기준으로 7~18개)을 입속에 충분히 머무를 수 있도록 섭취하여야 한다.

(7) 에리스리톨

에리스리톨(erythritol)은 자일리톨과 같은 당알코올의 하나로 설탕의 60~70% 정도의 단맛을 가진 저칼로리 감미료이다. 다른 당알코올과는 달리 소장에서 흡수되어 90% 이상이 소변으로 배설되며, 나머지는 대장에서 미생물 작용으로 소모되기 때문에 신체에서 에너지로 쓰이거나 지방으로 쌓이는 경우가 매우 적어 제로 칼로리 감미료로 취급된

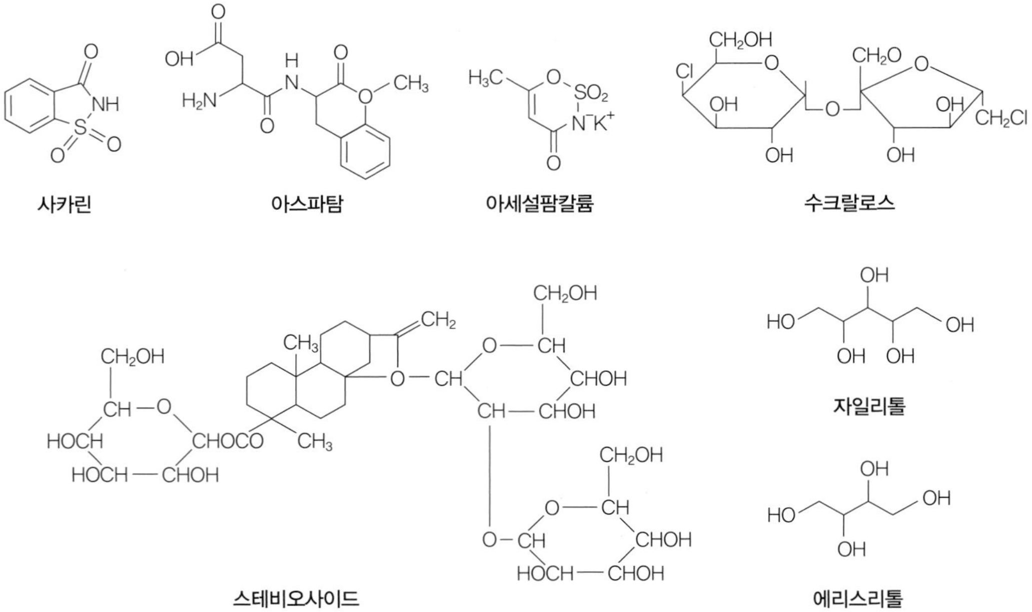

사카린 아스파탐 아세설팜칼륨 수크랄로스

스테비오사이드 자일리톨 에리스리톨

그림 11-4 감미료별 구조

다. 따라서, 혈당을 염려하는 당뇨 환자에게 사용할 수 있고, 충치 예방에도 효과적일 뿐만 아니라 청량감이 있어 음료, 과자, 탁상감미료 등에 쓰이고 있다. 단, 다른 당알코올 제품과 같이 과량 섭취 시 복부 팽창 또는 소화 불량 등의 부작용이 있을 수 있다.

11) 산도조절제

산도조절제는 식품의 산도 또는 알칼리도를 조절하는 식품첨가물이다. 식품에 신맛을 부여하면 식욕 증진 및 청량감과 상쾌한 자극을 줄 수 있을 뿐만 아니라, 미생물이 생존하는 pH를 변화시켜 생육을 억제함으로써 식품의 보존성을 향상시킬 수 있다. 식품에 사용되는 산도조절제는 상큼한 맛을 주기 위해 사용하는 구연산, 사과산, 주석산, 인산, 구연산칼륨 등과 탄산칼슘, 탄산수소나트륨 등이 있다.

12) 착색료

착색료는 식품에 색을 부여하거나 복원하는 식품첨가물이다. 식품의 색은 조리·가공·보존 기간 중에 변색이나 퇴색하기 쉽고, 결과적으로 기호적 가치를 떨어뜨릴 수 있다. 이를 방지하기 위해 안정성과 착색성이 좋은 합성착색료를 사용해왔으나 최근 안전성 문제가 대두됨에 따라 천연색소의 사용이 증가하고 있다. 하지만, 천연색소는 열, 빛, 화학적 변화에 취약하고 가격이 비싼 단점이 있다.

(1) 합성착색료

인공적으로 합성한 식용색소에는 타르색소가 있는데, 이는 석유화학 부산물인 타르로부터 색소를 합성하기 때문에 붙인 명칭이다. 국내에서 사용이 허용된 타르색소는 녹색3호, 적색2호, 적색3호, 적색40호, 적색102호, 청색1호, 청색2호, 황색4호, 황색5호 등 9종이고, 녹색3호, 적색2호, 적색40호, 청색1호, 청색2호, 황색4호, 황색5호 등 7종은 알루미늄레이크로도 만들어져 총 16종의 타르색소가 사용이 허가되어 있다.

(2) 천연착색료

천연소재(동식물)에서 추출한 천연착색료는 카로틴, 치자적색소, 홍국색소, 홍국황색소 등 46개 품목이 허가되어 있다. 천연착색료는 색소와 원료에 따라 추출, 정제하는 방법이 다른데, 주로 용매를 사용한 추출방법을 많이 이용한다. 제조 원료에 따라 식물성 색소(치자황색소, 베리류색소, 심황색소), 동물성 색소(락색소, 오징어먹물색소, 코치닐추출색소), 미생물성 색소(홍국색소, 홍국황색소), 광물성 색소(금박) 등으로 구분한다.

13) 발색제

발색제는 식품의 색을 안정화하거나 유지 또는 강화하는 식품첨가물이다. 착색료와는 달리 자체 색이 없어 식품에 직접 착색할 수 없지만, 식품 중에 함유된 유색물질과 결합해 고유의 색소를 안정화시켜 선명하게 만든다. 가장 흔한 발색제는 아질산염(sodium nitrite)인데, 햄이나 소시지 제조 시 육류의 마이오글로빈(myoglobin)과 반응하여 육류 본래의 색깔을 유지하게 한다. 하지만, 아질산염은 아민과 결합하여 발암물질인 나이트로사민(nitrosamine)을 생성하는 것으로 알려져 있다. 채소나 과일 제품에는 황산철(II)을 많이 사용하는데, 안토시안계 색소와 결합하여 선명한 청록색을 유지시켜 준다.

14) 향료

향료는 식품에 특유한 향을 부여하거나 제조공정 중 손실된 식품 본래의 향을 보강시키는 식품첨가물로, 천연향료, 합성향료, 조합향료 등으로 나뉜다. 음료와 빙과에는 주로 합성착향료를 사용하는데, 바닐라향이 대표적으로 바닐라 아이스크림, 바닐라 초콜릿, 바닐라 우유, 바닐라 웨하스 등의 제품에 쓰이고 있다. 남아메리카 원산인 열대식물 바닐라의 열매를 발효시켜 만든 고급 향료인 바닐라는 16세기까지만 해도 잉카의 왕족들이 마시는 초콜릿 음료에 들어가는 고급 원료였으나 이제는 아이스크림에서 과자, 커피 음료 등에 이르기까지 다양하게 들어 있다. 천연향료의 주원료인 천연추출물은 식물에서 추출한 방향유(essential oil)를 많이 사용하고 있다. 이것들은 전형적으로 허브식물들이며 식물의 잎, 가지, 꽃, 뿌리 등을 원료 소재로 이용한다. 천연향료는 안전성에 비해 원료 가격이 비싸고 안정성이 떨어져 상업적으로는 합성향료 또는 합성향료와 천연향료를 적절히 조합한 형태를 많이 사용한다.

그림 11-5 바닐라와 향 시럽

15) 향미증진제

향미증진제는 식품의 맛 또는 향미를 증진시키는 식품첨가물로, 아미노산계와 핵산계, 유기산계 향미증진제가 있다. 아미노산계 향미증진제는 엘-글루탐산나트륨(monosodium L-glutamate, MSG), 알라닌(DL-alanine), 글리신(glycine) 등이 있는데, 글루탐산나트륨이 가장 대표적이다. 글루탐산나트륨은 흰색의 결정성 분말로 열과 빛에 안정하다. 핵산계 향미증진제는 푸린(purine) 염기와 리보스(ribose)가 결합된 구조를 가지는데, 5'-리보뉴클레오티드이나트륨(disodium 5'-ribonucleotide), 5'-리보뉴클레오티드칼슘(calcium 5'-ribonucleotide), 5'-구아닐산이나트륨(disodium 5'

• 원재료명 및 함량 : **돼지고기(국산)81.89 %**, 정제수, 대두단백(중국산), 정제소금, 백설탕, 비엔나복합스파이스-1, 산도조절제, L-글루타민산나트륨(향미증진제), 코치닐추출색소(천연첨가물), 자몽종자추출물, 비타민C, 아질산나트륨(발색제), 합성보존료), 콜라겐케이싱 • **알레르기 유발원재료 : 돼지고기, 대두** • 내용량 : 450 g • 유통기한 : **하단 표시일까지** • 보관방법 : -2~10 ℃ 냉장보관 • 포장재질(내면) : 폴리에틸렌 • 반품 및 교환장소 : 구입처 및 전국판매점 • 본 제품은 소비자기본법에 의한 소비자분쟁해결기준에 의거 교환 또는 보상 받을 수 있습니다. • 사용 후 포장재는 반드시 분리배출하여 주십시오.

그림 11-6 햄 제품의 식품첨가물 표시 사례

−guanylate), 5−우리딜산이나트륨(disodium 5'−uridylate), 5'−이노신산이나트륨 (disodium 5'−inosinate) 등이 있다. 유기산계 향미증진제는 호박산나트륨(sodium succinate), 호박산(succinic acid) 등이 있다.

참고문헌

| 국외 문헌 |

Barnes JS, Nguyen HP, Shen S, Schug KA. General method for extraction of blueberry anthocyanins and identification using high performance liquid chromatography&#8 211;electrospray ionization−ion trap−time of flight−mass spectrometry. Journal of Chromatography A, 1216: 4728–4735. 2009.

Birker PJMWL, Padley FB. Physical Properties of Fats and Oils. In: Hamilton RJ, Bhati A. (eds) Recent Advances in Chemistry and Technology of Fats and Oils. Springer, Dordrecht. 1987.

Chavez−Servin J, Castellote AI, Lopez−Sabater MC. Volatile compounds and fatty acid profiles in commercial milk−based infant formulae by static headspace gas chromatography: Evolution after opening the packet. Food Chemistry. 107. 558−569. 2008.

Choe E, Min DB. Mechanisms of Antioxidants in the Oxidation of Foods. COMPREHENSIVE REVIEWS IN FOOD SCIENCE AND FOOD SAFETY—Vol. 8: 345−358. 2009.

CRC Press, 5th, 2017.

Dickinson E. Hydrocolloids at interfaces and the influence on the properties of dispersed systems. Food Hydrocolloids. 17: 25−39. 2003.

Essentials of Food Science. by: Vaclavik, V.A., Christian, E.A. Springer, 4th, 2014.

Fennema OR. Food Chemistry 2nd ed Marcel Dekker, Inc. 1985.

Fennema OR. Food Chemistry 3rd ed Marcel Dekker, Inc. 1996.

Fennemas Food Chemistry, Fifth Edition by: Srinivasan Damodaran CRC Press, 5th, 2017.

Gerhard Knothe, Robert O. Dunn. A. Comprehensive Evaluation of the Melting Points of Fatty Acids and Esters Determined by Differential Scanning Calorimetry. J Am Oil Chem Soc. 86: 843–856. 2009.

Goesaert H, Brijs K,Veraverbeke WS, Courtin CM, GebruersJ K, Delcour A. Wheat flour constituents: how they impact bread quality, and how to impact their functionality. Trends in Food Science and Technology. 16: 12−30. 2005.

International Union of Pure and Applied Chemistry and International Union of Biochemistry and Molecular Biology Joint Commission on Biochemical Nomenclature. Nomenclature of glycolipids (IUPAC Recommendations 1997). Pure & Appl. Chem. 69(12): 2475–2487. 1997.

IUPAC, Compendium of Chemical Terminology, 2nd ed. (the "Gold Book") Online corrected version: (2006–) "transition element". doi:10.1351/goldbook.T06456. 1997.

Janeiro P, Brett AMO. Redox Behavior of Anthocyanins Present in Vitis vinifera L. Electroanalysis 19: 1779 – 1786. 2007.

Kaali P, Stromberg E, Karlsson S. Prevention of Biofilm Associated Infections and Degradation of Polymeric Materials used in Biomedical Applications. IntechOpen, the world's leading publisher of Open Access books. 2011.

Kamel, B. S.; Dawson H.; Kakuda Y. "Characteristics and composition of melon and grape seed oils and cakes". Journal of the American Oil Chemists' Society. 62 (5): 881–883. 1985.

Khoo HE, Azlan A, Tang ST, Lim SM. Anthocyanidins and anthocyanins: colored pigments as food, pharmaceutical ingredients, and the potential health benefits. Food & Nutrition Research. 61(1): 2017;61(1):1361779. (doi:10.1080/16546628.2017.1361779.). 2017.

Ministry of Health and Welfare, The Korean Nutrition Society. Dietray reference intakes for Koreans 2015. Sejong. p.110. 2015.

Naumann HD, Tedeschi L, Zeller WE, Huntley NF. The role of condensed tannins in ruminant animal production: Advances, limitations and future directions. R. Bras. Zootec., 46(12): 929–949. 2017.

Oliveira, F.C., Reis Coimbra, J.S., Oliveira, E.B., Zuniga, A.D.G., Rojas, E.E.G., Food protein−polysaccharide conjugates obtained via the Maillard reaction: A review. Critical Reviews in Food Science and Nutrition, 56:1100−1125, 2016.

Peyrat−Maillard MN, Cuvelier ME, Berset C. Antioxidant activity of phenolic compounds in 2,2−azobis (2−amidinopropane) dihydrochloride (AAPH)−induced oxidation: synergistic and antagonistic effect. J Am Oil Chem Soc 80: 1007–1012. 2003.

Principles of Food Chemistry. by: deMan, J.M., Finley, J., Hurst, W.J., Lee, C. Springer, 4th, 2018.

Rayner M, Ostbring K, Purhagen J. Application of Natural Polymers in Food. Natural

Polymers pp 115–161. Springer. 2016.

Rocha C, Teixeira JA, Hilliou L, Sampaio P, Goncalves MP. Rheological and structural characterization of gels from whey protein hydrolysates/locust bean gum mixed systems. Food Hydrocolloids 23: 1734–1745. 2009.

Sangamithra A, Venkatachalam S, John SG, Kuppuswamy K. Foam mat drying of food materials: A review. Journal of Food Processing and Preservation 39: 3165–3174. 2015.

Small DM. Lateral chain packing in lipids and membranes. Journal of Lipid Research 25: 1490–1500. 1984.

Srinivasan Damodara, Kirk L. Parkin, Owen R. Fennema, Fennema's Food Chemistry 4th e.d., CRC press, 2008.

Srinivasan Damodaran. Fennema's Food Chemistry, 5th Ed. CRC Press. 2017.

Wahyuningsih S, Wulandari L, Wartono MW, Munawaroh H, Ramelan AH. The Effect of pH and Color Stability of Anthocyanin on Food Colorant. IOP Conf. Ser.: Mater. Sci. Eng. 193: 012047 (https://doi.org/10.1088/1757-899X/193/1/012047). 2017.

| 국내 문헌 |

가공식품 세분시장현황. 한국농수산식품유통공사. 2016.

국립농업과학원, 농식품종합정보시스템.

국립산림과학원. 숲에서 독버섯을 조심하자. 산림과학속보 13–09. 2013.

대한골대사학회. 골다공증 진단 및 진료지침. 2018.

문영태, 최재영, 김도경, 김종희. 액상법에 의한 단분산의 구형 세라믹스 분말 합성. 요업기술 16(1): 76–86. 1995.

백형희. 식품첨가물의 국제적 관리 동향. 식품과학과 산업 2–10. 2016.

보건복지부. 국민건강영양조사, 2017.

송경빈, 전덕영, 최원상, 김주석, 장해동, 유상호, 김영완, 깁범식, 최승준, 박종태. 생각이 필요한 식품학 개론. 수학사. 2017.

식품의약품안전처 식품의약품안전평가원. 3–MCPD 및 1,3–DCP 위해평가. 2016.

식품의약품안전처 식품의약품안전평가원. 곰팡이독소 위해평가. 2016.

식품의약품안전처 식품의약품안전평가원. 바이오제닉아민류 위해평가. 2016.

식품의약품안전처 식품의약품안전평가원. 식품 중 다환방향족탄화수소류 위해평가. 2018.

식품첨가물의 기준 및 규격 고시 제2019-1호. 식품의약품안전처. 2019.

안승요, 황인경, 김향숙, 구난숙, 신말식, 최은옥, 이경애. 식품화학 개정2판. 교문사. 2012.

윤석후 등. Food Lipids. 생각이 필요한 식용유지학. 수학사. 2015.

이수정, 이현옥, 조경옥, 이광수, 김종희, 최향숙, 이석원. 식품학. 파워북. 2016.

이형주, 문태화, 노봉수, 장판식, 백형희, 이광근, 김석종, 유상호. 식품화학. 수학사. 2018.

이형주, 문태화, 노봉수, 장판식, 백형희, 이광근, 김석중, 유상호, 이기원. 개정3판 식품화학.
수학사. 2018.

정현정. 권기한, 김기명, 김지상, 신의철, 오희정, 윤경영, 이제혁. 기초가 탄탄한 식품 화학.
수학사. 2017.

조영상. 콜로이드 분산계의 특성과 그 응용. News & information for chemical engineers.
29(2): 195-206. 2011.

주달래. 비영양감미료(Non-Nutritive Sweeteners)의 효과와 안전성. J Korea Diabetes. 16.
281-285. 2016.

황인경, 김정원, 변진원, 한진숙, 김수희, 박찬경, 강희진. 스마트 식품학. 수학사. 2018.

| 웹사이트 |

Braukaiser.com. http://braukaiser.com/wiki/index.php/Carbohydrates

Dutton JA. Starch. https://www.e-education.psu.edu/egee439/node/662 2019.

Farming smarter. Scientists transform cellulose into starch. Potential food source derived
from non-food plants. https://www.farmingsmarter.com/scientists-transform-
cellulose-into-starch/2013.

IUPAC-IUB Commission on Biochemical Nomenclature (CBN). 1976. Nomenclature of
Lipids (Recommendations, 1976). https://www.qmul.ac.uk/sbcs/iupac/lipid/ Accessed
on 0130-2019.

Particle Sciences Technical brief 2011. vol 2. Emulsion stability and testing. https://www.
particlesciences.com/news/technical-briefs/2011/emulsion-stability-and-testing.
html

WHO. News Release. WHO plan to eliminate industrially-produced trans-fatty acids from
global food supply. 14 May 2018. https://www.who.int/news-room/detail/14-05-
2018-who-plan-to-eliminate-industrially-produced-trans-fatty-acids-from-
global-food-supply

Writeopinion.com. Opinions on retrogradation (starch) http://www.writeopinions.com/retrogradation-starch

국립농업과학원 농식품종합정보시스템 http://koreanfood.rda.go.kr/kfi/fct/fctFoodSrch/list

기초과학연구원 https://www.ibs.re.kr/cop/bbs/BBSMSTR_000000000902/selectBoardArticle.do?nttId=15072&pageIndex=2&searchCnd=&searchWrd=

마텍무역 http://www.surfchem.co.kr/tech/theory_tension02.htm

식품안전나라. 유해물질총서_트랜스지방(2017). https://www.foodsafetykorea.go.kr/portal/board/boardDetail.do?menu_no=2944&bbs_no=bbsfs062&ntctxt_no=1067684&menu_grp=MENU_NEW04

찾아보기

ㄱ

가교결합 126
가교결합에 의한 가교결합전분 (cross-linked starch) 47
가소성(plasticity) 73
가수분해단백질 109
가수분해효소(셀룰레이스, cellulase) 49, 132
갈락토사민(D-galactosamine) 33
갈락토스 26
갈락투론산 141
갈산프로필(propyl gallate) 265
감광산화(photosensitized oxidation) 74
감마글루탐산 110
감마카로텐(γ-carotene) 175
감미료 267
감칠맛(umami taste) 225
거대펩타이드 143
거울상 이성질체 26
검류(gums) 56
검정고지곰팡이 141
겔(gel) 45, 157
겔란검(gellan gum) 61
겔 매트릭스(matrix) 42
겔화(gelation) 116, 159
결정성 영역(crystalline region) 44
결정화(crystallization) 72
결합수 14
경쟁적 억제제 136
경화(hardening) 95
곁사슬 100
계면활성제 266

고니아톡신 247
고도불포화지방산 (polyunsaturated fatty acid, PUFA) 64
고메톡시펙틴 53
고분자 겔 158, 159
고시폴 244
고체지방지수(solid fat index, SFI) 71
곰팡이독소 249
공색소화(copigmenta-tion) 209
공액이중산값(conjugated dienoic acid value, CDA value) 87
공유결합 10
과산화물(hydroperoxide, ROOH) 76
과산화물값(peroxide value, POV) 87
과산화수소 123, 142, 265
과산화효소 135, 148
과포화(supersaturation) 169
관용명 64
광산화(photooxidation) 74
광학이성질체 28
교반 117
교질 140
교질맛(colloidal taste) 227
구리(copper, Cu) 189
구아검 57
구아노신5′-인산(guanone-5′-monophosphate, 5′-GMP) 225
구형단백질 113
구형단백질 겔 162
굴절률 74
균일복합체 113

저자 소개

신말식
서울대학교 식품영양학과 학사
서울대학교 대학원 식품영양학과 박사
전남대학교 식품영양학과 교수

최은옥
서울대학교 식품영양학과 학사
미국 오하이오주립대학교 식품공학과 박사
인하대학교 식품영양학과 교수

이경애
서울대학교 식품영양학과 학사
일본 동경대학 대학원 농예화학과 박사
순천향대학교 식품영양학과 교수

권미라
서울대학교 식품영양학과 학사
서울대학교 대학원 식품영양학과 박사
부산대학교 식품영양학과 부교수

김범식
서울대학교 식품공학과 학사, 석사
연세대학교 대학원 노화과학협동과정 박사
연성대학교 식품영양학과 조교수

식품화학

2019년 8월 26일 초판 인쇄 | 2019년 8월 30일 초판 발행

지은이 신말식 외 | **펴낸이** 류원식 | **펴낸곳 교문사**

편집부장 모은영 | **책임진행** 모은영 | **디자인** 황순하 | **본문편집** 벽호미디어

제작 김선형 | **홍보** 이솔아 | **영업** 정용섭·송가윤·진경민 | **출력** 현대미디어 | **인쇄** 동화인쇄 | **제본** 한진제본

주소 (10881)경기도 파주시 문발로 116 | **전화** 031−955−6111 | **팩스** 031−955−0955

홈페이지 www.gyomoon.com | **E−mail** genie@gyomoon.com

등록 1960. 10. 28. 제406−2006−000035호

ISBN 978−89−363−1844−4(93590) | **값** 21,000원

* 저자와의 협의하에 인지를 생략합니다.
* 잘못된 책은 바꿔 드립니다.

불법복사는 지적재산을 훔치는 범죄행위입니다.
저작권법 제136조(권리의 침해죄)에 따라 위반자는 3년 이하의 징역 또는
3천만 원 이하의 벌금에 처하거나 이를 병과할 수 있습니다.